高等职业教育"十四五"规划教材

种子生产与管理

申宏波　董兴月　主编

中国农业大学出版社

·北京·

内 容 简 介

本教材的主要内容有作物种子生产与管理概述、作物品种选育基础知识、种子生产基本原理、农作物种子生产技术、蔬菜种子生产技术、种子检验、种子加工与贮藏、种子法规与种子营销。本教材在内容编排和形式上均体现工学结合的特点,注重技能的培养和技术的实用性,适应多样化教学的需要。

本教材可作为高职院校种子、农学、农艺、园艺、植保、生物技术等专业教材,也可作为五年制高职植物生产类专业教材,还可供全国种子生产技术和管理人员学习参考。

图书在版编目(CIP)数据

种子生产与管理/申宏波,董兴月主编. --北京:中国农业大学出版社,2022.12
ISBN 978-7-5655-2921-4

Ⅰ.①种… Ⅱ.①申… ②董… Ⅲ.①作物育种—高等职业教育—教材 Ⅳ.①S33

中国国家版本馆 CIP 数据核字(2023)第 004383 号

书 名	种子生产与管理			
作 者	申宏波 董兴月 主编			
策划编辑	康昊婷		**责任编辑**	陈颖颖
封面设计	郑 川			
出版发行	中国农业大学出版社			
社 址	北京市海淀区圆明园西路 2 号		**邮政编码**	100193
电 话	发行部 010-62733489,1190		读者服务部 010-62732336	
	编辑部 010-62732617,2618		出 版 部 010-62733440	
网 址	http://www.caupress.cn		**E-mail** cbsszs@cau.edu.cn	
经 销	新华书店			
印 刷	运河(唐山)印务有限公司			
版 次	2023 年 1 月第 1 版 2023 年 1 月第 1 次印刷			
规 格	185 mm×260 mm 16 开本 13.75 印张 340 千字			
定 价	39.00 元			

编写人员

主　编　申宏波（黑龙江农业职业技术学院）
　　　　董兴月（黑龙江农业职业技术学院）

副主编　赵　姝（黑龙江农业职业技术学院）
　　　　陈效杰（黑龙江农业职业技术学院）
　　　　刘春博（吉林省经济管理干部学院）

参　编　张　爽（黑龙江农业职业技术学院）
　　　　任学坤（黑龙江农业职业技术学院）
　　　　王学顺（黑龙江农业职业技术学院）
　　　　于洪明（黑龙江护苗农业科技开发有限公司）

前　言

　　随着经济发展、科技进步，我国种业快速发展，种子生产与管理的新技术、新方法、新成果不断涌现，种子生产与管理对就业者的知识、技能要求更高，也更注重其实际操作和应用能力。本教材是面向高等职业院校种植类相关专业学生的教材，是在了解和征求了许多教学单位的教师和行业专家意见之后进行编写的。

　　本教材在编排上充分考虑高职高专人才培养的指导思想、培养目标和教学要求，以项目为载体，结合"项目导入、任务驱动"的教学理念，实训与理论相结合，实现"教、学、练"三者融合，把握学生所需教材的深度、广度，着重介绍农作物种子生产与管理的基本知识和技能。全书内容突出理论知识的简洁、完整和系统性，应用技术的实用、先进和易操作性，管理与营销学科内容的规范、准确和实用性。文字精练，通俗易懂，更适合相关专业的需要。

　　本教材在编写中注重理论知识的指导性和技能知识的实用性，既做到内容全面，又做到主次分明，各有侧重。力求教学内容符合高职高专学生现状，务实地培养生产中急需的高技能应用人才。

　　本教材在编写过程中着重突出了以下特点：①知识点较为系统；②实用性与理论性最佳结合；③引入最新科研成果；④可读性较强。希望此书能成为农业高职院校学生的教材，农民手中的指导手册，农业技术人员书架上的读物。

　　本教材由申宏波、董兴月担任主编，赵姝、陈效杰、刘春博担任副主编，张爽、任学坤、王学顺、于洪明参编。编写分工如下：申宏波编写模块一和模块六；董兴月编写模块二；赵姝编写模块三；陈效杰编写模块四；张爽编写模块五；任学坤、刘春博编写模块七；王学顺、于洪明编写模块八。

　　本教材广泛参阅、引用了许多专家、学者的著作、论文和教材，在此一并致以诚挚的谢意！由于编写人员水平有限，书中难免有一些不足之处，真诚欢迎广大读者、同行与专家给予批评指正，以便我们今后修订、补充和完善。

编　者

2022 年 6 月

目　录

模块一
作物种子生产与管理概述

【知识目标】

了解种子、良种、优良品种的含义及良种在农业生产中的作用；了解种子生产与管理的任务。

【能力目标】

准确识别当地作物不同种子的类型，能列举出当地主要作物良种的名称及其在生产上的表现；熟练掌握种子生产与管理的意义和任务。

项目一　种子生产与管理的意义和任务

一、种子的含义及种类

种子在植物学上是指有性繁殖的植物经授粉、受精，由胚珠发育而成的繁殖器官，主要由种皮、胚和胚乳 3 部分组成。种皮是包围在胚和胚乳外部的保护构造，种皮上的色泽、花纹、茸毛等特征，可以用来区分作物的种类和品种；胚是种子的最核心部分，在适宜的条件下能迅速发芽生长成正常植株，直到形成新的种子；胚乳是种子营养物质的贮藏器官，有些植物种子的胚乳在种子发育过程中被胚吸收，无胚乳种子的营养物质贮藏于胚内，特别是子叶内最多。在农业生产上，种子的含义比较广泛，凡是可作为播种材料的植物器官都称为种子，种子是农业生产中最基本的生产资料。各种作物的播种材料种类繁多，大致可分为 4 类。

（1）真种子。真种子即植物学上所指的种子，它是由母株花器中的胚珠发育而来，如棉花、油菜、茄子、番茄、辣椒等的种子。

（2）类似种子的果实。这一类种子在植物学上称为果实,如禾本科作物的颖果、向日葵等的瘦果、伞形科的分果、藜科的坚果等。

（3）用以繁殖的营养器官。营养器官包括植物学上的各种器官,如甘薯的块根,马铃薯的块茎,芋和慈姑的球茎,葱、蒜和洋葱的鳞茎等。

（4）人工种子。人工种子又称生物技术种子、植物种子的类似物等,是将植物离体培养产生的胚状体包埋在含有养分和具有保护功能的物质中形成的,在适宜条件下能发芽出苗、长成正常植株的类似植物种子的播种材料。

二、良种在农业生产中的地位和作用

在农业生产的诸要素中,种子是决定农产品产量和品质的最重要因素之一。人类在很久以前就认识到种子在农业生产中的重要地位。我国黄河流域的先民们早在春秋时期就懂得选育良种。到南北朝时,先民们对种子的认识就更进一步,《齐民要术》中写道"种杂者,禾则早晚不均;春复减而难熟",阐述了种子不纯会导致产量低,且米质差。中华人民共和国成立以来,我国的种子工作取得了很大的成就。以水稻为例,从单季改双季、高秆改矮秆、常规稻改杂交稻这三段水稻生产发展历程看,每一步都离不开品种改良。

从世界范围来看,第一次绿色革命的兴起与成功就得益于我国水稻矮脚南特、低脚乌尖以及小麦农林 10 号等矮秆种质的鉴定及利用。以良种推广为核心内容的第一次绿色革命,使许多国家摆脱了饥荒和贫困,促进了经济、文化、政治、社会的全面发展。这在世界范围内引起了极大的震动,也使人们越来越清楚地认识到,在今后的农业发展中,良种占有越来越突出的战略地位,良种已经成为国际农业竞争的焦点。

国内外现代农业发展史生动地说明,良种在农业生产发展中的作用几乎是其他任何因素都无法取代的。目前,我国农作物良种覆盖率达 96％以上,自主选育品种面积占比超过 95％。良种对我国粮食增产的贡献率达到 45％,为我国粮食连年丰收和重要农产品稳产保供提供了关键支撑。

优良品种简称良种,是指在一定地区和栽培条件下能符合生产发展要求,并具有较高经济价值的品种。农业生产上的良种是指优良品种的优质种子。优良品种和优质种子是密切相关的。优良品种是生产优质种子的前提,一个生产潜力差、品质低劣的品种繁殖不出优质的种子,不会有生产价值;一个优良品种倘若不能繁殖生产出优质的种子,如种子混杂、成熟度不好、不饱满或感染病虫害等,这个优良品种就无法充分发挥其生产潜力和作用。"科技兴农,种子先行",作为农业发展的重要驱动力和科技应用先导,良种推广和应用为农业生产尤其是种植业生产的持续发展发挥了重大作用。良种在农业生产中的作用主要有以下几个方面。

1. 提高单位面积产量

优良品种的基本特征之一是增产潜力较大。在同样的地区和耕作栽培条件下,采用增产潜力大的良种,一般可增产 10％或更多,在较高栽培水平下良种的增产作用也较大。

2. 改进农产品品质

选育和推广优良品种是改进农产品品质的必由之路。优良品种的产品品质较优。例如,谷类作物籽粒蛋白质含量及组分、油料作物籽粒的含油量及组分、纤维作物的纤维品质等,都更能符合经济社会发展的要求。

3．保持稳产性和产品品质

选育和推广抗病虫和抗逆能力强的品种，能有效地减轻病虫害和各种自然灾害对作物产量和品质的影响，实现高产、稳产和优质。

4．扩大作物种植面积

改良的品种具有较广阔的适应性，还具有对某些特殊有害因素的忍耐性，因此选用这样的良种，可以扩大该作物的栽培地区和种植面积。

5．有利于耕作制度的改革、复种指数的提高

在我国北方，热量不足常常制约资源的高效利用。选择合适的栽培植物种类和品种进行组合，实施间作、套种，实施 1 年 2 收耕作制，可有效地提高资源利用率。

6．促进农业机械化的发展，提高劳动生产率

实现大田作物作业机械化，要求配置适合机械化作业的品种及其种子。例如，在棉花生产中，一些先进的国家已经培育出株型紧凑、适于密植、吐絮早而集中、苞叶能自动脱落的新品种，基本符合机械化收获的要求，有力地促进了棉花的机械化生产。

三、种子生产与管理的意义

（一）种子生产的意义

种子生产是依据种子科学原理和技术，生产出符合数量和质量要求的种子。广义的种子生产包括从品种选育开始，经过良种繁育、种子加工、种子检验和种子经营等环节，直到生产出符合质量标准、能满足消费者（市场）需求的商品种子的全过程。狭义的种子生产仅指良种繁育，即将育种家选育的优良品种，结合作物繁殖方式与遗传变异特点，使用科学的种子生产技术，在保持优良品种种性不变、维持较长经济寿命的条件下，迅速扩大繁殖，为农业生产提供足够数量的优质种子。种子是最重要的农业生产资料，也是农业再生产的基本保证和农业生产发展的重要条件。农业生产水平的高低在很大程度上取决于种子的质量，只有生产出高质量的种子供农业生产使用，才可以保证丰产丰收。种子生产是农业生产中前承作物品种选育、后接作物大田生产的重要环节，是种植业获得高产、优质和高效的基础。

（二）种子管理的意义

种子管理贯穿于种子生产的全过程，它从种子管理科学的角度来组织、引导和规范种子生产过程，以保证生产出来的种子质优、量足、成本低、市场竞争力强。作物种子管理分 3 个层次，即生产管理、经营管理和行政管理。生产管理指对种子生产全过程的科学管理，这一管理过程要求较高的专业技术水平和管理水平，要由专业技术人员或在专业技术人员指导下进行；经营管理指种子商品化的过程，要求经营者有经营头脑，有战略眼光，有服务意识，有较高的人文素质；行政管理指国家行政机关依法对种子工作进行管理的活动，目的是使种子生产者、经营者和使用者的合法权益得到保障，使违法行为得到惩治。

从世界各国实行种子产业化运作的实践来看，种子生产是种子经营管理的基础和依托，通过进行种子经营管理反过来又可以促进和规范种子生产，两者既互为依存，又互相促进，是不可分割的整体。

作物种子生产与管理，涵盖了商品种子从生产到使用的全过程。对种子生产者而言，只有获得最先进的技术信息，掌握最新的作物品种生产权，才能使自己的种子生产活动始终立于不

败之地;对种子经营者而言,只有掌握适销对路的品种和质量优良的种子,才能够提高竞争能力,获得良好的经济效益和社会效益;对种子使用者而言,只有获得优良品种的优质种子,农产品的高产、优质和良好的市场才能有保障,才能实现增产增收;对农业生产而言,量足质优的种子是实现持续、稳定增产和调整品种结构或产业结构的先决条件和重要保证。由此可见,搞好作物种子生产与管理,对农业科技进步和农业生产发展有着重要的现实意义。

四、种子生产与管理的任务

(一)种子生产的任务

1. 迅速生产优良品种的优质种子

在保证品种优良种性的前提下,按市场需求生产出符合种子质量标准的种子。其主要工作:一是加速生产新育成、新引进的优良品种的种子,以替换老品种,实现品种更换;二是有计划地生产已大量应用推广且继续占据市场的品种的种子,实现品种定期更新。

2. 保持品种种性和纯度

对生产上正在使用的品种,采用科学的技术和方法生产原种,以保持品种的种性和纯度,延长其使用年限。

(二)种子管理的任务

(1)生产管理。严格按照种子生产技术规程,用科学先进的设备、工艺和技术生产出足量优质的种子。

(2)经营管理。要有市场观念、质量观念和竞争意识,使生产的种子能满足市场需要。

(3)行政管理。要依法办事,为种子生产和经营提供良好的市场环境和社会环境。

项目二　种子生产与管理的经验和成就

一、国外种子生产与管理的经验

目前,发达国家的种子产业已经形成集科研、生产、加工、销售、技术服务于一体,相当完善、颇具活力的可持续发展的体系。

1. 高度重视科研育种和种子创新

例如,美国的孟山都公司作为研发企业,2019 年研发支出占销售额的比重为 12.3%。法国的科沃施公司,每年拿出公司销售额的 15% 用于种子的科技创新。美国先锋种子公司,每年拿出公司销售额的 10% 用于种子的科技创新。这些大型种子公司雄厚的种子科技创新实力,保障和推动了世界种子产业的强劲发展和种子市场国际化。

2. 建立专业化的种子生产基地和现代化的种子加工厂

国外种子产业化的重要经验之一就是建立属于种子公司自己的专业化种子繁殖基地和现代化种子加工厂。将育种家种子和基础种子都安排在自己的基地繁殖,以保证基础种源的质量。从种子的生产、精选、分级、包衣、包装到质量检验实行一条龙作业、专业化生产,从而保证向用户提供高质量的生产用种子。

3. 用育种家种子作为种子生产的最初种源

由于最熟悉品种特征特性的人是育种者,用育种家种子作为种子生产的最初种源,并继续进行生产和保存,便可以从根本上保证所生产种子的纯度。

4. 严格的种子登记制度和质量管理体系

欧盟各国对新品种要求国家级登记和种子质量认证才可以进入市场销售。欧美各国采用种子标签真实制度、种子质量的最低标准、植物品种保护法、种子认证和种子法规等种子质量管理体系,有效地支持和规范了种子市场的发展,确保农业用种的种子质量。

5. 实行品牌战略,建立网络化的销售体系

在国外种子市场,每个品种都有明显的标牌和详尽的说明书。各入市公司都注重建立自己的企业形象和销售体系。

二、我国种子生产与管理的成就

《中华人民共和国种子法》(以下简称《种子法》)及配套法规的相继颁布实施,使种子产业成为我国一个蓬勃发展的新型产业。我国种子产业在良种培育推广、基础设施、生产经营、质量控制、市场管理及对外合作交流等方面都取得了长足发展,整个种子产业初具规模。

1. 良种培育推广成效显著

2016 年修订的《种子法》实施后,有关品种审定推广的配套法律法规相继进行了修改,主要农作物品种审定的门槛大幅度降低,非主要农作物改为登记制度。通过这些改革,品种数量大幅度增加,极大地丰富了我国的品种资源。我国杂交水稻、杂交玉米、杂交油菜等作物新品种的产量和品质已达到世界先进水平,优质小麦和高油大豆品种的选育也取得了显著成效。我国的育种工作已开始朝着选育具有市场竞争力的优质专用品种方向发展。在新品种推广方面,品种更换更新由原来的 10 年缩短到 6~7 年,每次更换更新增产幅度都在 10% 以上。我国农作物自主品种占 95% 以上,全国农作物的良种覆盖率超过 96%,良种在农业生产中的贡献率达到 40% 以上。

2. 种子生产能力不断增强

党的十八大以来,我国通过实施现代种业提升工程、制种大县奖励和制种保险政策,认定建设了一批优势制种基地和种业产业园。另外,我国以海南、甘肃、四川三大国家级育制种基地为核心、152 个制种基地县为骨干的"国家队"也基本形成。截至 2022 年,我国建立的国家级育制种基地已达到 216 个,覆盖了粮棉油糖果菜茶等重要农作物。上述创新建设模式,以及基础设施、管理能力的提升,大幅度地提升了我国的良种供应保障能力,保障了我国 70% 以上农业的用种需求。同时,我国种业企业也涌现出像隆平高科、垦丰种业、荃银高科、登海种业和农发种业等一大批国内育繁推一体化种业巨头,这些企业的建设和发展,也大大促进了我国种子生产能力的提升。目前,我国水稻、玉米、大豆等主要作物供种保障能力已达到 80% 以上,基本实现"中国粮"主要用"中国种"。

3. 种子质量水平明显提高

2016 年修订的《种子法》实施以来,我国先后制定了涵盖种子质量、品种真实性、转基因检测及加工包装等方面的管理标准 170 多个,建设种子测试检验鉴定机构 250 多个,通过考核的种子检验机构年样品检测能力达到 60 万份以上,例行监测的种子企业覆盖率达到 50% 以上,

建立了七大作物品种标准样品库,形成了较为完整的技术支撑体系,有力地促进了种子质量的提升。我国种子市场监管日趋规范有力,市场秩序明显好转,确保了农业用种安全。种子质量是种子企业的生命线,种子企业也在不断强化内部的质量管理,以增强企业竞争力。

4. 现代种子企业逐步建立和发展

随着种业市场化进程的加快,股份制改造和企业重组模式大量引入种子企业,其他工商企业或民营企业也积极投资种业建设,参与种业经营,已基本形成种子经营主体多元化的格局。我国种子企业的实力不断壮大,大中型种子企业正在向集团化、专业化方向发展,并以品牌优势在全国范围内建立起比较完善的种子营销网络,种子营销空前活跃。

5. 对外交流与合作更加广泛和频繁

种业全球化趋势正在逐步深化。我国不仅是世界上最重要的种子生产国,同时又是极具潜力的种业市场。外国的资金和企业正逐步进入我国种子市场,截至 2020 年,以巴斯夫、拜耳、科迪华、科沃施等为代表的国际化企业均在我国成立了合资企业。这些企业既为我国种业带来了资金和先进的管理经验,也为我国种业带来了竞争压力。近年来,随着种子市场的开放,我国进口种子、出口种子及合作制种的数量也不断增加。

6. 种子管理法制化

《种子法》及其配套法规的颁布实施,是我国种子产业管理制度的重大改革,是我国作物种子生产与管理近几十年改革与完善的最大成就。《种子法》及其配套法规的颁布实施,使我国种子产业从此进入法制化阶段,从法制上保证了种子管理的公正性和严肃性,使依法制种、依法兴种成为可能,有利于形成全国统一开放、规范有序、公平竞争的种子市场;规范了种子选育者、经营者和使用者的行为,保障了他们的合法权益,进一步提高了种子生产经营的市场化程度,推动种业各界转变运行机制,完善内部管理,提高服务质量;揭开了我国种业发展的新篇章,既给我国种子市场管理提供了法律依据,使我国种业更好地为农业的高产优质高效和可持续发展服务,又积极与国际种子法规接轨,推动我国种业走向世界,融入国际种业市场,为全球的农业生产发展做出应有的贡献。

三、国内外现代种业现状

1. 国际现代种业现状

受全球经济疲软、农产品价格持续低迷等影响,全球主要种业巨头营收增速减缓,不得不加快整合步伐。陶氏化学与杜邦合并、拜耳收购孟山都、中国化工收购先正达等接连发生,世界种业垄断格局巩固加深,"种业＋农化"的产业融合深入推进。

世界四大种子
公司发展历史

2. 我国现代种业现状

中国两大种业集团正在形成:2018 年,隆平高科种子业务收入 26.5 亿元,进入世界种业前八强,隆平高科、中信农业宣布完成对陶氏益农巴西特定玉米种子业务的收购,交易金额 11 亿美元。中国的中国化工、隆平高科两家企业进入世界种业 10 强。

3. 创新趋势

在种业科技创新方面,世界正在经历第四次种业科技革命的新阶段,对我国种业发展产生了巨大挑战和机遇。当前世界范围内,以"生物技术＋信息化"为特征的第四次种业科技革命正在孕育,不断向纵深发展、向全球扩张,推动种业研发、生产、经营和管理发生着深刻变革。种业创新仍然是我国现代种业发展的核心动力,但我国育种资源、研发人才主要聚集在科研单位,企业难以有效聚集商业化研发的创新资源要素,创新链与产业链脱节,未能形成一条龙、拧成一股绳,创新体制改革刻不容缓。

4.对外开放大幅度加快

2018年6月,国家种业外商投资"负面清单"正式对外发布,种业对外开放进一步加快。目前,我国种业企业已经走过了"由小变大"的历程,要实现"由大变强",必须直面国际种业巨头的竞争。未来,我国种业对外开放、合作交流将更加频繁,国际竞争也更加激烈。我们要以更加主动的姿态,更加宽广的视野,在开放中竞争、在竞争中发展、在发展中保护。

我国目前大幅度放宽种业外商投资准入限制,对外开放水平全面提高。为适应种业全面对外开放新形势,进一步完善种业相关法律法规,建立健全种业信息监测与安全预警机制,确保国家种业安全,打造种业开放发展的新格局迫在眉睫。

【模块小结】

本模块共设置两个项目,要求学生掌握种子的含义及种类、良种在农业生产中的地位和作用等基础知识及其相关技能;能够区分不同类型的种子,掌握种子生产和种子管理的定义及其关系,掌握种子生产与管理的意义和任务;了解国外种子生产与管理的经验和我国种子生产与管理的成就,为进一步学习作物育种和种子生产等打下基础。

【模块巩固】

1.简述良种的作用。

2.简述作物种子生产与管理的意义。

3.简述作物种子生产与管理的任务。

4.试分析我国(或当地)种子生产与管理存在的问题与对策。

模块二
作物品种选育基础知识

【知识目标】

通过本模块学习,使学生了解品种的概念及作物的品种类型;熟练掌握育种目标的概念及现代农业对作物品种的要求,掌握制定育种目标的一般原则;掌握种质资源在植物育种中的重要性,保护种质资源的迫切性和必要性,掌握种质资源的基本收集方法及收集后的整理、保存和利用;掌握引种的概念及意义,引种的基本原理与规律;掌握杂交育种的杂交技术和方法,亲本选配的原则与方法,以及杂种后代的选择方法。

【能力目标】

学会作物育种目标的制定;根据本地特点正确选择引种材料及地区,能制定合理的引种策略;能使用系谱法进行系统育种;能够综合利用各种方法进行有性杂交育种;能够熟练地进行作物杂交去雄授粉工作。

项目一　育种目标

一、作物品种的概念与品种类型

(一)作物品种的概念

作物品种是在一定的生态条件和社会经济条件下,根据人类生产和生活的需要,应用一定的育种技术创造的、经过较长时间定向驯化栽培的、具有稳定的遗传特性的某种植物的特定群体。这一群体具有相对稳定的遗传特性,在生物学、形态学及经济性状上具有相对一致性,与同一作物的其他群体在特征、特性上有所区别;在一定地区和栽培条件下种植,在产量、抗性、品质等方面都能符合生产发展的需要。作物品种是人工进化、人工选择的结果,即育种的产物,是重要的农业生产资料。所以,作物品种是农业生产上极为广泛地用以区分同一作物不同类型的特有名称,是经济上的类别,而不是植物学上的分类。作物品种具有使用上的区域性和时间性。随着耕作条件及其他生态条件的改变、经济的发展、生活水平的提高,人们对品种的要求也会提高,所以必须不断地选育新品种以更替原有的品种。

(二)作物品种的类型

作物的品种一般都具有 3 个基本特性,即特异性、一致性和稳定性。特异性是指本品种具有一个或多个不同于其他品种的形态、生理等特征;一致性是指同品种内植株性状整齐一致;稳定性是指繁殖或再组成本品种时,品种的特异性和一致性能保持不变。根据作物的繁殖方式、遗传基础、品种选育方法及种子生产方法等,可将作物品种分为下列 4 种类型。

1. 自交系品种

自交系品种又称纯系品种,包括从突变中及杂交组合中经过系谱法育成的、基因型纯合的后代。自交系品种是由遗传背景相同、基因型纯合的一群植株组成,可以重复利用。它实际上既包括自花授粉作物和常异花授粉作物的纯系品种(即常规品种),也包括异花授粉作物的自交系品种。如现在我国生产上种植的水稻、大豆、小麦等作物的常规品种;水稻、高粱、油菜、玉米等作物的雄性不育系、保持系、恢复系、自交不亲和系和自交系。自交不亲和系和自交系当作为推广杂交种的亲本使用时,都属于自交系品种。

2. 杂交种品种

杂交种品种是在严格选择亲本和控制授粉的条件下生产的各类杂交组合的杂种一代(F_1)植株群体。这类品种群体的基因型高度杂合,个体间基因型有不同程度的异质性,表现出很高的生产力。杂交种品种通常只种植 F_1,即利用 F_1 的杂种优势。杂交种品种不能稳定遗传,F_2 会发生基因型分离,杂种优势下降,所以生产上一般不再利用。

以前主要在异花授粉作物中利用杂交种品种,现在很多作物相继发现并育成了雄性不育系,解决了大量生产杂交种子的问题,使自花授粉作物和常异花授粉作物也容易选育和生产杂交种品种,利用杂种优势提高产量和品质。袁隆平、李必湖等 1970 年发现并育成水稻野败型雄性不育系,成为杂交水稻破局的关键。

3. 群体品种

群体品种主要包括异花授粉作物的开放授粉品种和自花授粉作物的多系品种。开放授粉品种群体遗传组成异质,个体基因型杂合,目前在生产上很难见到,如玉米的地方品种和综合品种。多系品种群体遗传组成异质,个体纯合。如为了选育抗多个锈病生理小种的小麦品种,先分别选育多个抗不同生理小种而在其他性状上相同的近等基因系,再根据不同地区的需要,分别用不同的近等基因系混合成不同抗性的品种在生产上推广,以拦截和减少锈病传播渠道,达到防止锈病大发生的目的。

4. 无性系品种

无性系品种是由一个无性系或几个遗传上近似的无性系经过营养器官扩大繁殖所形成的品种。大多数无性系品种是通过有性杂交选择优良变异,采用无性繁殖保持变异育成的。因此,这类品种群体遗传组成同质,个体杂合。许多薯类作物和果树品种都属于无性系品种。

二、现代农业对作物品种的要求

(一)育种目标的概念

育种目标是在一定的自然、栽培和经济条件下,对计划选育的新品种提出应具备的优良特征特性,也就是对育成品种在生物学和经济学性状上的具体要求。

育种工作的前提就是要确定好育种目标,它直接涉及原始材料的选择、育种方法的确定以及育种年限的长短,而且与新品种的适应区域和利用前景都有密切关系,因此,育种目标正确与否直接关系到育种工作的成败。育种目标是动态的,这是因为生态环境的变化、社会经济的发展以及种植制度的改革等都要求育种目标与之相适应。同时,育种目标在一定时期内是相对稳定的,它体现出育种工作在一定时期的方向和任务。

(二)作物育种的主要目标性状

高产、稳产、优质、适应机械化是现代农业对各种作物品种的共同要求,是国内外作物育种的主要目标,同时也是作物优良品种必备的基本条件。我国北方作物育种的共同目标是:适期成熟、高产、优质、抗逆性强、适应性广。虽然不同作物育种目标的侧重点和具体内容有所不同,但总的目标是不变的。

1. 高产

高产是指单位面积产量高,作物的优良品种首先应该具备相对较高的产量潜力。特别是我国人口多、耕地少,为了满足对各类农产品特别是粮食的需求,迫切需要品种具有高产甚至超高产的潜力。因此,育种目标对高产的要求是我国作物育种目标的突出特点。作物的产量受多种因素限制,既要产量因素和群体结构良好,又要有高产的生理基础。高产潜力的实现还依赖于品种各种特征特性和自然、栽培条件的良好配合。

2. 稳产

作物品种的稳产是指优良品种在推广的不同地区和不同年份间产量变化幅度较小,在环境多变的条件下能够保持均衡的增产作用。

影响作物品种稳产的因素很多,主要分为气候、土壤和生物三大类。例如,干旱、高温的气候因素、盐碱含量高的土壤因素以及病虫害等生物因素。虽然这些不利的环境因素可以采取多种措施加以控制,但最经济有效的途径还是利用作物品种的遗传特性与不利的环境条件相抗衡,即选育抗不良环境的优良品种。

稳产是优良品种的重要条件。它主要涉及品种的抗逆性和适应性,抗逆性强、适应性广的品种,稳产性也好。

3. 优质

随着农业现代化的推进、人民生活的改善,作物品种不仅要有高而稳定的产量,还应具有更好、更全面的产品品质,尤其是许多农产品进入国际市场以后,更应重视改进农产品的品质。因此,在育种工作中,必须注意高产和优质性状的选育,品质的改良应是重要的目标之一。

优质育种目前在我国已成为主要的育种目标之一。农作物产品的品质依据作物种类和产品用途而异,其内容包括营养品质、加工品质以及其他有关经济性状的具体指标。营养品质是指农产品营养物质的成分和含量。如谷类作物品质育种最受重视的是淀粉、脂肪和蛋白质的含量;大豆品种要求蛋白质的含量高,又有一定的脂肪含量;油料作物品种则要求油酸含量要高。加工品质指农产品直接或间接地影响其加工工业产品的产量、质量和生产成本的品质特征,如水稻的糙米率、精米率等,小麦的出粉率、面筋的含量与质量等。为适应商品经济,要注重适合不同用途和市场要求,以及出口创汇农作物特色品种的商品品质,提高其经济价值。

4. 适期成熟

生育期是一项重要的育种目标,它决定着品种的种植地区。生育期与产量呈明显的正相关:生育期长,产量高;生育期短,产量低。但选育的品种必须根据当地无霜期的长短决定生育期,原则上应既能充分利用当地的自然生长条件,又能正常成熟。选育生育期适中的高产品种,是北方高纬度地区作物育种的一个重要目标。不同作物在北方高纬度地区常遇到各种自然灾害,如低温冷害等,适期成熟的品种可以避免或减轻受害程度。

5.适应机械化

随着农业生产现代化的进展,北方农作物的栽培、管理和收获必将逐步实现机械化,来提高农业劳动生产率。所以育种工作应在高产的基础上,选育适合于机械化生产的新品种。如水稻、小麦品种应该是株高一致、株型紧凑、茎秆坚韧不倒伏、生长整齐、成熟一致、不易落粒,大豆结荚部位与地面有一定距离,玉米穗整齐适中,薯的块茎和块根集中等,这样才能适应于机械化栽培和收获。

三、制定育种目标的一般原则

育种目标体现育种工作在一定地区和时期的方向和要求,所定目标适当与否,往往影响育种工作的成败。不同作物不同地区在制定育种目标上有很大差异。对育种家来说,要有效地制定出切实可行的育种目标,不仅要熟悉育种过程,懂得改良性状的遗传特点,而且还必须了解农业生产以及市场需求等。在实际工作中,首先要做好调查分析,要调查当地的自然条件、种植制度、生产水平、栽培技术以及品种的变迁历史等。一般制定作物育种目标要掌握以下几项基本原则。

(一)适应当前生产需要,预见生产发展前景

制定育种目标必须和国民经济的发展及人民生活的需要相适应。选育高产、稳产的品种是当前的主攻方向,可随着人民生活水平的提高及工业发展的需要,对农产品品质的要求也越来越高,所以品质育种也是主攻目标。此外,农业生产是不断发展的,而育成一个新的品种至少需要 5～6 年的时间,多则 10 年以上的时间。育种周期长的特点,决定了制定育种目标必须要有预见性,至少要看到 5～6 年以后国民经济的发展、人民生活水平和质量的提高以及市场需求的变化。所以在制定育种目标时要了解作物品种的演变历史,还要有发展的眼光,既从当前实际情况出发,又要看到将来的发展趋势。

(二)根据当地自然栽培条件,抓住主要矛盾

一个地区对良种的要求往往是多方面的,这就要善于抓住主要矛盾,不能要求面面俱到、十全十美,而是要在综合性状都符合一定要求的基础上,分清主次,突出地改良一两个限制产量和品质的主要性状,作为抓主要矛盾的出发点。例如,某山区气温较低,肥力水平也比较低,因此应突出品种的抗寒力强、耐瘠薄、分蘖力强的特点;而在肥力水平较高的平原地区,倒伏和病虫害又是限制产量提高的主要矛盾,因此应选育秆强抗倒、抗病、丰产的品种等。

(三)育种目标要明确并落实到具体性状上

制定育种目标时,不能只笼统地提出高产、稳产、优质和多抗性等,而要把育种目标落实到具体性状上,并且目标要具体、确切,以便有针对性地进行育种工作。例如,选育早熟品种,其生育期应该比一般品种提早多少天;以抗病性作为主攻目标时,不仅要指明具体的病害种类,而且有时还要落实到生理小种上,同时要用量化指标提出抗性标准,即抗病性要达到哪一个等级或病株率要控制在多大比例之内。

(四)育种目标要考虑品种合理搭配

我国地域广大,气候、土壤差异很大,以至于不同地区生产上对品种的要求是不一样的,同

一个地区还有多种不同的种植形式,故选育一个完全满足各种要求的品种是不可能的。因此,我们制定育种目标时要考虑品种合理搭配,选育出多种类型的品种,以满足生产需要。

此外,制定育种目标时要充分考虑经济效益、社会效益和生态效益,处理好需要与可能、当前与长远、目标性状与非目标性状、育种目标与组成性状的具体指标,以及育种目标的相对集中、稳定和实施中必要的充实和调整等关系。

项目二　种质资源

一、种质资源在育种上的重要性

种质资源是指具有特定种质或基因、可供育种及相关研究利用的各种生物类型。现代遗传育种主要是利用原始材料内部特定的遗传物质从亲代传递给后代,并在后代中能够表达。因此,在植物遗传育种领域把具有一定种质或基因的所有生物类型(原始材料)统称为种质资源,包括小到具有植物遗传全能性的细胞、组织和器官以及染色体的片段(基因),大到不同科、属、种、品种的个体。

随着人口的急剧增长,不合理的开垦荒地、大面积的毁林,加之现代工业污染,生态平衡遭到严重破坏,一些珍贵、稀有的物种以及具有抗逆性的地方品种已经灭绝或濒临灭绝。也由于植物育种技术的发展,高产品种单一化现象愈加严重,植物遗传基础越来越窄,和野生种、早期驯化种相比,现代品种基因的等位性变异越来越少,这已是培育有突破性品种的瓶颈。有不少报道指出,目前种植的玉米、甜菜、水稻等作物杂交种的遗传基础日益狭窄,存在遗传上的脆弱性和突发性病害的隐患。因此,植物种质资源保存与利用已受到世界的广泛关注,成为现代农业可持续发展、食物安全及农作物品种不断创新的基础和保障。

植物种质资源是育种家用来选育新品种的遗传材料,是提高农业生产力的基础资源,也是植物遗传多样性的重要体现,世界各国都非常重视植物种质资源的收集、保存、评价及利用研究。归纳起来,种质资源在作物育种中的作用主要表现在以下几方面。

(一)种质资源是现代育种的物质基础

作物品种是在漫长的生物进化与人类文明过程中形成的。在这个过程中,野生植物先被驯化成多样化的原始作物,经种植选为各种各样的地方品种,再经进一步选择育成符合人类需求的各类新品种。正是由于已有种质资源具有满足不同育种目标所需要的多样化基因,人类的不同育种目标才能得以实现。

实践证明,在现有遗传资源中,任何品种和类型都不可能具备与社会发展完全相适应的优良基因,但可以通过选育,将分别具有某些或个别育种目标所需要的特殊基因有效地加以综合,育成新品种。例如,抗病育种可以从种质资源中筛选对某种病害的抗性基因,矮化育种可以从种质资源中选取优异的矮秆基因,二者结合可育成抗病、矮秆新品种。

(二)稀有特异种质对育种成效具有决定性的作用

作物育种成效的大小,在很大程度上取决于所掌握的种质资源数量和对其性状表现及遗传规律的研究深度。从近代世界范围内作物育种的显著成就来看,突破性品种的育成及育种上大的突破性成就,几乎无一不取决于关键性优异种质资源的发现与利用。例如,20世纪70年代我国杂交水稻走在了世界前列,正是由于发现和转育了野生稻细胞质雄性不育基因。

未来作物育种上的重大突破仍将取决于关键性优异种质资源的发现与利用,一个国家或单位所拥有种质资源的数量和质量,以及对所拥有种质资源的研究程度,将决定其育种工作的成败及其在遗传育种领域的地位。

(三)新的育种目标能否实现取决于所拥有的种质资源

作物育种目标随着人类文明进程的加快和社会物质生活水平的不断提高而不断更新。新的育种目标能否实现,取决于育种者所拥有的种质资源。种质资源还是不断发展新作物的主要来源,现有的作物基本都是在不同历史时期由野生植物驯化而来的。从野生植物到栽培作物,就是人类改造和利用植物资源的过程。随着生产和科学的发展,人类会不断地从野生植物资源中驯化出更多的作物,以满足生产和生活日益增长的需要。如在油料、麻类、饲料和药用等植物方面,常常可以从野生植物中直接选出一些优良类型,进而培育出具有经济价值的新作物或新品种。没有这些种质资源,新作物无从获得。

(四)种质资源是生物学理论研究的重要基础材料

种质资源不但是选育新作物、新品种的基础,也是生物学研究必不可少的重要材料。不同的种质资源,具有不同的生理和遗传特性,以及不同的生态特点,对其进行深入研究,有助于阐明作物的起源、演变、分类、形态、生态、生理和遗传等方面的问题,并为育种工作提供理论依据,提高育种成效。

二、种质资源的类别

作物种质资源一般可按其来源、生态类型、亲缘关系、育种实用价值进行分类。在实际工作中,往往按来源进行分类,一般可分为以下四种。

(一)本地种质资源

本地种质资源是指原产于本地或在本地长期栽培的各种植物种,是育种工作最基本的原始材料,包括地方品种、过时品种和当前推广的主栽品种。其主要特点是这些植物对本地的自然生态环境具有高度的适应性,对当地不良气候和病虫害有较强的抗性。

(二)外地种质资源

外地种质资源是指从其他国家或地区引进的品种或类型。这些种质资源反映了各自原产地区的自然和栽培特点,具有不同的生物学、经济学和遗传性状,其中有某些性状是本地种质资源所不具备的,是植物育种工作中不可缺少的、改良本地品种的重要材料。

(三)野生种质资源

野生种质资源主要是指各种植物的近缘野生种和有利用价值的野生植物。野生种质资源具有一般栽培品种所欠缺的某些重要性状,如顽强的抗逆性、对不良环境的高度适应性、独特的品质及雄性不育特性等,是培育新品种的宝贵材料。通过远缘杂交或基因工程等育种手段可将这些特殊性状(基因)引入栽培作物,使之具备野生植物所拥有的特异性状。例如,东北野生大豆的蛋白质质量分数可以达到50%以上,是大豆高蛋白育种的重要种质。

(四)人工创造的种质资源

人工创造的种质资源是指人们通过各种途径,如杂交、理化诱变、远缘杂交、基因工程等方法创造产生的各种突变体或中间材料,供进一步培育新品种所利用。这类种质资源虽不一定能直接在生产上应用,但一般具有某些特异性状,是培育新品种的原始材料,因而也是十分珍贵的,有很高的利用价值。

三、种质资源的保存、研究与利用

种质资源工作的内容包括收集、保存、研究和利用。其工作方针是:广泛征集、妥善保存、深入研究、积极创新、充分利用,为植物育种服务,为加速农业现代化服务。

(一)种质资源的收集与保存

1. 种质资源的收集方法

收集种质资源主要包括野外考察搜集、种质资源机构或育种单位间相互引进交换和群众性征集等方法。

2. 收集材料的整理

对收集到的种质资源,应及时整理。首先应将样本对照现场记录,进行初步整理、归类,将同种异名者合并,以减少重复;将同名异种者予以订正,进行科学地登记和编号。如美国,自国外引进的种子材料,由植物引种办公室负责登记,统一编植物引种号。此外,还要进行简单的分类,确定每份材料所属的植物分类学地位和生态类型,以便对收集材料的亲缘关系、适应性和基本的生育特性有个概括的认识和了解,为保存和做进一步研究提供依据。

随着计算机及网络技术的日益普及,及时建立种质资源信息检索数据库将大大地提高种质管理使用效率。

3. 种质资源的保存

保存种质资源不仅仅是保持所存的样本数量,更重要的是保持各份材料的生活力和原有的遗传基因。从狭义上讲,保存主要采用原生境保存和非原生境保存相结合的办法。原生境保存是指在原来的生态环境中,就地进行繁殖保存种质,如通过建立自然保护区或天然公园等途径保护野生及近缘植物物种。非原生境保存是指将种质资源保存于该植物原生态生长地以外的地方,如建设低温种质库的保存、田间种质库的植株保存以及试管苗种质库的组织培养物保存等。保存方式主要有种植保存、贮藏保存、离体保存、基因文库保存等。

种质资源的保存还应包括保存种质资源的各种资料,每一份种质资源材料应有一份档案。档案中记录有编号、名称、来源、研究鉴定年度和结果。档案按材料的永久编号顺序排列存放,并随时将有关该材料的试验结果及文献资料登记在档案中,档案资料存入计算机,建立数据库。

(二)种质资源的研究与利用

1. 种质资源的研究

种质资源的研究内容包括特征特性的鉴定、性状的筛选、遗传性状的评价和基础理论的研究。鉴定方法分为直接鉴定和间接鉴定、自然鉴定和控制条件鉴定(诱发鉴定)、当地鉴定和异地鉴定。

对于种质资源特征特性的鉴定和研究属于表现型鉴定。只有在表现型鉴定的基础上进行基因型鉴定,才能了解和掌握种质性状的基本遗传特点,更好地为育种服务。目前,利用分子标记技术可以在较短时间内找到目标基因。各种主要作物中均有一批重要的农艺性状基因被定位和作图,如产量性状、抗逆性等都是数量性状,对这样的性状用传统的方法很难进行深入研究,而利用分子标记技术,可以像研究质量性状一样对数量性状基因位点进行研究。

2. 种质资源的利用

对收集到的优良野生种质和栽培品种、类型,在鉴定研究的基础上,应积极利用或有计划有目的地进行改良,使种质资源尽快发挥生产效益。种质资源的利用主要有以下途径。

(1)直接利用。收集到的种质资源有些综合性状优良,经过适应性对比试验并经审定后可直接在生产中应用。但这类种质资源所占比例较小。

(2)间接利用。对有突出特点、能克服当地推广品种的某些缺点的种质资源,可通过杂交、转基因技术等手段将有突出特点的性状转移到推广品种中,改良推广品种,使其具有更丰富的遗传基础。

(3)进一步改良。对于经济性状不突出,但具有某些优良性状或有潜在利用价值的种质,应就地保存并移入种质资源圃,进行进一步研究、改良,以便为以后育种利用。

项目三 引种

广义的引种是指从外地区或外国引进新植物、新作物、新品种以及为育种和有关研究所需要的各种品种资源材料。狭义的引种则是指从外地区或外国引进作物新品种(系),通过适应性试验,直接在本地推广种植。引种材料可以是繁殖器官(如种子)、营养器官(如果树的枝条)或染色体片段(如含有目的基因的质粒)。

现今世界各地广泛栽培的各种作物类型,大多数都是通过相互引种,并不断加以改进、衍生,逐步发展而丰富起来的。引种是利用现有品种资源最简便也是最迅速有效的途径,不仅可以扩大当地作物的种类和优良品种的种植面积,充分发挥优良品种在生产上的作用,解决当地生产对良种的迫切需要,而且能充实品种资源,丰富育种材料。因此,引种是育种工作的重要组成部分。

一、引种的基本原理

为了减少盲目性、增强预见性,地理上远距离引种,包括不同地区和国家之间引种,应重视原产地区与引进地区之间的生态环境,特别是气候因素相似性。

(一)自然条件与引种的关系

1. 气候相似论

原产地区与引进地区之间,影响作物生长发育的主要气候因素应尽可能相似,足以使引种的作物能够正常生长与发育,引种才易于获得成功。即在气候条件或主要气候因素相同或相似的地区之间相互引种,容易获得成功。

2. 作物的生态环境与生态类型

(1)作物的生态环境。作物的生长发育离不开环境条件,作物的环境条件是指作物生存空间周围的一切条件,包括自然条件和耕作栽培条件等,其中对作物生长发育有明显影响和直接为作物所同化的自然条件因素,称为生态因素。生态因素有生物因素和非生物因素两大类:自然界中的动物、植物和微生物等为生物因素;光、热、水、土、气等为非生物因素。生物因素和非生物因素都不是孤立存在的,它们又同时受耕作栽培条件的影响,因此,各种生态因素都处于相互影响和相互制约的复合体中,并以此对作物产生综合性作用。这种对作物产生综合作用的生态因素总称生态环境。

不同地区、不同时间的生态环境是不同的,但在一定的区域范围内,具有大致相同的生态环境。对于一种作物来讲,具有大致相同的生态环境的地区称为生态区。

(2)作物的生态类型。任何一种作物都是在一定的自然条件和耕作栽培条件下,经过长期自然选择和人工选择而形成的。同一作物的不同品种对不同的生态因素会有不同的反应,表现出不同的生态特性,如光温特性、生育期长短、产量结构特性、抗性及产品品质等生态性状。根据对这些生态特性的研究,同一种作物的所有品种可以划分为若干个不同类型。同一作物在不同生态区形成的、与该地区生态环境及生产要求最相适应的不同品种类型,称为作物生态类型。同一物种往往会有各种不同的生态类型,如:水稻中的籼稻是适应热带和亚热带高温、高湿、短日照环境条件的气候生态类型;粳稻是适应温带和热带高海拔、长日照环境条件的气候生态类型。不同生态类型之间相互引种有一定的困难,相同生态类型之间相互引种则较易成功。

(二)不同作物对温度和光照的反应

1. 我国日照和温度的四季变化

(1)日照时数的变化。日照时数是指一个地方日出到日没之间的可照时数,也称光照长度。地球不停地自转,形成了昼夜交替的现象。同时,地球在公转的过程中,形成日照时数随季节和纬度不同而有规律变化的现象。每年的春分(3月21日左右)和秋分(9月23日左右)太阳直射在赤道上,全球各地昼夜平分。

从春分到秋分的夏半年,我国南北的白昼都长于黑夜,纬度越高,白昼越长,夏至日各地的白昼最长;从秋分到春分的冬半年,我国南北的白昼短,黑夜长,纬度越高,白昼越短,冬至日各地的白昼最短。

(2)气温的变化。我国大部分地区处于亚热带和温带,受季风和大陆性气候影响,有明显的季节变化。从四季分布来看,冬夏长而春秋短,向南夏季增长,向北随纬度升高冬季增长。从温度差异看,低纬度地区离赤道较近,气温高,各月平均温度的差异较小,因此温度的年较差也小。随着纬度的升高,各月平均温度差异增加,年温差也随之加大。同时,我国气候有一个很大的特点,就是南北的温差冬季大于夏季。

2. 不同作物对温度和光照的反应

(1)不同作物对温度的反应。根据阶段发育理论,在一、二年生植物的发育过程中,存在对温度、光照反应不同的发育阶段,即春化(感温)阶段和光照阶段。春化阶段是植物发育的第一个阶段,在种子萌发、出苗或分蘖时进行,要求有一定的温度、水分和营养物质等,其中温度条件起主导作用。因此,当温度条件不能满足春化要求时,植物的发育就会停顿,光照阶段就不能开始进行。不同的植物在通过春化阶段时,所需温度和持续天数不同,据此,将其分为冬性、半冬性、春性和喜温四种类型(表2-1)。

表 2-1　不同植物类型的春化阶段特性

植物类型	通过春化阶段所需温度/℃	通过春化阶段所需天数/d
冬性	0～5	30～70
半冬性	3～15	20～30
春性	5～20	3～15
喜温	20～30	5～7

对于我国大部分地区的一般春夏播种作物,在正常情况下,温度对其通过春化阶段不是一个限制因素,但不同生态类型品种的感温性不同。如水稻是喜温类作物,在水稻适宜生长的温度范围内,温度升高能促进其生长发育,提早成熟;温度降低,会延长其生育期。早、中、晚稻的感温性比较,以晚稻最强,早稻次之,中稻较弱。

(2)不同作物对光照的反应。作物在通过春化阶段以后,就会立即进入光照阶段。在光照阶段中,虽然需要光照、黑暗、温度、水、营养等条件的综合作用,但起主导作用和决定性作用的条件是光照和黑暗。只有通过此阶段,作物才能实现由营养生长向生殖生长的过渡转化,进而开花结实。根据对日照时数的要求不同,作物可分为长日照作物、短日照作物和中间性作物三种类型。

①长日照作物。起源于高纬度地区的作物一般是长日照作物。这类作物在通过光照阶段时,要求日照时间在 12 h 以上,而且光照连续的时间越长,就越能迅速地通过光照阶段,使抽穗、开花时间提早。当日照时间在 12 h 以下时,这类作物就不能通过光照阶段,导致其抽穗开花时间推迟,甚至不能抽穗成熟。北方栽培的作物一般为长日照作物,如冬小麦、大麦、甜菜等。

②短日照作物。一般起源于低纬度地区,它们通过光照阶段时,要求 12 h 以下的日照。在一定范围内,日照时间越短,黑暗时间越长,它们通过光照阶段就越快,抽穗开花期也就越早;而在长日照条件下,则不能通过光照阶段。南方栽培的作物一般为短日照作物,如水稻、玉米、大豆等。同一作物的不同品种类型感光性不同。如:水稻中的早稻,属光照反应极弱或弱的类型,在连续短日照或延长日照的情况下,其抽穗期的提前或推迟变化不大;而晚稻则属于光照反应极强或强的类型,在缩短或延长日照的情况下,其抽穗期的提前或推迟变化很大。

③中间性作物。这类作物对日照长短要求不严格,反应不敏感,日照长短对其抽穗开花影响不明显,如番茄等作物。

探明作物春化阶段和光照阶段的生长发育特性,对引种和栽培都有指导作用。例如:将北方的冬性小麦品种引到南方,由于气温增高,该品种不能顺利通过春化阶段,导致其成熟期推迟,甚至不能抽穗,使引种失败;对于感光性强的作物,在引种以收获果实、种子为目标的作物时,必须满足它们对日照长度的要求才能获得成功;在引种以收获营养器官为目标的作物时,要尽量不满足它们对日照的要求,使其延迟抽穗结实,促使其营养器官的充分生长,达到丰收的目的。"南麻北种"就是应用阶段发育理论取得优质高产的。

(三)纬度、海拔与引种的关系

纬度相同或相近的地区,气温条件和日照长度也相近,相互引种的作物一般在生育期和经济性状上变化不大,所以纬度相近的东、西地区之间较经度相近的南、北地区之间引种成功的可能性大。

同纬度的高海拔地区与平原地区,气温条件相差较大,相互引种不易成功;但是低纬度的高海拔地区与高纬度的平原地区之间,气温条件可能相近,相互引种有成功的可能性。

二、引种规律

(一)低温长日照作物的引种规律

低温长日照作物如小麦、大麦、油菜等,由高纬度的北方引种到低纬度的南方地区,由于温度升高,日照时数缩短,春化阶段对低温的要求和光照阶段对长日照的要求均不能满足,表现为生育期延长,抽穗推迟,甚至不能抽穗开花。因此,北种南引时,宜选择早熟、春性品种。反之,原产低纬度南方地区的品种,引至高纬度北方地区,由于温度、日照条件都能很快满足,表现为抽穗、成熟提早,生长期缩短。但由于高纬度地区冬季寒冷,春季霜冻严重,作物容易遭受冻害,植株可能缩小,不易获得较高的产量。因此,低温、长日照作物由南向北一般不宜长距离引种。

(二)高温短日照作物的引种规律

高温短日照作物如玉米、水稻、棉花,北种南引,因生育期间日照缩短、气温增高,往往表现为植株变矮,抽穗提早,穗、粒变小,生育期明显缩短,因此宜引用比较晚熟的品种,并尽量早播,以缩小生育前期的气温与原产地的差异。南种北引,由于气温降低、日照时数延长,一般表现为生育期延长,植株变高,抽穗推迟,穗子变大,粒数增多,因此宜引早熟品种,避免后期低温危害。

(三)无性繁殖作物的引种规律

无性繁殖作物如马铃薯、甘薯、甘蔗等,只要引进地区的生长条件良好,被利用的营养器官的产量和品质等经济性状表现优良,就可以引种。

(四)以营养器官为收获产品的有性繁殖作物的引种规律

利用这类作物对温度和光照的反应特性,通过南北引种,延长其营养生长期,推迟生殖生长,促进营养器官的高产优质。我国"南麻北种"的增产经验就是一个典型的例证。麻类原产于南方,属于短日照作物,在短日照条件下能较快开花结实。引种到北方后,因日照延长而使开花结实推迟,茎秆生长期延长,表现为植株高大、茎秆纤维变长,从而能显著增加麻的产量,并提高品质。

三、引种程序

(一)明确引种的目的和要求

引种前要针对本地生态条件、生产条件及生产上种植品种所存在的问题,确定引进品种的类型和引种的地区。要根据品种的温光反应特性、两地生态条件和生产条件的差异程度研究引种的可行性,根据需要和可能进行引种,切不可盲目引种,以免造成不必要的损失。

(二)严格检疫

种子和苗木是传播病虫害、杂草的重要媒介,为防止病虫草害随种子和苗木传播,必须对引种材料进行严格检疫,并通过特设的检疫圃隔离种植,发现疫情及时采取根除措施。

(三)做好引种试验

新引进的品种在推广之前必须做引种试验，以便确定其优劣及适应性。试验时以当地最有代表性的优良品种做对照，试验地的土壤条件和管理措施应力求达到一致。

1. 观察试验

对新引进的品种先进行小面积的观察试验，即将引入的少量种子按品种种成小区，以当地主栽品种做对照进行比较，初步观察它们对本地生态条件的适应性、丰产性和抗逆性等。对于符合要求的、优于对照的品种材料，则选留足够的种子，供进一步比较试验用。

2. 品种比较试验和区域试验

对于在观察试验中获得初步肯定的品种，进行品种比较试验，并设置重复，经2～3年的比较鉴定，选出最优良的品种参加区域试验，以便确定其适应的地区和范围。

3. 栽培试验

对已确定的引入品种要进行栽培试验，以摸清品种特性，制定适宜的栽培措施，发挥引进品种的生产潜力，以达到高产、优质的目的。

四、引种实践

(一)水稻引种

水稻分为早稻、中稻和晚稻三种。水稻是高温短日照作物，在短日高温条件下，生长发育较快，能缩短由播种到抽穗的日数；在长日低温条件下，由播种到抽穗的日数则延长。当南方水稻品种引向北方时，受较低气温较长日照影响，表现为生育期延长，植株变高，幼穗分化推迟、抽穗晚、穗形变大、粒数增多，其变化的幅度又因品种类型而异。所以，南稻北引，宜引用比较早熟的品种。

我国水稻
引种史

晚稻品种感温性强，对短日照要求严格，对延长光照反应敏感，南稻北引，往往延期抽穗或不能抽穗结实，即使在短日照来临时能抽穗，但遇低温很难正常灌浆成熟；而早稻感温性较弱，且感光性不如晚稻敏感，南稻北引，生育期虽有延长，但能适期成熟，病虫害减少，配以适宜的栽培措施，可成为晚熟高产品种，引种较易成功。

北方水稻引至南方，因遇高温和短日照，而北方品种又多属感温性品种，会使发育加快，表现为植株变矮，提早抽穗，穗形变小，生育期明显缩短，使营养积累减少，导致减产，故一般不能进行引种生产。

纬度相同时，由高海拔地区向低海拔地区引种水稻，表现为植株比原产地高大，这除了温度的原因外，可能与减少了紫外线的抑制作用有关。相反，原产于低海拔地区的水稻引入高海拔地区，植株变得矮小，生育期也将延长。

(二)玉米引种

玉米适应性广泛，引种成功的可能性很大。一般低纬度、低海拔地区的玉米品种生育期短，所以由北向南、由高海拔向低海拔地区引种，生育期会缩短；反之，生育期延长。

玉米的生育期是决定产量的一个重要因素，凡是生育期长，茬口又合适的，产量就高。从土壤条件来说，肥水条件好的地区应引种晚熟品种，肥水条件一般的应引种中熟品种，瘠薄地区应引种早熟品种。从品种类型上来讲，马齿型品种适应性广，产量高，对肥水条件敏感，增产潜力大,但熟期晚,品质差。

不同地区间玉米引种,一般从东北、华北引到南方,表现较好,而从西北引到东北、华北,表现较差。总的来说,从高海拔向低海拔、从北向南、从瘠地向肥地小幅度引种,如果生态条件差异不大,引进品种比当地同一生育期的品种生长发育要好,都可增产;但南种北引,如距离过大,一般表现不适应。

(三)大豆引种

大豆是短日照作物,对温度和光照的反应比其他短日照作物还要敏感,适应能力狭窄,但品种间短日性的差别极大。早熟型的大豆品种,对短日照要求弱;迟熟型的品种,对短日照要求强,光照缩短能大大加速花芽的分化与花部器官的形成,并促进豆荚的生长与成熟。

南方大豆引到北方,由于日照延长而延迟开花,甚至未成熟即遭遇秋霜,但植株高大、茂盛,作饲用大豆较合适。若把南方的早熟型大豆品种引入北方,有适应的可能。

北方大豆引到南方,由于日照缩短而促使其生长发育加快,提早成熟,但营养生长较差,植株变小,产量降低,引种价值不大。此外,其他性状也是一个引入品种能否在生产上应用的重要因素。如东北大豆南引至江淮地区作为春大豆种植,生育期是适合的,但成熟时种子易发霉,限制了生产上的应用。

除此之外,大豆引种时,还需考虑大豆的结荚习性。如将有限结荚习性的大豆,引种到干旱地区,生长优良的可能性不大;而将生长高大的无限结荚习性的大豆,引种到生育期间雨水较多的地区,则易徒长倒伏,难以适应。

项目四　品种选育方法

一、系统育种

系统育种又称纯系育种,是根据育种目标,从现有品种群体的变异类型中选出优良变异个体,种植成株系,通过试验鉴定,育成新品种的育种方法。

系统育种的特点是利用自然变异,方法简单,并且可以"优中选优""连续选优"。但系统育种有一定的局限性,如它只能依靠自然变异,不能有目的地创新,使品种在个别性状上得到改进,而在综合性状上则较难突破。系统育种的程序见图 2-1。

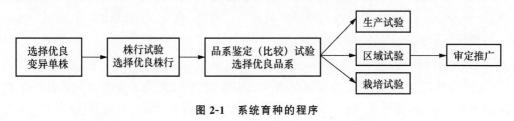

图 2-1　系统育种的程序

(一)选择优良变异单株

选择优良变异单株是系统育种的基础,其具体做法如下。

（1）根据育种目标确定好选择对象。选择单株的对象可以是大田推广品种，也可以是作物育种的原始材料。首先要了解选择对象的性状表现及主要优缺点，并根据其性状表现和当地生产的需要，确定目标性状。在进行目标性状选择的同时，要注意综合性状的选择。那些生产上即将淘汰的或具有严重缺陷的品种，不宜作为系统育种的选择对象，应选择丰产性和稳产性好的品种。

（2）单株选择要求。在土壤肥力均匀，耕作、栽培管理条件一致，没有缺株断垄的地段进行。

（3）选择时期。要在被选择群体目标性状表现最典型的关键时期选择。

（4）选择单株的数量。要根据作物的种类、育种的要求、选择材料的具体表现、人力、物力等方面的条件而定，一般选几十株到几百株不等。如果发现有表现突出的优良变异单株，就应该有多少株选多少株，并尽量扩大其群体，以增加选择优良变异单株的机会。如果为了改良品种的某些性状，而这些性状的变异又不十分明显，则要选择较大数量的植株群体，再从中选择表现最好的变异单株。

（5）在田间当选的单株要挂牌标记，以便在成熟时进行决选。收获时要按单株收获，经过室内考种后，把最后当选的单株分别脱粒、装袋保存，以备进入下一步的试验。

（二）株行试验选择优良株行

将上年入选的优良变异单株，按单株分别播种，每个单株的种子种 1～2 行，称为株行（或株系），每个单株的株行距及行长依作物而定。每隔若干株行种 1～2 行原始品种或当地推广的优良品种作为标准品种进行比较。株行试验对主要性状尤其是目标性状，要进行详细的观察记载。根据田间观察的结果，选择性状表现优良而又整齐一致的株行，分别收获。经过室内考种、鉴定，将不符合选择要求的株行淘汰。当选的表现整齐一致的优良株行，按株行混合脱粒，成为品系，作为下一步参加品系鉴定试验的供试材料。对继续分离的优良株行则继续选择优良的变异单株，下年仍进行株行试验。

（三）品系鉴定（比较）试验选择优良品系

将株行圃当选的优良品系进行比较鉴定试验，每个品系种一个小区。小区面积依作物的种类而定，一般为几平方米。鉴定试验一般采用间比法排列，每隔 4 个品系设一个标准品种作为对照，重复两次。标准品种小区要种植生产上推广的同一作物的优良品种。鉴定试验的播种方式、种植规格应与生产上基本相似。试验田的土壤肥力、施肥水平、栽培管理条件要均匀一致，避免人为因素影响试验的准确性。生育期间按照育种目标对主要的经济性状和目标性状进行详细的观察记载，要特别注意群体性状的表现。成熟后要分小区收获，分别计算产量，并取样进行室内考种。最后根据田间观察结果、小区平均产量和室内考种的资料综合评定，选出比对照品种增产显著（增产 10% 以上）的品系，进一步参加品系比较试验。

品系比较试验是育种单位一系列育种工作中最后的环节，也是最重要的环节。其目的是对品系鉴定试验中选出的优良品系进行最后的全面评价，从中选出显著优于现有推广品种的作物新品种（系）。品系比较试验要求精确、可靠。为了提高试验的准确性，正确评价各个品种的优劣，参加试验的品种不宜过多，一般不超过 10 个。小区面积一般为十几平方米。试验采用随机区组排列，重复 3 次以上。其他栽培管理措施及评选的方法与品系鉴定试验相同，但要求更精确、更严格。品系比较试验当选的优良品系（连续 2～3 年均比标准品种增产 10% 以上）即可以申请参加省（直辖市、自治区）或国家组织的品种区域试验，经品种审定委员会审定通过并定名的品种方可正式称为新品种。

二、杂交育种

杂交育种是指用作物具有不同遗传性的品种或类型相互杂交，创造遗传变异，然后再通过选择和鉴定，育成符合生产要求的新品种。这是国内外广泛应用且卓有成效的一种育种途径。现在各国用于生产的主要作物的优良品种绝大多数是用杂交育种法育成的。

（一）杂交亲本的选配

亲本选配要依据明确的育种目标，在熟识所掌握的原始材料主要性状和特性及其遗传规律的基础上，选用恰当的亲本，组配合理组合，才能在杂种后代中出现优良的重组类型并选出优良的品种。根据育种理论和多年经验，选配亲本的原则可总结为如下四点。

1. 双亲都具有较多的优点，没有突出的缺点，在主要性状上优缺点尽可能互补

这是选配亲本中的一条重要基本原则。由于一个地区育种目标所要求的优良性状总是多方面的，如果双亲都是优点多，缺点少，则杂种后代通过基因重组，出现综合性状较好材料的概率就大，就有可能选出优良的品种。同时，作物的许多经济性状，如产量构成因素、成熟期等大多表现为数量遗传，杂种后代的表现和双亲平均值有密切的关系。所以，就主要数量性状而言，选用双亲均具有较多优点的材料，或在某一数量性状上一方稍差，另一方很好，能予以弥补，则双亲性状总和表现就较好，后代表现总趋势也较好，容易从中选得优异材料。从目前育成的品种来看，其亲本选配基本上都注意了这个原则。

但是，双亲优缺点的互补是有一定限度的，双亲之一不能有缺点太严重的性状，特别是在重要性状上，更不能有难以克服的缺点。另外，亲本间的互补性状也不宜过多，以免造成杂种后代分离严重、分离世代增加，延长育种的年限。

2. 亲本之一最好是能适应当地条件、综合性状较好的推广品种

品种对外界条件的适应性是影响丰产、稳产的重要因素。杂种后代能否适应当地条件，和亲本的适应性关系很大。地方品种对当地的气候条件和栽培条件都有良好的适应性，也适合当地的消费习惯，是当地长期自然选择和人工选择的产物。用它们做亲本选育的品种对当地的适应性强，容易在当地推广，对其缺点也了解得比较清楚。但是，随着生产条件的改善，地方品种因丰产潜力小，反而不如用当地推广品种作为亲本的效果好。因为当地推广品种对当地自然条件有一定适应性，而丰产性比原来的地方品种好。

为了使杂种后代具有较好的丰产性和适应性，新育成的品种能在生产上大面积推广，具有好的发展前途，亲本中最好有能够适应当地条件的推广品种。

3. 双亲亲缘关系远，遗传差异大

不同生态类型、不同地理来源和不同亲缘关系的品种，由于亲本间的遗传基础差异大，杂交后代的分离比较广，容易选出性状超越亲本和适应性较强的新品种。一般利用外地不同生态类型的品种作为亲本，容易引进新种质，克服用当地推广品种作为亲本的某些局限性或缺点，增加成功的机会。以超亲育种为主要目的而选配亲本时，大多要求双亲的遗传差距尽可能大些。如果不以大幅度超亲为目标，并希望在短期内育成新品种，则以选择遗传差距不太大的亲本进行杂交为宜。

4. 杂交亲本应具有较好的配合力

配合力是指亲本与其他亲本结合时产生优良后代的能力。在根据本身性状表现选配亲本的基础上,要考虑亲本的配合力,特别是一般配合力。一般配合力是指某一亲本品种和其他若干品种杂交后,杂种后代在某个数量性状上的平均表现。好品种并不一定是好亲本,但多数情况下是好亲本。好亲本指一般配合力高的亲本,好品种指具有许多优良性状的品种,两者既有联系,又有区别。有的亲本虽然本身农艺性状很好,但产生的后代并不优良,即配合力差。育种实践证明,选用一般配合力好的材料作为亲本,往往会得到好的杂种后代,选育出好品种。

(二)杂交技术与杂交方式

1. 杂交技术

(1)杂交前的准备。

①制订杂交计划。根据整个育种计划要求、育种对象的花器结构、开花授粉习性,制订详细的杂交工作计划,包括杂交组合数、具体的杂交组合、每个杂交组合杂交的花数等。

②亲本种株的培育及杂交花选择。确定亲本后,从中选择具有该亲本典型特征特性、生长健壮的、无病虫危害的植株,一般 10 株即可。采用合理的栽培条件和栽培管理技术,使性状能充分表现,植株发育健壮,以保证母本植株和杂交用花充足,并能满足杂交种子的生长发育,最终获得充实饱满的杂交种子。对开花过早的亲本,可摘除已开花的花枝和花朵,达到调节开花期的目的。

③调节开花期。如果双亲品种在正常播种期播种情况下花期不遇,则需要用调节花期的方法使亲本间花期相遇。

最常用的方法是分期播种,一般是将花期难遇的早熟亲本或主要亲本每隔 7～10 d 为一期,分 3～4 期播种。对于具有明显春化阶段的作物进行春化处理,常能有效地促进抽穗。还可以根据作物品种类型对光照的反应,进行补充光照或缩短光照的处理。此外,也可采用一些农业技术措施如地膜覆盖、增施或控制施用肥料、调整密度、中耕断根,以及剪除大分蘖、促进后生分蘖等起到延迟或提早花期的作用。

(2)去雄。准备用作母本的材料,必须防止自花授粉或天然异花授粉。因此,要在母本雌蕊成熟前进行人工去雄或隔离。去雄时间因植物种类而异,对于两性花,在花药开裂前必须去雄,一般都在开花前 24～48 h 去雄。去雄方法因植物种类不同而不同,一般用镊子先将花瓣或花冠苞片剥开,然后将花丝一根一根地夹断去掉。在去雄操作中,不能损伤子房、花柱和柱头,去雄必须彻底,不能弄破花药或有所遗漏。

(3)授粉。授粉是用授粉工具将父本花粉授于母本柱头上的操作过程。最适时间一般是作物每日开花最盛的时间,此时采花粉容易。花粉应是纯洁的、新鲜的。一般,在开花期柱头受精能力最强时授粉,结实率高。

(4)授粉后的管理。杂交后在穗或花序下挂牌,标明父母本名称、去雄和授粉日期等。授粉后 1～2 d 及时检查,对授粉未成功的花可补充授粉,以提高结实率。成熟时杂交种子连同挂牌及时收获,然后脱粒。

2. 杂交方式

杂交方式是指一个杂交组合里要用多少亲本,以及各亲本间如何配置的问题。它是影响杂交育种成效的重要因素之一,并决定杂种后代的变异程度。杂交方式一般须根据育种目标和亲本的特点确定。常用的杂交方式有单交、复交和回交等。

（1）单交。两个品种进行一次杂交称为单交，以符号 A×B 或 A/B 表示。A 和 B 的遗传组成各占 50％，单交只进行一次杂交，简单易行，育种时间短，杂种后代群体的规模也相对较小。当 A、B 两个亲本的性状基本上能符合育种目标、优缺点可以相互补偿时，要尽量采用单交方式。

（2）复交。复交是指 3 个或 3 个以上的亲本，进行两次或两次以上的杂交，也称复合杂交。常用的复交方式有三交和双交。

复交是把多个亲本的性状综合在一起，为育种工作创造了一个具有丰富遗传基础的杂种后代群体，为选择提供了广泛的机会。当两个亲本的优良性状不能满足育种目标的要求时，可以采用复交。复交后代的遗传基础复杂，变异的范围广，因此要扩大后代群体的数量，使各种变异得以充分地表现。同时，要注意复交一代会发生分离，所以复交一代就要进行选择。另外，复交时要合理安排亲本的组合方式和在各次杂交中的先后顺序，一般把综合性状比较好、适应性比较强的品种安排在最后一次杂交，以使该品种的遗传物质在杂种后代中占有较大的比重，增强杂种后代的优良性状。

①三交。三交就是三个品种间的杂交，如以单交的 F_1 杂种再与另一品种杂交，可表示为 A/B//C。一般用综合性状优良的品种或具有重要目标性状的亲本作为最后一次杂交的亲本，以增加该亲本性状在杂种后代遗传组成中所占的比重。

②双交。双交是指两个单交的 F_1 再杂交，参加杂交的可以是 3 个或 4 个亲本，可表示为 C/A//C/B 或 A/B//C/D。

（3）回交。回交是两个亲本杂交后，杂种后代再与亲本之一连续杂交的组配方式，即 A/B//A///A////A……在回交中被重复使用的那个亲本（如 A 品种）称为轮回亲本，另一个亲本（如 B 品种）为非轮回亲本。回交方式作为一种独立的育种方法称为回交育种，常用于改良某个品种的个别缺点。

（三）杂种后代的选择

杂交育种通过有性杂交过程，使杂种后代出现分离，必须通过多次选择，才能促使性状趋于稳定和纯合。杂种后代的处理方法有系谱法、混合法、衍生系统法、单籽传法等，其中最常用的方法是系谱法。该方法从杂种第一次分离世代（单交 F_2、复交 F_1）开始选株，分别种植成株行（即系统），以后各世代均在优良系统中继续进行单株选择，直至选出性状优良一致的系统，再升级进行产量试验。在选择过程中，各世代予以系统编号，以便考察株系历史和亲缘关系，故称系谱法。系谱法的工作要点如下。

1. 杂种一代（F_1）

通过杂交得到的杂种种子及其长出来的植株为杂种一代。

（1）种植方式。按杂交组合排列，单粒点播。在 F_1 两边相应地种植亲本及对照品种，以便比较。每一组合种植几十株。

（2）选择方法。单交的 F_1 表现整齐一致，一般不进行单株选择（复交一代、回交一代就会分离，要进行单株选择）。通过观察比较，主要是根据育种目标淘汰有严重缺点的组合和性状完全像亲本的假杂种组合或单株。

（3）收获方法。按组合混合收获，同一组合的不同单株捆成一捆，经过室内考种后按组合脱粒保存，以备种植杂种二代。

2. 杂种二代(F_2)

F_1 自交收获的种子及其种植后长出的植株为杂种二代。

(1)种植方式。将从 F_1 单株上收获的种子按组合播种,每组合种一个小区,单粒点播。要在每组合小区开始的第一行种植父母本,并在田间均匀布置对照行。F_2 种植的株数要多,使每一种基因型都有表现的机会,满足此世代性状强烈分离的特点,保证获得育种目标期望的个体。在实际育种工作中,F_2 一般都要求种植 1 000 株以上。

(2)选择方法。在单交 F_2(复交 F_1)性状发生分离,同一组合的杂种群体中存在多种多样的变异类型,所以这一世代的工作重点是首先进行组合间的比较,淘汰综合表现较差的组合,然后从入选的组合中进行单株选择。F_2 所选单株的优劣在很大程度上决定了以后各世代的选择效果。因此,F_2(或复交一代)是选育新品种的关键世代。

在杂种早代,主要针对生育期、熟相、株高、抗性、株形等遗传力高的性状进行有效选择,同时适当兼顾产量等重要的农艺性状,以免顾此失彼。选择标准不宜过高,以免丢失优良基因型,但也不能放之过宽。在条件许可的情况下,要多入选一些优良植株,当选植株必须自交留种。

(3)收获方法。将中选单株分别收获,以组合为单位放在一起,经过室内考种淘汰不符合育种目标的单株。将入选单株分别编号、脱粒保存,以备种植杂种三代。

3. 杂种三代(F_3)

F_2 自交收获的种子及其种植后长出的植株为杂种三代。

(1)种植方式。分单株点播,每个株系种一个小区,同一组合各单株后代相邻种植。每小区种植 30～50 株,每隔 5～10 个小区设一个对照小区,以便比较。一个单株的后代种成一行,称为株行(或株系、系统)。

(2)选择方法。F_3 各株系来自 F_2 的一个单株,株系间差异明显,株系内有程度不同的分离。F_3 是对 F_2 的当选株做进一步鉴定及选拔的重要世代,各系统主要性状的表现趋势已相当明显,F_2 所选单株的优劣程度至此初见分晓。所以将 F_3 系统间的选拔与评定称为关键的关键。F_3 的主要工作是从优良株系中选优良单株。选择依据是生育期、株高、抗病性、抗逆性、株型、有效穗数、穗大小等综合性状表现。入选株系数量视组合而定,入选系每系选 5 株左右。

(3)收获方法。当选的单株分别收获,同一株系收获的当选单株放在一起,挂牌标明株系号。经过室内考种,淘汰不符合育种目标的单株,入选单株单独脱粒、编号、保存,以备种植杂种四代。

4. 杂种四代(F_4)

(1)种植方式。F_3 入选株系种一个小区,每小区种植 30～100 株,重复 2～3 次,随机排列。

(2)选择方法。F_4 性状表现特点是生育期、株高、株型、抗病性等主要性状已基本稳定。从 F_4 开始可选拔优良一致的株系(品系),升级进行产量试验,但由于纯合度还较低,混收前仍应选单株。对优良但尚有分离的株系还要继续选单株,选拔上应依综合性状表现,从优良系群中选优良系,再从优良系中选优良单株,选择时依据的性状要求更为全面。

5. 杂种五代(F_5)及其以后世代

随着世代的推进,优良一致品系出现的数目逐渐增多,工作重点也由以选单株为主,转移到以选拔优良品系升级为主。但在杂种五、六代仍可在升级系统中选株。优良品系通过鉴定试验后,进一步参加品系比较试验、区域试验与生产试验,最后通过品种审定成为可以推广应用的新品种。

在杂种各世代,为了提高选择的准确性和效果,要注意试验地的选择和培养;要有和育种目标相适应的地力水平,试验地要求肥力均匀一致;注意加强田间记载工作,积累资料,作为育种材料取舍的重要参考。

系谱法的优点是各世代、各系群间关系清楚,选择进度快,效果好,能达到优中选优的目的。缺点是由于在早世代就进行优良单株的选择,每个优良单株都种成株行,工作量大。

为了缩短育种年限,可通过加速试验进程(如提早升级)和加速世代进程(如异地加代)等方法加速育种进程。

三、杂种优势利用

(一)杂种优势的概念

杂种优势是指用两个遗传基础不同的亲本杂交产生的杂种一代(F_1)在生长势、生活力、抗逆性、繁殖力、适应性、产量、品质等方面比其双亲优越的现象。目前,已利用杂种优势的主要农作物有玉米、高粱、水稻、油菜、棉花和小麦,其他一些作物有蔬菜、牧草和观赏植物。利用杂种优势可以大幅度提高作物产量和改进作物品质,从而带来巨大的经济效益和社会效益,是现代农业科学技术的突出成就之一。

(二)杂种优势的表现

杂种优势主要表现在以下几个方面。

(1)生长势和营养体。杂交种表现为生长势旺盛,分蘖力强,根系发达,茎秆粗壮,块根或块茎体积大、产量高。

(2)抗逆性和适应性。由于在生活力和生长势方面的优势,杂种的抗逆性和适应性明显高于亲本。许多研究表明,玉米、高粱、小麦、水稻、油菜、烟草、棉花的杂种一代,在抗病、抗旱、抗盐碱、耐瘠等方面都表现出优越性。

(3)产量和产量因素。高产是杂种优势的重要表现,主要农作物的杂交种增产幅度都很大。如玉米杂交种比常规品种一般可增产20%~30%;高粱杂交种可增产30%~50%;水稻杂交种可增产20%~30%;棉花杂交种可增产20%左右;油菜杂交种可增产30%~80%。

作物的产量由产量因素构成,各产量构成因素的优势程度不同。如玉米构成单株产量的各种因素的优势程度:千粒重>行粒数>穗行数;杂交水稻分蘖力强,单株穗数超过亲本1~2倍,每穗粒数也比亲本显著增多。

(4)品质。表现出某些有效成分含量的提高,成熟期一致,产品外观和整齐度提高。如杂交油菜可以提高含油量,杂交甜菜可以提高含糖量,杂交小麦可以提高籽粒蛋白质的含量。

(5)生育期。生育期多表现为数量性状,且早熟对晚熟有部分显性。若双亲的生育期相差较大,F_1的生育期介于双亲之间且倾向早熟亲本;若双亲的生育期接近,杂种的生育期往往早于双亲,但两个早熟亲本杂交时 F_1 也可能稍晚于双亲。

作物杂种优势的上述各种表现,既相互区别,又相互联系。在利用杂种优势时,可以侧重某一方面。如蔬菜作物以利用营养体的产量优势为主,粮食作物则以利用籽粒产量优势为主,同时兼顾品质等方面的优势。

(三)杂种优势利用的基本条件

杂种优势在杂种一代(F_1)表现最为明显,从杂种二代(F_2)开始表现出显著的衰退现象。农业生产上利用的杂种优势一般是指利用杂种一代。因此,必须年年配制杂交一代种子供生产上使用。作物杂种优势要在生产上加以利用,必须具备以下 3 个基本条件。

1. 有强优势的杂交组合

杂种一代优势的表现因杂交组合而异,若杂交组合选配不当,杂种优势就不强,甚至会出现劣势。因此,生产上利用杂种优势一定要有强优势的杂交种,使种植者有利可图。强优势的杂交组合,除产量优势外,必须具有优良的综合农艺性状,具有较好的稳产性和适应性。在育种过程中要经过大量组合筛选,并经多年、多点的试验比较和生产示范,才能选出强优势杂交组合。

2. 有纯度高的优良亲本

为了发挥杂种优势,用于制种的亲本在遗传上必须是高度纯合的。同一杂交组合,双亲的遗传纯合度越高,杂种的一致性就越好,优势就越大。为了保证 F_1 具有整齐一致的杂种优势,就要通过自交和选择对亲本进行纯化。而保持亲本纯度及其遗传稳定性,是持续利用杂种优势的关键所在。生产实践证明,一个优良的杂交种要在较长的时间内持续发挥最大的增产性能,其双亲都必须高度纯合。若亲本不纯,杂种一代会发生分离,一致性变差,杂种优势降低。

3. 繁殖与制种技术简单易行

杂交种在生产上通常只利用杂种一代(F_1),杂种二代(F_2)及以后各代出现性状分离导致杂种优势衰退而不能继续利用,这就要求年年繁殖亲本和配制杂交种。如果亲本繁殖和制种技术复杂,耗费人力、物力过多,杂交种子的生产成本就高。从经济学观点上讲,杂交种的增产效益应足以弥补使用杂交种增加的投入,该杂交种才可能在生产上推广。因此,在生产上大面积种植杂交种时,必须建立相应的种子生产体系,这一体系包括亲本繁殖和杂交制种两个方面,要求亲本繁殖与杂交制种技术简单易行,能为种植者所掌握,以保证每年有足够的亲本种子用来制种,有足够的 F_1 商品种子供生产上使用。

(四)利用杂种优势的途径

1. 利用人工去雄制种

利用人工去雄制种是利用人工去除母本植株的雄穗或雄花(雄蕊),使雌花(雌蕊)在自然或人工辅助条件下接受父本的花粉而产生杂交种子的方法。此法适合雌雄同株异花或雌雄异株的作物,繁殖系数较高的雌雄同花作物,用种量小的作物,以及雌雄同花但花器较大、去雄比较容易的作物。该方法的最大优点是配组合容易、自由,易获得强优势组合。目前,该方法在玉米、棉花、烟草、黄瓜、茄果类蔬菜等作物的杂交制种中应用比较广泛。

2. 利用化学杀雄制种

利用化学杀雄制种是利用雌雄蕊抗药性不同,用内吸型化学药剂阻止花粉的形成或抑制花粉的正常发育,使花粉失去受精能力,达到去雄的目的。化学杀雄是克服自花授粉作物如小麦、水稻、谷子等作物人工去雄困难的有效途径之一。

对杀雄剂的要求：一是杀雄选择性强，不影响雌蕊的功能；二是对植株副作用小，处理后不会引起植株畸变或遗传性变异；三是效果稳定，成本低，处理方便；四是无残留毒性。

关键技术：一是处理时期，要选在雄配子对药剂最敏感的时期；二是处理浓度，应通过反复试验确定合适的浓度。

该方法的优点是简单，见效快；缺点是效果易受环境条件影响，杀雄不彻底，有不良副作用。

3. 利用作物苗期的标志性状制种

利用植株的某一显性性状或隐性性状作为标志区分真假杂种，就容易人工去杂从而免去人工去雄，利用杂种优势。水稻的紫叶鞘、小麦的红色芽鞘、棉花的红叶和鸡脚叶、棉花的芽黄和无腺体等都是可作为标志的隐性性状。

4. 利用自交不亲和系制种

雌雄蕊均正常，但自交或系内姊妹交均不结实或结实很少的特性称为自交不亲和性。自交不亲和性广泛存在于十字花科、禾本科、豆科、茄科等许多植物中，十字花科中尤为普遍。具有自交不亲和性的品系称为自交不亲和系。在杂交制种时，利用自交不亲和系作母本可以省去人工去雄的麻烦。如果双亲都是自交不亲和系，就可以互为父母本，在两个亲本上采收同一组合的正反交杂交种子，可以大大提高制种产量。目前，这种制种方法在十字花科的蔬菜如甘蓝、大白菜、萝卜中已得到广泛的应用。

5. 利用雄性不育系制种

植物雄蕊发育不正常，没有正常的花粉或花粉败育，而雌蕊发育正常，可接受外来花粉正常结实的特性称为雄性不育性。具有这种特性的作物品系称为雄性不育系。利用雄性不育系作母本进行杂交制种，可以省去人工去雄的麻烦，同时还可以提高制种的产量，降低种子的生产成本，是利用杂种优势最有效的途径。这种方法尤其对小麦、水稻等自花授粉作物的杂种优势利用具有十分重要的意义。

利用雄性不育配制杂交种，必须三系配套。即用不育系作母本，保持系作父本杂交，繁殖不育系的种子；用不育系作母本，恢复系作父本杂交，获得的 F_1 种子，即杂交种子，应用于农业生产。杂交高粱、杂交水稻、杂交油菜以及一些主要蔬菜作物等都利用该法配制杂交种。

20世纪70年代以来，我国陆续在水稻、小麦、大豆、谷子等作物中发现了光（温）敏核不育。这种雄性不育是受细胞核隐性主效基因控制的，具有光（温）敏感性，它的不育性与抽穗期间日照长短或温度高低密切相关。如在长日照或高温条件下生长表现雄性不育，而在短日照或较低温度条件下则转为雄性可育。利用这种育性转变的特性，春播时用作母本的不育系和父本恢复系杂交配制杂交种子；夏播不育系时可以省去保持系，不育系即可自花授粉繁殖保存。光（温）诱导雄性不育的发现，使核不育材料可以通过两系法利用杂种优势，它开辟了杂种优势利用的又一条重要途径。我国现已用两系法培育出水稻光（温）敏雄性不育系及一批强优势杂交组合，在生产上推广后取得了明显的经济效益。

四、其他育种方法

（一）诱变育种

诱变育种是指人为地利用物理或化学因素诱导作物基因突变或染色体结构发生变异，从而导致性状发生变异，然后通过选择而培育新品种的育种方法。诱变育种根据诱变因素可分为辐射诱变育种和化学诱变育种。

1. 辐射诱变育种

辐射诱变育种是指利用各种射线,如 X 射线、γ 射线和中子等处理植物的种子、植株或其他器官,诱发性状变异,再按育种目标要求从中选择优良的变异类型培育新品种的方法。辐射诱变产生变异的原因主要是射线的作用,引起植物细胞内 DNA 的某个位点发生结构改变,引起基因突变或染色体畸变,从而导致性状变异。

航天育种也属于辐射诱变育种。航天育种(或太空育种)是利用太空站或返回式卫星搭载农作物种子,利用太空特殊环境如空间宇宙射线、微重力、高真空、弱磁场等物理诱变因素诱发变异,再返回地面选育新种质、新材料,培育新品种的作物育种新技术。农业空间诱变育种技术是农作物诱变育种的新兴领域和重要手段,可以加速农作物新种质资源的塑造和突破性优良品种的选育。

2. 化学诱变育种

化学诱变育种是利用一些化学药剂处理植物的种子、植株或其他器官,引起基因突变或染色体畸变,再按育种目标的要求选择优良变异类型培育成新品种的育种方法。常用的化学诱变剂有叠氮化合物、秋水仙碱、烷化剂、碱基类似物等。

诱变育种应在明确育种目标的前提下,注意选择合适的诱变材料和诱变剂量,并对诱变后代进行正确的处理和选择。

诱变育种可以提高突变率,扩大突变谱,但诱发突变的方向和性质尚难掌握;诱变育种改良单一性状比较有效,但同时改良多个性状很困难。

(二)远缘杂交育种

1. 远缘杂交育种的含义和作用

远缘杂交育种是指不同属、种或亚种间杂交育种的方法。与品种间杂交育种相比,远缘杂交育种在一定程度上打破了物种间的界限,可以人为地促进不同物种的基因渐掺和交流,从而把不同物种各自所具有的独特性状,程度不同地结合于一个共同的杂种个体中,创造出新的品种。远缘杂交育种是作物品种改良的重要途径之一。1956 年,李振声等利用长穗偃麦草与小麦杂交,先后育成了一大批抗病的八倍体、染色体异附加系、异置换系和易位系,为小麦育种提供了重要的亲本材料。同时,培育成小偃 4 号、小偃 5 号、小偃 6 号品种在生产上推广。此外,利用远缘杂交还育成了小黑麦这种新的作物类型,以及水稻的"野败"雄性不育系等,在生产上和杂种优势利用上都发挥了重要作用。

2. 远缘杂交育种的困难及克服措施

由于亲缘关系远,远缘杂交育种在技术上有三大困难,即杂交不亲和、杂种夭亡和不育以及杂种后代的分离规律性不强、类型多、稳定慢。在育种工作中需采取相应的措施去克服这些困难,如:采取广泛测交、染色体预先加倍、重复授粉、柱头手术等方法克服远缘杂交不亲和;采取幼胚离体培养、杂种染色体加倍、回交等方法克服远缘杂种的不育和分离等。

(三)倍性育种

倍性育种是指用人工方法诱导植物染色体数目发生变异,从而创造新的作物类型或新的作物品种的育种方法。倍性育种包括多倍体育种和单倍体育种。

1. 多倍体育种

多倍体育种是指用人工方法诱导植物染色体加倍形成多倍体植物,并从中选育新品种的方法。如异源六（八）倍体小黑麦、三倍体甜菜、三倍体无籽西瓜等，都是人工育成的多倍体品种。这些品种具有产量高、抗逆性强、适应性广、品质优良等特点，在农业生产上得到了应用。

2. 单倍体育种

单倍体育种是先人工诱导产生单倍体材料或植株，再对其进行染色体加倍，使之成为纯合的、性状稳定的二倍体植株，然后再经过鉴定和选择培育成新品种的育种方法。

单倍体育种主要有以下优点：

（1）克服杂种分离，缩短育种年限。在杂交育种中，从 F_2 分离开始到性状稳定，一般需要 4~6 代甚至更长时间，如果把 F_1 的花粉培养成单倍体植株，然后使其染色体加倍，则只需一代就可以成为纯合二倍体，再经选择培育即可成为一个表现型稳定的新品种，从而大大缩短育种年限。

（2）提高获得纯合体的效率。例如，基因型为 AaBb 的杂合体，自交后 F_2 获得基因型为 AAbb 个体的概率是 1/16，若用 F_1 植株的花粉进行培养并使其染色体加倍，获得 AAbb 个体的概率是 1/4，选择效率大大提高。

（3）克服远缘杂种的不孕性，创造新种质。如果将远缘杂交种 F_1 植株的花药离体培养，就有可能使极少数有生活力的花粉成为单倍体植株，再经染色体加倍就可获得新的植物种类或品种类型。

（四）生物技术育种

现代生物技术在作物育种上的应用，极大地推进了作物育种技术的发展，为创造更多的新种质和高产、优质、高效、抗逆性强的新品种奠定了基础。作物生物技术育种是在作物细胞水平或基因水平甚至分子水平上进行的遗传改造或改良，主要有细胞工程育种、基因工程育种和分子标记辅助选择育种。

1. 细胞工程育种

细胞工程是以植物组织和细胞培养技术为基础发展起来的高新生物技术。它是以细胞为基本单位，在体外条件下进行培养、繁殖或人为地使细胞某些生物学特性按人们的意愿产生某种物质的过程。植物细胞全能性是细胞工程的理论基础。细胞工程与作物遗传改良有着密切关系，利用细胞工程技术育种已培育出一些大面积推广的作物品种。我国第一个用花药培养育成烟草品种，随后又育成了一些水稻、小麦新品种。利用细胞工程育种技术进行经济作物的快繁与脱毒、体细胞变异的筛选、新种质的创造、细胞器的移植、DNA 的导入等均对作物的改良和农业生产起到了促进作用。

2. 基因工程育种

基因工程育种也称转基因育种，是根据育种目标，从供体生物中分离目的基因，经 DNA 重组与遗传转化或直接运载进入受体生物，经过筛选获得稳定表达的遗传工程体，并经过田间试验与大田选择育成转基因新品种或种质资源。转基因育种技术使可利用的基因资源大大拓宽，并为培育高产、优质、高抗和适应各种不良环境条件的优良品种提供了崭新的育种途径。

近些年来，农作物的转基因技术育种发展很快，在抗虫、抗病、抗除草剂等新品种的培育方面已经取得了令人瞩目的成就，展示出它在植物育种领域中广阔的应用前景。例如，转苏云金芽孢杆菌杀虫晶体蛋白基因（简称 Bt 基因）抗虫植株，是转基因技术研究十分活跃的领域之一，利用该技术育成的抗虫棉品种已在我国大面积推广。

3. 分子标记辅助选择育种

近十多年来,分子标记的研究得到了快速发展,以 DNA 多态性为基础的分子标记,目前已在作物遗传图谱构建、重要农艺性状基因的标记定位、种质资源的遗传多样性分析与品种指纹图谱及纯度鉴定等方面得到广泛应用。随着分子生物技术的进一步发展,分子标记技术在作物育种中将会发挥更大的作用。

项目五　品种试验与品种审定

一、品种试验

农作物品种试验是品种审定、推广和种植结构调整的最主要依据。品种试验包括区域试验,生产试验,品种特异性、一致性和稳定性测试。品种试验组织实施单位应当充分听取品种审定申请人和专家意见,合理设置试验组别、优化试验点布局,科学制订试验实施方案,并向社会公布。区域试验、生产试验对照品种应当是同一生态类型区同期生产上推广应用的已审定品种,具备良好的代表性。对照品种由品种试验组织实施单位提出,品种审定委员会相关专业委员会确认,并根据农业生产发展的需要适时更换。省级农作物品种审定委员会应当将省级区域试验、生产试验对照品种报国家农作物品种审定委员会备案。

(一)区域试验

区域试验(简称区试)是在品种审定机构统一组织下,将各单位新选育或新引进的优良品种送到有代表性的不同生态地区进行多点多年联合比较试验,对品种的利用价值、适宜的栽培技术做出全面评价的过程。区域试验是品种选育与推广的承前启后的中间环节,是品种能否参加生产试验的基础,是品种审定和品种合理布局的重要依据。

1. 区域试验的组织体系

我国农作物品种区域试验分国家和省(直辖市、自治区)两级。国家级区域试验由全国农业技术推广服务中心组织跨省进行,各省(直辖市、自治区)的区域试验由各省(直辖市、自治区)的种子管理机构组织实施。市、县级一般不单独组织区域试验。

参加全国区域试验的品种,一般由各省(直辖市、自治区)区域试验的主持单位或全国攻关联合试验主持单位推荐;参加省(直辖市、自治区)区域试验的品种,由各育种单位所在地区品种管理部门推荐。申请参加区域试验的品种(系)必须有 2 年以上育种单位的品比试验结果,性状稳定,显著增产,且比对照增产 10% 以上,或增产效果虽不明显,但有某些特殊优良性状,如抗逆性、抗病性强,品质好,或在成熟期方面有利于轮作等。

2. 区域试验任务

(1)鉴定参试品种的主要特征特性,如对新品种的丰产性、稳产性、适应性和抗逆性等进行鉴定,并进行品质分析、DNA 指纹检测、转基因检测等。

(2)确定各地适宜推广的主栽品种和搭配品种。

(3)为优良品种划定最适宜的推广区域,做到因地制宜种植优良品种,恰当地和最大限度地利用当地自然资源条件和栽培条件,发挥优良品种的增产潜力。

(4)了解优良品种的栽培技术,做到良种良法相结合。

(5)向品种审定委员会推荐符合审定条件的新品种。

3. 区域试验方法和程序

申请国家级品种审定的,稻、小麦、玉米品种比较试验每年不少于 20 个点,棉花、大豆品种比较试验每年不少于 10 个点,或具备省级品种审定试验结果报告;申请省级品种审定的,品种比较试验每年不少于 5 个点。

(1)设立试点。通常根据作物分布范围的农业区划或生态区划,以及各种作物的种植面积等,选出有代表性的科研单位或良种场作为试点。试点必须有代表性,而且分布要合理。试验地要求土地平整、地力均匀,要注意茬口和耕作栽培技术的一致性,以提高试验的精确度。

(2)试验设计。区域试验在小区排列方式、重复次数、记载项目和标准等方面都有统一的规定。一般采用完全随机区组设计,重复 3～5 次,小区面积十几平方米到几十平方米不等,高秆作物面积可大些,低秆作物可适当小些。参试品种 10～15 个,一般规定只设一个对照(CK),必要时可以增设当地推广品种作为第二对照。

(3)试验年限。区域试验一般进行 2～3 年,其中表现突出的品种可以在参加第二年区试时,同时参加生产试验。个别品种第一年在各点普遍表现较差,可以考虑退出区试,不再继续试验。

(4)田间管理。试验地管理措施,如追肥、浇水、中耕除草、治虫等应均匀一致,并且每一措施要在同一天完成,至少每个实验重复要在当天完成,不能隔天,以减少误差。在全生育期中注意加强观察记载,充分掌握品种的性状表现及其优缺点。观察记载同一项目必须在同一天完成。

(5)总结评定。作物生育期间应组织有关的人员进行观摩,收获前对试验品种进行田间评定。每年由主持单位汇总各试点的试验材料,对供试品种做出全面的评价后,提出处理意见和建议,报同级农作物品种审定委员会,作为品种审定的重要依据。

(二)生产试验

生产试验是在区域试验完成后,在同一生态类型区,按照当地主要生产方式,在接近大田生产条件下对品种的丰产性、稳产性、适应性、抗逆性等进一步验证。参加生产试验的品种,应是参试第一、二年在大部分区域试验点上表现性状优异,增产效果在 10％以上,或具有特殊优异性状的品种。参试品种除对照品种外一般为 2～3 个,可不设重复。生产试验种子由选育(引进)单位无偿提供,质量与区域试验用种要求相同。在生育期间尤其是收获前,要进行观察评比。

生产试验原则上在区域试验点附近进行。每一个品种的生产试验点数量不少于区域试验点,每一个品种在一个试验点的种植面积不少于 300 m^2,不大于 3 000 m^2,试验时间不少于 1 个生产周期。第一个生产周期综合性状突出的品种,生产试验可与第二个生产周期的区域试验同步进行。在作物生育期间进行观摩评比,以进一步鉴定其表现,同时起到良种示范和繁殖的作用。

(三)品种特异性、一致性和稳定性测试(以下简称 DUS 测试)

DUS 是特异性(distinctness)、一致性(uniformity)和稳定性(stability)英文首字母的简称。特异性是品种间的,是指本品种具有一个或多个不同于其他品种的形态、生理等特征;一致性是品种内的,是指同品种内个体间植株性状和产品主要经济性状的整齐一致程度;稳定性是世代间的,是指繁殖或再组成本品种时,品种的特异性和一致性能保持不变。这三性是基本属性,只有同时具备这三性,才能被认定为育成了一个真正的品种。

申请品种审定的品种,委托国家授权的 DUS 测试机构进行测试;有条件能力的,也可以自主开展测试。DUS 测试一般在田间种植,测试两个独立的生长周期。DUS 测试所选择近似品种应当为特征特性最为相似的品种,DUS 测试依据相应主要农作物 DUS 测试指南进行。测试报告应当由法人代表或法人代表授权签字。

申请者自主测试的,应当在播种前 30 d 内,按照审定级别将测试方案报农业农村部科技发展中心或省级种子管理机构。农业农村部科技发展中心、省级种子管理机构分别对国家级审定、省级审定 DUS 测试过程进行监督检查,对样品和测试报告的真实性进行抽查验证。

区域试验、生产试验、DUS 测试承担单位应当具备独立法人资格,具有稳定的试验用地、仪器设备、技术人员。

(四)试验总结

各试验点每年度要按照试验方案要求及田间档案项目标准认真及时进行记载,作物收获后 1~2 个月写出总结报告,报送主持单位汇总。

主持单位每年根据各区域试验、生产试验点的总结资料进行汇总,及时写出文字总结材料(包括参试单位、参试品种、试验经过、考察结果,结合各种试验数据和当年气象资料、病虫发生情况,对试验结果进行综合分析),作物收获后 2~3 个月将年度试验总结提交给品种审定委员会的专业委员会或者审定小组初审。在 1 个试验周期结束后(包括 2 年生产试验)由主持单位对参试品种提出综合评价意见,作为专业组审定依据。

(五)国家认定其他品种试验组织与实施形式

(1)申请者具备试验能力并且试验品种是自有品种的,可以按照下列要求自行开展品种试验。在国家级或省级品种区域试验基础上,自行开展生产试验。自有品种属于特殊用途品种的,自行开展区域试验、生产试验,生产试验可与第二个生产周期区域试验合并进行;特殊用途品种的范围、试验要求由同级品种审定委员会确定。申请者属于企业联合体、科企联合体和科研单位联合体的,组织开展相应区组的品种试验。联合体成员数量应当不少于 5 家并且签订相关合作协议,按照同权同责原则,明确责任义务,一个法人单位在同一试验区组内只能参加一个试验联合体。自行开展品种试验的实施方案应当在播种前 30 d 内报国家级或省级品种试验组织实施单位,符合条件的纳入国家级或省级品种试验统一管理。

(2)符合农业农村部规定条件、获得选育生产经营相结合许可证的种子企业(以下简称育繁推一体化种子企业),对其自主研发的主要农作物品种可以在相应生态区自行开展品种试验,完成试验程序后提交申请材料。试验实施方案应当在播种前 30 d 内报国家级或省级品种试验组织实施单位备案。

育繁推一体化种子企业应当建立包括品种选育过程、试验实施方案、试验原始数据等相关信息的档案,并对试验数据的真实性负责,保证可追溯,接受省级以上人民政府农业主管部门和社会的监督。

育繁推一体化企业自行开展试验的品种和联合体组织开展试验的品种,不再参加国家级和省级试验组织实施单位组织的相应区组品种试验。

我国品种审定制度

二、品种审定

(一)品种审定概念

在新品系或引进品种完成品种试验(包括区域试验或生产试验)程序后,省级或国家级农作物品种审定委员会根据试验结果,审定其能否推广及其推广范围,这一程序称为品种审定。

(二)品种审定组织体制和任务

1. 品种审定的组织体制

《主要农作物品种审定办法》(2022年1月21日修订版)规定:农业农村部设立国家农作物品种审定委员会,负责国家级农作物品种审定工作。省级人民政府农业农村主管部门设立省级农作物品种审定委员会,负责省级农作物品种审定工作。农作物品种审定委员会建立包括申请文件、品种审定试验数据、种子样品、审定意见和审定结论等内容的审定档案,保证可追溯。

品种审定委员会由科研、教学、生产、推广、管理、使用等方面的专业人员组成。品种审定委员会设立办公室,负责品种审定委员会的日常工作,品种审定委员会按作物种类设立专业委员会,省级品种审定委员会对本辖区种植面积小的主要农作物,可以合并设立专业委员会。品种审定委员会设立主任委员会,由品种审定委员会主任和副主任、各专业委员会主任、办公室主任组成。

2. 品种审定的任务

品种审定实际上是对品种的种性和实用性的确认及其市场准入的许可,对品种的利用价值、利用程度和利用范围的预测和确认。它主要是通过品种的多年多点区域试验、生产示范试验或高产栽培试验,对其利用价值、适应范围、推广地区及栽培条件的要求等做出比较全面的评价。品种审定一方面为生产上选择应用最适宜的品种,充分利用当地条件,挖掘其生产潜力;另一方面为新品种寻找最适宜的栽培环境条件,发挥其应有的增产作用,为品种布局区域化提供参考依据。我国现在和未来很长一段时间内,对主要农作物实行强制审定,对其他农作物实行自愿登记制度。《种子法》中明确规定:主要农作物品种和主要林木品种在推广应用前应当通过审定。我国主要农作物是指稻、小麦、玉米、棉花、大豆。

(三)品种审定方法和程序

1. 品种参试申请

按照要求,新品种区域试验申报工作改为品种试验(区试)和审定一次申请。

申请品种审定的单位、个人(以下简称申请者)可以单独申请国家级审定或省级审定,也可以同时申请国家级审定和省级审定,还可以同时向几个省、自治区、直辖市申请审定。在中国境内没有经常居所或者营业场所的境外机构和个人在境内申请品种审定的,应当委托具有法人资格的境内种子企业代理。

品种审定委员会办公室在收到申请材料45 d内做出受理或不予受理的决定,并书面通知申请者。符合《主要农作物品种审定办法》规定的申请应当受理,并通知申请者在30 d内提供试验种子,对于提供试验种子的,由办公室安排品种试验。逾期不提供试验种子的,视为撤回申请。品种审定委员会办公室应当在申请者提供的试验种子中留取标准样品,交农业农村部指定的植物品种标准样品库保存。

申请参试的,第一年应向品种审定委员会办公室提交申请书。

农作物品种审定所需工作经费和品种试验经费,列入同级农业主管部门财政专项经费预算。

2. 审定的基本条件

申请者可以单独申请国家级审定或省级审定,也可以同时申请国家级审定和省级审定,还可同时向几个省、自治区、直辖市申请审定。

申请审定的品种应当具备以下几个条件:人工选育或发现并经过改良;与现有品种(已审定通过或本级品种审定委员会已受理的其他品种)有明显区别;形态特征和生物学特性一致;遗传性状稳定;具有符合《农业植物品种命名规定》的名称;已完成同一生态类型区 2 个生产周期以上、多点的品种比较试验。

(1)申报省级品种审定的条件。报审品种需在本省(自治区、直辖市)经过连续 2~3 年的区域试验和 1~2 年生产试验,两项试验可交叉进行;特殊用途的主要农作物品种的审定可以缩短试验周期、减少试验点数和重复次数,具体要求由品种审定委员会规定。申请省级品种审定的,品种比较试验每年不少于 5 个点。申请特殊(如抗性、品质、药用等)品种的,还需对特殊性状在指定测定分析的部门做必要的鉴定。

报审品种的产量水平一般要高于当地同类型的主要推广品种 10% 以上,或者产量水平与当地同类的主要推广品种相近,但在品质、成熟期、抗病(虫)性、抗逆性等方面有一项乃至多项性状表现突出。报审时,要提交区域试验和生产试验年终总结报告、指定专业单位的抗病(虫)鉴定报告、指定专业单位的品质分析报告、品种特征标准图谱,如植株、根、叶、花、穗、果实(铃、荚、块茎、块根、粒)的照片和栽培技术及繁(制)种技术要点等相关材料。

(2)申报国家级品种审定的条件。凡参加全国农作物品种区域试验,且多数试验点连续 2 年以上(含 2 年)表现优异,并参加 1 年以上生产试验的品种;申请国家级品种审定的,稻、小麦、玉米品种比较试验每年不少于 20 个点,棉花、大豆品种比较试验每年不少于 10 个点,或具备省级品种审定试验结果报告,达到审定标准的品种;或国家未开展区域试验和生产试验,有全国品种审定委员会授权单位进行的性状鉴定和 2 年以上的多点品种比较试验结果,经鉴定、试验单位推荐,具有一定应用价值或特用价值的品种。同时,填写"全国农作物品种审定申请书",并要附相关证明材料。

经过两个或两个以上省级品种审定部门审定的品种也可报请国家级品种审定。除要附上述相关证明材料外,还要附省级农作物品种审定委员会的审定合格证书、审定意见(复印件)以及其他相关材料。

3. 品种审定申报

(1)申报程序。申请者提出申请→申请者所在单位审查、核实→主持区域试验和生产试验单位推荐→报送品种审定委员会。向国家级申报的品种须有育种者所在省(自治区、直辖市)或品种最适宜种植地区的省级品种审定委员会签署意见。

申请品种审定的,应当向品种审定委员会办公室提交以下材料:

①申请表,包括作物种类和品种名称,申请者名称、地址、邮政编码、联系人、电话号码、传真、国籍,品种选育的单位或者个人等内容。

②品种选育报告,包括亲本组合以及杂交种的亲本血缘关系、选育方法、世代和特性描述,

品种(含杂交种亲本)特征特性描述、标准图片,建议的试验区域和栽培要点,品种主要缺陷及应当注意的问题。

③品种比较试验报告,包括试验品种、承担单位、抗性表现、品质、产量结果及各试验点数据、汇总结果等。

④品种和申请材料真实性承诺书。

转基因主要农作物品种,除应当提交前款规定的材料外,还应当提供以下材料:

①转化体相关信息,包括目的基因、转化体特异性检测方法;

②转化体所有者许可协议;

③依照《农业转基因生物安全管理条例》第十六条规定取得的农业转基因生物安全证书;

④有检测条件和能力的技术检测机构出具的转基因目标性状与转化体特征特性一致性检测报告;

⑤非受体品种育种者申请品种审定的,还应当提供受体品种权人许可或者合作协议。

(2)申报时间。按照现行规定,申请者、品种试验组织实施单位、育繁推一体化种子企业应当在2月底和9月底前分别将稻、玉米、棉花、大豆品种和小麦品种各试验点数据、汇总结果、DNA指纹检测报告、DUS测试报告、转化体真实性检测报告等提交品种审定委员会办公室。

(3)品种审定与命名。对于完成品种试验程序的品种,品种审定委员会办公室在30 d内提交品种审定委员会专业委员会初审。专业委员会应当在30 d内完成初审。

专业委员会初审品种时应当召开全体会议,到会委员达到该专业委员会委员总数2/3以上的,会议有效。对品种的初审,根据审定标准,采用无记名投票表决,赞成票数达到该专业委员会委员总数1/2以上的品种,通过初审。专业委员会对育繁推一体化种子企业提交的品种试验数据等材料进行审核,达到审定标准的,通过初审。

初审通过的品种,由品种审定委员会办公室在30 d内将初审意见及各试点试验数据、汇总结果,在同级农业农村主管部门官方网站公示,公示期不少于30 d。

公示期满后,品种审定委员会办公室应当将初审意见、公示结果,提交品种审定委员会主任委员会审核。主任委员会应当在30 d内完成审核。审核同意的,通过审定。育繁推一体化种子企业自行开展自主研发品种试验,品种通过审定后,应当在公示期内将品种标准样品提交至农业农村部指定的植物品种标准样品库保存。

省级审定的农作物品种在公告前,应当由省级人民政府农业农村主管部门将品种名称等信息报农业农村部公示,公示期为15个工作日。

审定未通过的品种,由品种审定委员会办公室在30 d内通知申请者。申请者对审定结果有异议的,可以自接到通知之日起30 d内,向原品种审定委员会或者国家级品种审定委员会申请复审。品种审定委员会应当在下一次审定会议期间对复审理由、原审定文件和原审定程序进行复审。品种审定委员会办公室应当在复审后30 d内将复审结果书面通知申请者。

(4)撤销审定。审定通过的品种,有下列情形之一的,应当撤销审定:在使用过程中出现不可克服的缺陷的;种性严重退化或失去生产利用价值的;未按要求提供品种标准样品或者标准样品不真实的;以欺骗、伪造试验数据等不正当方式通过审定的;农业转基因生物安全证书已过期的。

　　拟撤销审定的品种,由品种审定委员会办公室在书面征求品种审定申请者意见后提出建议,经专业委员会初审后,在同级农业农村主管部门官方网站公示,公示期不少于 30 d。

　　公示期满后,品种审定委员会办公室应当将初审意见、公示结果,提交品种审定委员会主任委员会审核,主任委员会应当在 30 d 内完成审核。审核同意撤销审定的,由同级农业农村主管部门予以公告。

　　公告撤销审定的品种,自撤销审定公告发布之日起停止生产、广告,自撤销审定公告发布一个生产周期后停止推广、销售。品种审定委员会认为有必要的,可以决定自撤销审定公告发布之日起停止推广、销售。

　　4. 审定品种公告

　　省级审定的农作物品种在公告前,应当由省级人民政府农业农村主管部门将品种名称等信息报农业农村部公示,公示期为 15 工作日。审定通过的品种,由品种审定委员会编号、颁发证书,同级农业农村主管部门公告。

　　省级品种审定公告,应当在发布后 30 d 内报国家农作物品种审定委员会备案。

　　审定编号为审定委员会简称、作物种类简称、年号、序号,其中序号为四位数。审定公告内容包括:审定编号、品种名称、申请者、育种者、品种来源、形态特征、生育期(组)、产量、品质、抗逆性、栽培技术要点、适宜种植区域及注意事项等。审定公告公布的品种名称为该品种的通用名称。禁止在生产、经营、推广过程中擅自更改该品种的通用名称。

【模块小结】

　　本模块共设置 5 个项目,学习中需要掌握品种的概念及品种的类型,了解现代农业对作物品种的要求及制定育种目标的一般原则;掌握种质资源的概念、类别、保存和利用;掌握作物引种的基本原理、引种规律及主要作物的引种实践;掌握杂交育种的方法及杂种优势的利用途径;了解系统育种的程序和方法,诱变育种、远缘杂交育种、倍性育种、生物技术育种的意义;了解品种试验与品种审定的有关内容。

【模块技能】

▶▶ 技能一　主要作物有性杂交技术 ◀◀

一、技能目的

　　使学生在了解主要作物花器构造和开花习性的基础上,学会有性杂交技术,包括小麦、水稻、大豆的有性杂交技术。

二、技能材料及用具

　　各种作物的亲本品种若干;70％乙醇;镊子、小剪刀、羊皮纸袋、回形针、放大镜、小毛笔、小酒杯、脱脂棉、纸牌、铅笔、麦秸管等。

三、技能方法与步骤

1. 水稻有性杂交技术

(1)选穗。选取母本品种中植株生长健壮、无病虫害稻穗,稻穗已抽出叶鞘 2/3～3/4,穗尖已开过几朵颖花。

(2)去雄。杂交时要选穗中、上部的颖花去雄。去雄方法有很多种,下面介绍温水法去雄和剪颖法去雄两种。

温水法去雄就是在水稻自然开花前 30 min 把热水瓶的温水调节为 45 ℃,把选好的稻穗和热水瓶相对倾斜,将穗子全部浸入温水中,但应注意不能折断穗颈和稻秆,处理 5 min。如水温已下降至 42～44 ℃,则处理 8～10 min。移去热水瓶,稻穗稍晾干,即有部分颖花陆续开花。这些开放的颖花的花粉已被温水杀死。温水处理后的稻穗上未开花颖花(包括前一天已开过的颖花)要全部剪去,并立即用羊皮纸袋套上,以防串粉。

剪颖法去雄就是一般在杂交前一天下午四五点后或在杂交当天早上六七点前,选择已抽出 1/8 母本穗轴,对其上雄蕊伸长已达颖壳 1/2 以上的成熟颖花,用剪刀将颖壳上部剪去 1/4～1/3,再用镊子除去雄蕊。去雄后随即套袋,挂上纸牌。

(3)授粉。授粉方法有两种。一种是抖落花粉法:将自然开花的父本穗轴轻轻剪下,把母本穗轴去雄后套上的纸袋拿下,父本穗置于母本穗上方,用手振动使花粉落在母本柱头上,连续 2～3 次。父母本靠近则不必将父本穗剪下,可就近振动授粉。但要注意防止母本品种内授粉或与其他品种传授。另一种是授入花粉法:用镊子夹取父本成熟的花药 2～3 个,在母本颖壳上方轻轻摩擦,并留下花药在颖花内,使花粉散落在母本柱头上。但要注意不能损伤母本的花器。

授粉后稻穗的颖花尚未完全闭合,为防止串粉,要及时套回羊皮纸袋,袋口用回形针夹紧,并附着在剑叶上,以防穗颈折断。同时,把预先用铅笔写好组合名称、杂交日期、杂交者姓名的纸牌挂在母本株上。

判断杂交是否成功,可在授粉后 3 d 检查子房是否膨大,如已膨大则为结实种子。

2. 大豆有性杂交技术

(1)母本植株和去雄花蕾的选择。母本应选择具有本品种典型性状、生育良好和健壮的植株。无限结荚习性的大豆品种要挑选基部 1～2 个花簇已经开花,主茎中下部 5～6 节的花蕾去雄;有限结荚习性的可取中上部或顶部的花蕾去雄。去雄的花蕾必须是花冠已露出萼隙 1～2 mm,但还没有伸出萼尖的,这样的花蕾雌蕊已经成熟,雄蕊还没有散粉。一般一个节间只留 1～2 个花蕾,其余已开或未开的花蕾全部除掉,以免与杂交花混淆。

(2)去雄。去雄一般在杂交前一天下午进行,也可以在当日上午七八点进行。去雄的花朵选定后,用左手拇指与食指轻轻捏住花蕾,右手用镊子(或杂交针)夹住花萼向一边撕开,即可把 5 萼片全部除去,露出花冠。然后用镊子从花冠上部斜向插入,夹住花瓣,轻向上提;把花冠连同花药全部拔出。如有残留花药,再用镊子小心夹出,切勿触伤柱头。

(3)授粉。去雄后的花朵可立即授粉。适宜采粉父本的花朵以花瓣已露出萼尖,将要开放而未开放的为好。这时,花药初裂,花粉量多而新鲜,将父本花摘下,剥去萼片和花瓣,露出黄色花药。用镊子夹住父本花朵基部,把花药对准去了雄的母本花蕾的柱头轻轻擦几下,只要柱头上有黄色花粉即可。

授粉后,取靠近杂交花朵的叶片,将授过粉的花蕾包好,用大头针或叶柄别住,既可保证隔离,又可防止日晒雨淋,保持一定的湿度,以利于发育。最后在杂交花的下一个节间挂上纸牌,用铅笔写明父母本名称、杂交日期和杂交者姓名。

(4)杂交后的管理和收获。授粉后4～5 d,打开包裹的叶片进行检查。若杂交花朵已发育成幼荚,要摘除附近新生花蕾,以免混杂。若杂交花朵已干枯脱落,应将纸牌摘掉。以后每隔4～5 d再检查几次。成熟时,将同一杂交组合的豆荚连同纸牌放一个纸袋内,按组合混合收获。

3. 小麦有性杂交技术

(1)选穗。在杂交亲本圃中,选择具有母本品种典型性、生长发育健壮并且刚抽出叶鞘3.3 cm左右的主茎穗作为去雄穗,穗的中上部花药黄绿色时为去雄适期。

(2)整穗。选定去雄穗后,先剪去穗的上部和下部发育较迟的小穗,只留中部10～12个小穗(穗轴两侧各留5～6个),并将每个小穗中部的小花用镊子夹去,只留基部的两朵小花。剪去有芒品种麦芒的大部分,适当保留一点短芒,以方便去雄和授粉操作。

(3)去雄。将整好的穗子进行去雄,一般采用摘花药去雄法。具体做法是用左手拇指和中指夹住整个麦穗,以食指逐个将花的内外颖壳轻轻压开,右手用镊子伸入小花内把3个花药夹出来。最好一次去净,注意不伤柱头和内外颖,不留花药,不要夹破花药。一旦夹破花药,应摘除这朵花,并用乙醇棉球擦洗镊子尖端,以杀死附在上面的花粉。去雄应按顺序自上而下逐朵花进行,不要遗漏。去雄后应立即套上纸袋,用大头针将纸袋别好,并挂上纸牌,用铅笔写明母本品牌名称和去雄日期。

(4)授粉。一般在去雄后第2～3天进行授粉。当去雄的花朵柱头呈羽状分叉,并带有光泽时授粉最合适。

采粉的父本应选用穗子中上部个别已开过花的小穗周围的小花,用镊子压开其内外颖,夹出鲜黄成熟的花药,放入采粉器(小酒杯或小纸盒)中,立即授粉。

授粉时,取下母本穗上纸袋,用小毛笔蘸取少量的花粉,或用小镊子夹1～2个成熟的花药依次放入每个小花中,在柱头上轻轻涂擦。授粉后,仍套上纸袋,并在纸牌上添上父本名称、授粉日期。授粉7～10 d后,可以摘去纸袋,以后注意管理和保护。也可采用采穗授粉法,即授粉时采下选用的父本穗(留穗下节),依次剪去小花内外颖1/3,并捻动穗轴,促花开放,露出花药散粉,即行授粉。

四、技能要求

要求每个学生杂交5～10朵花,将杂交结果记载于表格中,并总结杂交经验。

【模块巩固】

1. 什么是作物育种目标?制定育种目标的原则是什么?

2. 简述各种种质资源的特点和利用价值。

3. 什么是引种?引种应遵循哪些规律?

4. 引种成功的影响因素及引种规律是什么?

5. 杂种后代的培育方法有哪些?应注意哪些问题?

6. 简述诱变育种的程序。

7．利用秋水仙素处理法获得多倍体的原理是什么？

8．目前获得多倍体的主要方法是什么？

9．育种上应用单倍体技术的主要优点在于哪几个方面？

10．植物新品种推广的方式有哪些？

11．种子品种审定的报审条件有哪些？申报程序有哪些？

模块三
种子生产基本原理

【知识目标】

了解作物的繁殖、授粉方式与种子生产的关系；掌握品种混杂退化的原因及防止措施；掌握种子级别的分类、原种生产程序、大田用种的生产程序及加速大田用种繁殖的方法；了解种子生产基地建设的条件、形式及经营管理。

【能力目标】

掌握种子生产计划的制订技术；掌握种子生产中的种子田面积确定、种子准备、播种、田间调查、去杂去劣、单株选择、收获、考种等技能；能够进行种子生产基地建设与选择。

项目一　作物繁殖方式与种子生产

作物的繁殖、授粉方式不同，导致其后代群体的遗传特点不同，所采用的育种途径不同，种子生产特点和方式也不同。作物的繁殖方式可以分为有性繁殖和无性繁殖两大类。

一、有性繁殖与种子生产

凡是经过雌雄配子结合而繁衍后代的方式，称为有性繁殖。通过有性繁殖方式繁衍后代的作物称为有性繁殖作物。有性繁殖作物根据授粉方式不同，可分为三大类，即自花授粉作物、异花授粉作物和常异花授粉作物。

（一）自花授粉作物

凡是在自然条件下，雌蕊接受同一朵花内的花粉或同一株上的花粉而繁殖后代的作物，称为自花授粉作物，又称自交作物。常见的自花授粉作物有水稻、大豆、马铃薯、小麦、大麦、绿豆、花生、烟草、亚麻、番茄、茄子等。

1. 花器特点

自花授粉作物的花器构造一般是雌雄同花；花瓣一般没有鲜艳的色彩和特殊的气味；雌蕊、雄蕊同期成熟，甚至开花前已完成授粉（闭花授粉）；花朵开放时间较短，花器保护严密，外来花粉不易侵入；雌蕊、雄蕊等长或雄蕊紧密围绕雌蕊，花药开裂部位紧靠柱头，极易自花授粉。所以，自花授粉作物的天然杂交率很低，一般低于 1%，最高不超过 4%，因作物品种和环境条件而异，如水稻为 0.2%～0.4%，大豆为 0.5%～1%，小麦为 1%～4%。

2. 品种特点及其育种途径

由于长期的自花授粉和人为定向选择，自花授粉作物的纯系品种群体内，绝大多数个体的基因型纯合，群体的基因型同质，表现型整齐一致，且表现型和基因型是一致的，上代的遗传性状可以稳定地传递给下一代，因此连续自交不会导致后代生活力衰退。

自花授粉作物的授粉特点，决定了该类作物的育种途径：一是选育基因型纯合的常规（纯系）品种；二是利用杂种优势。

3. 种子生产特点

自花授粉作物的常规品种的种子生产技术比较简单，品种保纯相对容易，首先是防止各种形式的机械混杂，其次是防止生物学混杂，但对隔离条件的要求不太严格，可适当采取隔离措施。

(二)异花授粉作物

凡是在自然条件下，雌蕊接受异株的花粉而繁殖后代的作物，称为异花授粉作物，或称异交作物。异花授粉作物主要依靠风、昆虫等媒介传播花粉。

1. 花器特点

异花授粉作物按花器特点可分为 4 种类型：一是雌雄异株，即雌花和雄花分别生长在不同植株上，其天然杂交率为 100%，如菠菜、大麻、蛇麻；二是雌雄同株异花，如玉米、蓖麻及瓜类作物；三是雌雄同花但自交不亲和，如黑麦、甘薯、白菜型油菜；四是雌雄同花但雌雄蕊熟期不同或花柱异型，如向日葵、荞麦、甜菜、洋葱。异花授粉作物天然杂交率一般在 50% 以上，高的甚至达到 100%。

2. 品种特点及其育种途径

由于异花授粉作物在自然条件下长期处于异交状态，该类作物的开放授粉品种（群体品种）群体中绝大多数个体的基因型是杂合的，个体间基因型和表现型不一致，自交会导致后代生活力严重衰退。

异花授粉作物的授粉特点，决定了该类作物的育种途径是以利用杂种优势为主，在生产上种植杂交种。但异花授粉作物要获得纯合、稳定的杂交亲本，必须经过连续多代的人工强制自交和单株选择。杂交亲本由于连续多代的自交，在生活力、生长势、产量等方面显著下降，因而在生产上不能直接利用。

3. 种子生产特点

异花授粉作物杂交种的种子生产较为复杂，包括杂交制种和亲本繁殖两大环节。杂交亲本的种子生产与常规品种种子生产基本相同。需要注意的是，由于异花授粉作物的天然杂交率高，无论是杂交制种，还是亲本繁殖，都需采取严格的隔离措施、去杂去劣和控制授粉，才能达到防杂保纯的目的。

(三)常异花授粉作物

常异花授粉作物是同时依靠自花授粉和异花授粉两种方式繁殖后代的作物,通常以自花授粉为主,也经常发生异花授粉,是自花授粉作物和异花授粉作物的过渡类型。其天然杂交率为 5%～50%。如棉花、高粱、蚕豆、甘蓝型油菜等都属于这种类型。

1. 花器特点

常异花授粉作物花器的基本特点是雌雄同花,雌雄蕊不等长或不同期成熟,雌蕊外露,易接受外来花粉;花朵开放时间长,多数作物花瓣色彩鲜艳,能分泌蜜汁,以引诱昆虫传粉。常异花授粉作物的天然杂交率因作物、品种、环境而异,且变幅较大。如棉花的天然杂交率一般为 5%～20%,高粱一般为 5%～50%,甘蓝型油菜和蚕豆一般为 10%～13%。

2. 品种特点及其育种途径

常异花授粉作物以自花授粉为主,故其常规品种群体内大多数个体主要性状的基因型纯合同质,少数个体的基因型杂合异质,自交后代的生活力衰退较轻。

常异花授粉作物的育种途径:一是选育常规(纯系)品种;二是利用杂种优势。生产上大面积种植的常异花授粉作物的杂交种有高粱、甜椒。培育杂交种品种时,也需经过必要的人工强制自交和单株选择才能得到纯系亲本。

3. 种子生产特点

常异花授粉作物常规品种种子生产同自花授粉作物一样,杂交种品种的种子生产包括杂交制种与亲本繁殖两个环节。需要注意的是,由于常异花授粉作物容易发生天然杂交,在其种子生产时,必须进行严格隔离和去杂去劣,同时要严防各种形式的机械混杂,才能保证种子的纯度。

二、无性繁殖与种子生产

凡是不经过雌雄配子结合而繁衍后代的方式,称为无性繁殖。通过无性繁殖方式繁衍后代的作物称为无性繁殖作物。常见的无性繁殖作物多以营养器官繁殖后代,如根、茎、叶的再生能力强,通过分根、扦插、压条、嫁接等方式产生新的植物体。生产上利用营养体产生种苗的作物主要有马铃薯、甘薯、洋葱、甘蔗、木薯、苎麻、蒜等。

1. 品种特点及其育种途径

无性繁殖作物的一个个体通过无性繁殖而产生的后代群体,称为无性繁殖系,简称无性系。无性系是由体细胞繁殖发育而来的,没有经过受精过程,遗传物质只来自母本一方,无论母本的基因型纯合或杂合,产生的后代通常都没有分离,表现型与其母本完全相同,这为作物利用杂种优势提供了很大的方便。

无性系在繁殖过程中会有突变,主要是芽变,但突变率很低,变异的遗传比较简单。无性繁殖作物的基因型一般是高度杂合的,其有性生殖的后代(自交或异交)或杂交第一代就开始分离,分离类型极其复杂,因而其种子一般不宜直接用于生产。但是,其无性繁殖的后代遗传型是相同的,性状具有高度的稳定性和一致性。

在适宜的自然或人工控制的条件下,无性繁殖的作物也能开花结实,进行有性繁殖。因而,目前常常先利用有性繁殖的方法进行基因重组,然后在杂种后代中选择优良的单株进行无性繁殖,这样可以迅速将优良的性状和杂种优势固定下来。这种有性杂交与无性繁殖相结合的方式是改良无性繁殖作物的最常见、最有效的方法。

2. 种子生产特点

因为无性繁殖不会发生天然杂交,不用设置隔离,但要注意及时淘汰表现不良性状的芽变类型,并注意防止机械混杂。目前,无性繁殖作物的病毒病是引起品种退化的主要原因,所以在种子生产过程中,还应采取以防治病毒病为中心的防止大田用种混杂退化的各种措施。

项目二　品种的混杂退化及其防止方法

一、品种混杂退化的含义和表现

(一)品种混杂退化的含义

在充满变化的生态环境中,任何一个品种的种性和纯度都不是固定不变的。随着品种繁殖世代的增加,往往由于各种原因引起品种的混杂退化,致使产量、品质降低。品种混杂退化是指品种在生产栽培过程中,发生了纯度降低,种性变劣,抗逆性、适应性减退,产量、品质下降等现象。

品种混杂和品种退化是两个不同的概念。品种混杂是指一个品种群体内混进了不同种或品种的种子,或者其上一代发生了天然杂交或基因突变,导致后代群体中分离出变异类型,造成品种纯度降低的现象。品种退化是指品种遗传基础发生了变化,使一些特征特性发生不良变异,尤其是经济性状变劣、抗逆性减退、产量降低、品质下降,从而导致种植区域缩小,最终丧失了在农业生产上的利用价值。

品种的混杂和退化有着密切的联系,往往是品种群体发生了混杂,才导致品种的退化。因此,品种的混杂和退化虽然属于不同概念,但两者经常交织在一起,很难截然分开。

(二)品种混杂退化的表现

品种混杂退化是农业生产中的一种普遍现象。主干品种发生混杂退化后,会给农业生产造成严重损失。一个品种在生产上种植多年,必然会发生混杂退化现象,出现植株高矮不齐,成熟早晚不一,病虫危害加重,生长势强弱不同,抵抗不良环境条件的能力减弱,穗小、粒少等现象。品种混杂退化还会增加病虫害传播蔓延的机会。如小麦赤霉病菌是在温暖、阴雨天气,趁小麦开花时侵入穗部的。纯度高的小麦品种抽穗开花一致,病菌侵入的机会少;相反,混杂退化的品种,抽穗期不一致,则病菌侵入的机会就增多,致使发病严重。可以说,品种的典型性发生变化和不整齐一致是混杂退化的主要表现,产量和品质下降是混杂退化的最终反映和危害结果。因此,品种的混杂退化是农业生产中必须重视并应及时加以解决的问题。

二、品种混杂退化的原因

引起品种混杂退化的原因很多,而且比较复杂。有的是一种原因引起的,有的是多种原因综合作用造成的。不同作物、同一作物不同品种以及不同地区之间混杂退化的原因也不尽相同。归纳起来,主要有以下几个方面。

(一)机械混杂

机械混杂是指在种子生产、加工及流通等环节中,各种条件限制或人为疏忽导致异品种或异种种子混入的现象。

机械混杂是各种作物发生混杂退化的最重要的原因,主要有以下3个方面。

(1)种子生产过程中人为造成的混杂。如播前晒种、浸种、拌种、包衣等种子处理及播种、补栽、补种、收获、运输、脱粒、贮藏、晾晒等过程中,没有严格地按种子生产的操作规程办事,使生产的目标品种种子内混入了异种的种子或异品种的种子,造成机械混杂。

(2)种子田连作。种子田选用连作地块,前作品种自然落粒的种子和后作的不同品种混杂生长,引起机械混杂。

(3)种子田施用未腐熟的有机肥料。未腐熟的有机肥料中混有其他具有生命力的作物或品种的种子,导致机械混杂。

机械混杂是造成自花授粉作物混杂退化的最主要的原因。机械混杂不仅影响种子的纯度,同时还会增加天然杂交的机会,加速品种混杂退化的进程。

机械混杂有两种情况。第一种是混进同一作物其他品种的种子,即品种间的混杂。由于同种作物不同品种在形态上比较接近,田间去杂和室内清选较难区分,不易除净,在种子生产过程中应特别注意防止品种间混杂的发生。第二种是混进其他作物或杂草的种子。这种混杂不论在田间或室内,均易区别和发现,较易清除。品种混杂现象中,机械混杂是最主要的原因,所以,在种子生产工作中应特别注意防止机械混杂的发生。

(二)生物学混杂

生物学混杂是指由于天然杂交而使后代产生性状分离,并出现不良个体,从而破坏了品种的一致性。生物学混杂是异花授粉作物、常异花授粉作物发生混杂退化的主要原因之一。

发生天然杂交的原因:一是在种子生产过程中,没有按规定将不同品种进行符合规定的隔离;二是品种本身已发生了机械混杂,但又去杂不彻底,从而导致不同品种间发生天然杂交,引起群体遗传组成的改变,使品种的纯度、典型性、产量和品质降低。

有性繁殖作物均有一定的天然杂交率,都有可能发生生物学混杂,但严重程度不同。异花授粉作物的天然杂交率较高,若不注意采取有效隔离措施,极易发生生物学混杂,而且混杂程度发展极快。例如,一个玉米自交系的种子田中混有几株杂株,若不及时去掉,任其自由授粉,该自交系就会在2～3年内变得面目全非,表现为植株生长不齐,成熟不一致,果穗大小差别很大,粒型、粒色等均有很大变化,丧失了原品种的典型性。常异花授粉作物虽然以自花授粉为主,但其花器构造易于杂交。例如,棉花种子生产,若不注意隔离,会因昆虫传粉而造成生物学混杂。自花授粉植物的天然杂交率低,但在机械混杂严重时,天然杂交的机会也会增多,从而造成生物学混杂。

生物学混杂一般是由同种作物不同品种间发生天然杂交,造成品种间的混杂。但有时同种作物在亚种之间也能发生天然杂交。

(三)品种本身的变异

品种本身的变异是指一个品种在推广以后,品种本身残存杂合基因的分离重组和基因突变等而引起性状变异,导致混杂退化。

品种或自交系可以看成一个纯系,但这种“纯”是相对的,个体间的基因组成总会有些差异,尤其是通过杂交育成的品种,虽然主要性状表现一致,但一些由微效多基因控制的数量性状难以完全纯合,因此,就使得个体间遗传基础出现差异。在种子生产过程中,这些杂合基因不可避免地会陆续分离、重组,导致个体性状差异加大,使品种的典型性、一致性降低,纯度下降。

一个新品种推广后,在各种自然条件和生产条件的影响下,可能发生各种不同的基因突变。研究表明,作物性状的自然突变也许对作物的植物学性状有益,但大多对人类要求的作物性状是不利的,这些突变一旦被留存下来,就会通过自身繁殖和生物学混杂方式,使后代群体中变异类型和变异个体数量增加,导致品种混杂退化。

(四)不正确的选择

在种子生产过程中,特别是在原种生产时,如果对品种的特征特性不了解或了解不够,不能按照品种性状的典型性进行选择和去杂去劣,就会使群体中杂株增多,导致品种混杂退化。如在间苗时,人们往往把那些表现好的、具有杂种优势的杂种苗误认为是该品种的壮苗加以选留、繁殖,结果造成混杂退化。在玉米自交系的繁殖过程中,人们也经常把较弱的自交系幼苗拔掉而留下肥壮的杂交苗,这样就容易加速品种的混杂退化。

在原种生产时,如果不了解原品种的特征特性,就会造成选择的标准不正确,如本应选择具有原品种典型性状的单株,而选成了优良的变异单株,则所生产的种子种性就会失真,从而导致混杂退化。选株的数量越少,所繁育的群体种性失真就越严重,保持原品种的典型性就越难,品种混杂退化的速度就越快。

(五)不良的环境和栽培条件

一个优良品种的优良性状是在一定的自然条件和栽培条件下形成的,如果种子生产的栽培技术或环境条件不适宜品种生长发育,则品种的优良种性得不到充分发挥,会导致某些经济性状衰退、变劣。特别是异常的环境条件,还可能引起不良的变异或病变,严重影响产量和品质。如果环境条件恶劣,作物为了生存,会适应这种恶劣条件,退回到原始状态或丧失某些优良性状。如水稻在生育后期遇上低温,谷粒会变小;成熟期遇上低温,糯性会降低;种在冷水、碱水、深水或瘦地上,会出现红米等。又如,马铃薯的块茎膨大适于较冷凉的条件,因此在我国低纬度地区春播留种的马铃薯,由于夏季高温条件的影响,块茎膨大受抑制,病毒繁衍和传输速度加快,种植第二年即表现退化。棉花在不良的自然和栽培条件下,会产生铃小、籽粒小、绒短、衣分低的退化现象。久而久之,这些变异类型会逐渐增多而引起品种退化。此外,异常的环境条件还能引起基因突变,也会引起品种混杂退化。

(六)病毒侵染

病毒侵染是引起甘薯、马铃薯等无性繁殖作物混杂退化的主要原因。病毒一旦侵入健康植株,就会在其体内扩繁、传输、积累,随着其利用块根、块茎等进行无性繁殖,会使病毒病由上一代传到下一代。一个不耐病毒的品种,到第四代至第五代就会出现绝收现象;即使是耐病毒的品种,其产量和品质也会严重下降。

总之,品种混杂退化有多种原因,各种因素之间又相互联系、相互影响、相互作用。其中机械混杂和生物学混杂较为普遍,在品种混杂退化中起主要作用。因此,在找到品种混杂退化的原因并分清主次的同时,必须采取综合技术措施,解决防杂保纯的问题。

三、品种混杂退化的防止措施

品种混杂退化有多方面的原因,所以,防止混杂退化是一项比较复杂的工作。它的技术性强,持续时间长,涉及种子生产的各个环节。为了做好这项工作,必须加强组织领导,制定有关规章制度,建立健全种子生产体系和专业化的种子生产队伍,坚持"防杂重于除杂,保纯重于提纯"的原则。在技术方面,要抓好以下几项工作。

(一)建立严格的种子生产规则,防止机械混杂

机械混杂是各种作物品种混杂退化的主要原因之一,预防机械混杂是保持品种纯度和典型性的重要措施。要在种子田的安排、种子准备、播种到收获、贮藏的全过程中,认真遵守国家或地方的种子生产技术操作规程,在各个环节都要杜绝机械混杂的发生。具体可从以下几个方面抓起。

1. 合理安排种子田的轮作和布局

种子田一般不宜连作,以防止上季残留种子在下季出苗而造成混杂,并注意及时中耕,以消灭杂草。在作物布局上,种子生产一定要把握规模种植的原则,建立集中连片的种子生产基地,切忌小块地繁殖。同时,要把握在同一区域内不生产相同作物的不同品种,从源头上切断机械混杂和生物学混杂的机会。

2. 认真核实种子的接收和发放手续

在种子的接收和发放过程中,要检查种子袋内外的标签是否相符,认真鉴定品种真实性和种子等级,不要弄错品种,并要认真核实,严格检查种子的纯度、净度、发芽率、水分等。如有疑问,必须核查解决后才能播种。

3. 在种子处理和播种工作中严防机械混杂

播种前的种子处理,如晒种、选种、浸种、催芽、拌种、包衣等环节,必须做到不同品种、不同等级的种子分别处理。种子处理和播种时,用具和场地必须由专人负责清理干净,严防混杂。

4. 种子田要施用充分腐熟的有机肥

种子田要施用充分腐熟的有机肥,以防未腐熟的有机肥料中混有其他具有生命力的种子,导致机械混杂。

5. 种子田要严格遵守按品种分别收、运、脱、晒、藏等操作规程

种子田必须单独收获、运输、脱粒、晾晒、贮藏。不同品种不得在同一个晒场上同时脱粒、晾晒和加工。各项操作的用具和场地,必须清理干净,并由专人负责,认真检查,以防混杂。

(二)采取隔离措施,严防生物学混杂

对于容易发生天然杂交的异花、常异花授粉作物,必须采取严格的隔离措施,避免因风力或昆虫传粉造成生物学混杂。自花授粉作物也要进行适当隔离。隔离的方法有以下几种,可因地制宜选用。

1. 空间隔离

空间隔离是指在种子田四周一定的距离内不能种植同一作物的其他品种。具体距离视作物的花粉数量、传粉能力、传粉方式而定。例如,风媒异花授粉的玉米制种区一般隔离距离为300 m以上,自交系繁殖区隔离距离为500 m以上。虫媒异花授粉作物的制种区和亲本繁殖隔离距离分别在500 m和1 000 m以上。小麦、水稻种子田也要适当隔离,一般隔离距离50~100 m;番茄、豆角、菜豆等自花授粉蔬菜作物生产原种,隔离区距离要求100 m以上。主要作物授粉方式和留种时隔离距离见表3-1。

表 3-1　主要作物授粉方式和留种时隔离距离

授粉方式		作物种类	隔离距离/m	
			原种	大田用种
异花授粉	虫媒花	十字花科蔬菜:大白菜、小白菜、油菜、薹菜、芥菜、萝卜、甘蓝、花椰菜、擘蓝、芜菁、甘蓝	2 000	1 000
		瓜类蔬菜:南瓜、黄瓜、冬瓜、西葫芦、西瓜、甜瓜	1 000	500
		伞形花科蔬菜:胡萝卜、芹菜、芫荽、茴香	2 000	1 000
		百合科葱属蔬菜:大葱、洋葱、韭菜	2 000	1 000
	风媒花	藜科蔬菜:菠菜、甜菜	2 000	1 000
		玉米	自交系 500 以上 单交种 400 以上 双交种 300 以上	300
常异花授粉		茄科蔬菜:甜椒、辣椒、茄子	500	300
自花授粉		茄科蔬菜:番茄	300	200
		豆科蔬菜:菜豆、豌豆	200	100
		菊科蔬菜:莴苣、茼蒿	500	300
		水稻	20	20

资料来源:(孙桂琴,2002)。

2. 时间隔离

通过调节播种或定植时间,使种子田的开花期与四周田块同一种作物其他品种的开花期错开。一般春玉米播期错开 40 d 以上,夏玉米播期错开 30 d 以上,水稻花期错开 20 d 以上。

3. 自然屏障隔离

利用山丘、树林、果园、村庄、堤坝、建筑等进行隔离。

4. 高秆作物隔离

在使用上述隔离方法有困难时,可采用高秆的其他作物进行隔离。如棉花制种田可用高粱作为隔离作物,一般种植 500～1 000 行,行距 33 cm,并要提前 10～15 d 播种,以保证在棉花散粉前高粱的株高超过棉花,起到隔离作用。

5. 套袋、夹花或网罩隔离

这是最可靠的隔离方法,一般在提纯自交系、生产原原种以及少量的蔬菜制种时使用。

(三)严格去杂去劣,加强选择

种子繁殖田必须采取严格的去杂去劣措施,一旦种子繁殖田中出现杂株、劣株,应及时除掉。杂株指非本品种的植株;劣株指本品种感染病虫害或生长不良的植株。去杂去劣应在熟悉本品种各生育阶段典型性状的基础上,在作物不同生育时期分次进行,务求去杂去劣干净彻底。

加强选择,提纯复壮是促使品种保持高纯度,防止品种混杂退化的有效措施。在种子生产过程中,根据植物生长特点,采用块选、株选或混合选择法留种,可防止品种混杂退化,提高种子生产效率。

(四)定期进行品种更新

种子生产单位应不断从品种育成单位引进原原种,繁殖原种,或者通过选优提纯法生产原种。始终坚持用纯度高、质量好的原种生产大田用种,是保持品种纯度和种性、防止混杂退化、延长品种使用年限的一项重要措施。此外,根据社会需求和育种科技发展状况及时更新品种,不断推出更符合人类要求的新品种,是防止品种混杂退化的根本措施。因而,在种子生产过程中,要加强引种试验,密切与育种科研单位联系,保证主要推广品种的定期更新。

(五)改变生育条件

对于某些作物可采用改变种植区生态条件的方法,进行种子生产以保持品种种性,防止混杂退化。例如,高温条件会使马铃薯退化加重,所以平原区一般不进行春播留种,可在高纬度冷凉的北部或高海拔山区进行种子生产,调运到平原区种植,或采取就地秋播留种的方法克服退化问题。再如,我国福建、浙江、广东等省对水稻常采用翻秋栽培的方法留种,以防止混杂退化。他们把当年收获的早稻种子在夏秋季当作晚稻种子种植,再将收获的晚稻种子作为第二年的早稻种子利用,这样就改变了早稻种植的生态条件,使其种子的生活力、抗寒能力、抗病能力增强,产量提高。

(六)脱毒

对甘薯、马铃薯等易发生病毒侵染的无性繁殖作物可采用以下两种方法脱毒。

1. 通过茎尖分生组织培养脱毒

茎尖分生组织生长快速,体内的病毒侵染速度慢于分生组织生长,因此,越是新生长出来的茎尖分生组织,越不会被病毒侵染。切取茎尖分生组织进行组织培养,成苗后再在无毒条件下切段快繁,即利用茎尖不含病毒的部位快繁脱毒,获得无病毒植株,进而繁殖无病毒种薯,可以从根本上解决退化问题。这是近十多年来甘薯、马铃薯种子生产上的突破性成果,已在我国广泛应用。

2. 种子汰毒

研究表明,甘薯、马铃薯的大多数病毒不能侵染种子,即在有性繁殖过程中,植物能自动汰除毒源。因此,无性繁殖作物还可通过有性繁殖生产种子,再用种子生产无毒种苗,汰除毒源,如马铃薯实生种子的生产。

(七)利用低温低湿条件贮存原种

繁殖的世代越多,发生混杂的机会也越多。因此,利用低温低湿条件贮存原种是有效防止品种混杂退化、保持种性、延长品种使用寿命的一项先进技术。近年来,美国、加拿大、德国等国家都相继建立了低温、低湿贮藏库,用于保存原种和种质资源。我国黑龙江、辽宁等省采用一次生产、多年贮存、分年使用的方法,把"超量生产"的原种贮存在低温、低湿的种子库中,每隔几年从中取出一部分原种用于扩大繁殖,使种子生产始终有原种支持,从繁殖制度上保证了生产用种子的纯度和质量。这些措施减少了繁殖世代,也减少了品种混杂退化的机会,有效保持了品种的纯度和典型性。

项目三 种子生产程序

一个新品种经审定被批准推广后,就要不断地进行繁殖,并在繁殖过程中保持其原有的优良种性,以不断地生产出数量多、质量好、成本低的种子,供大田生产使用。一个品种按繁殖阶段的先后、世代的高低所形成的过程叫种子生产程序。

一、种子级别分类

种子级别的实质可以说是质量的级别,它主要是以繁殖的程序、代数来确定的。不同的时期,种子级别的内涵不同。1996 年以前,我国种子级别分为 3 级,即原原种、原种和良种。从 1996 年 6 月 1 日起,新的种子检验规程和分级标准开始实施。2008 年,我国农作物种子分级标准重新修订,将作物种子分为原种和大田用种。它主要是按种子的纯度、净度、发芽率、水分等定级,而不是按种子生产程序或世代划分。目前,我国种子分类级别也是 3 级,即育种家种子、原种和大田用种。

(1)育种家种子。育种家种子指育种家育成的遗传性状稳定的品种或亲本种子的最初一批种子。育种家种子是用于进一步繁殖原种的种子。

(2)原种。原种是指用育种家种子繁殖的第一代至第三代种子,或按原种生产技术规程生产的达到原种质量标准的种子。原种是用于进一步繁殖大田用种的种子。

(3)大田用种。大田用种指用常规种的原种繁殖的第一代至第三代种子,或杂交种达到大田用种质量标准的种子。大田用种是供大面积生产使用的种子,即生产用种。

二、原种生产程序

四级种子
生产程序

原种在种子生产中起承上启下的作用,各国对原种的繁殖代数和质量都有一定的要求。我国的种子生产程序是由原种生产大田用种,因此,原种生产是整个种子生产过程中最基本和最重要的环节,是影响整个种子生产成效的关键。在目前的原种生产中,主要存在两种不同的程序:一种是重复繁殖程序;一种是循环选择程序。

(一)重复繁殖程序

重复繁殖程序又称保纯繁殖程序,种子生产程序是在限制世代基础上的分级繁殖。它的含义是每一轮种子生产的种源都是育种家种子,每个等级的种子经过一代繁殖只能生产较下一等级的种子,即用育种家种子只能生产基础种子,基础种子只能生产登记种子,这样从育种家种子到生产用种子,最多繁殖 4 代,下一轮的种子生产依然重复相同的过程(图 3-1)。

美国国际有机作物改良协会把纯系种子分为 4 级,其顺序为:育种家种子、基础种子、登记种子、检验种子(即生产用种子)。我国有些地区和生产单位采用的四级种子生产程序(育种家种子→原原种→原种→大田用种)也属此类程序。

我国目前实行的育种家种子、原种、大田用种三级繁殖程序也属于重复繁殖程序,但这种程序的种子级别较少,要生产足量种子,每个级别一般要繁殖多代。如原种是用育种家

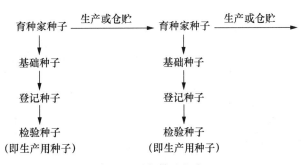

图 3-1　重复繁殖程序

资料来源:(谷茂,杜红,2009)。

种子繁殖的第一代至第三代,大田用种是用原种繁殖的第一代至第三代,这样从育种家种子到生产用种子,最少繁殖 3 代,最多要繁殖 6 代,其种子生产程序虽然是分级繁殖,但没有限制世代。

重复繁殖程序既适用于自花授粉作物和常异花授粉作物常规品种的种子生产,也适用于杂交种亲本自交系和"三系"(雄性不育系、保持系和恢复系)种子的生产。

(二)循环选择程序

循环选择程序是指从某一品种的原种群体中或其他繁殖田中选择单株,通过"单株选择、分系比较、混系繁殖"生产原种,然后扩大繁殖生产用种,如此循环提纯生产原种(图 3-2)。这种方法实际上是一种改良混合选择法,主要用于自花授粉作物和常异花授粉作物常规品种的原种生产。根据比较过程长短的不同,该方法有三圃制和二圃制的区别。

1. 三圃制原种生产程序

三圃制原种生产程序如图 3-3 所示。

(1)第一年:单株(穗)选择。单株(穗)选择是原种生产的基础,选择符合原品种特征特性的单株(穗),是保持原品种种性的关键。选择单株(穗)在技术上应注意以下五个方面。

①选株(穗)的对象。必须是在生产品种的纯度较高的群体中选择。可以从原种圃、株系圃、原种繁殖的种子生产田,甚至是纯度较高的丰产田中进行选株(穗)。

②选株(穗)的标准。用作选株(穗)的材料必须是纯度较高、符合原品种典型性状的群体。选择者要

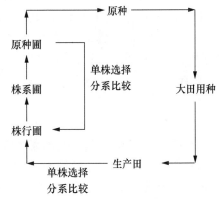

图 3-2　循环选择程序

熟悉原品种的典型性状,掌握准确统一的选择标准,不能注重选奇特株(穗)。选优重点放在田间选择,辅以室内考种。选择的重点性状有丰产性、株间一致性、抗病性、抗逆性、抽穗期、株高、成熟期以及便于区分品种的某些质量性状。

③选株(穗)的条件。要在均匀一致的条件下选择。不可在缺苗、断垄、地边、粪底等特殊的条件下选择,更不能在有病虫害检疫对象的田块中选择。

④选株(穗)的数量。根据下一年株(穗)行圃的面积及作物的种类而定。为了确保选择的群体不偏离原品种的典型性,选择数量要大。

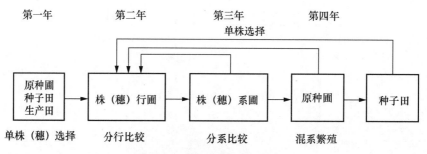

图 3-3   三圃制原种生产程序

资料来源:(谷茂,杜红,2009)。

⑤选株(穗)的时间与方法。田间选择在品种性状表现最明显的时期进行,如禾谷类作物可在幼苗期、抽穗期、成熟期进行。一般在抽穗期或开花期初选、标记;在成熟期根据后期性状复选,入选的典型、优良单株(穗)分别收获;室内再按株、穗、粒等性状进行决选,最后入选的单株(穗)分别脱粒、编号、保存,下一年进入株(穗)行比较鉴定。

(2)第二年:分行比较。

①种植。在隔离区内将上一年入选的单株(穗)按编号分别种成 1 行或数行,建立株(穗)行圃,进行株(穗)行比较鉴定。株(穗)行圃应选择土壤肥沃、旱涝保收、地势平坦、肥力均匀、隔离安全的田块,以便于进行正确的比较鉴定。试验采用间比法设计,每隔 9 个或 19 个株行种一对照,对照为本品种的原种。各株(穗)行的播种量、株行距及管理措施要均匀一致,密度要偏稀,采用优良的栽培管理技术,要设不少于 3 行的保护行。

②选择和收获。在作物生长发育的各关键时期,要对主要性状进行田间观察记载,以比较、鉴定每个株(穗)行的典型性和整齐度。收获前,综合各株(穗)行的全面表现进行决选,淘汰生长差、不整齐、不典型、有杂株等不符合要求的株(穗)行。入选的株(穗)行,在行内各株间表现典型、整齐、无杂劣株,而且各行之间在主要性状上也要表现一致。

收获时,先收被淘汰的株(穗)行,以免遗漏混杂在入选的株行中,清垄后,再将入选株(穗)行分别收获。经室内考种鉴定后,将决选株(穗)行分别脱粒、保存,下一年进入株(穗)系比较试验。

(3)第三年:分系比较。在隔离区内将上一年入选的株(穗)行种子各种一个小区,建立株(穗)系圃,对其典型性、丰产性和适应性等性状进行进一步的比较试验。试验仍采用间比法设计,每隔 4 个或 9 个小区设一对照区。对照为本品种的原种。田间管理、调查记载、室内考种、评选、决选等技术环节均与株(穗)行圃要求相同。入选的各系种子混合,下一年混合种于原种圃进行繁殖。

(4)第四年:混系繁殖。在隔离区内将上一年入选株系的混合种子扩大繁殖,建立原种圃。原种圃分别在苗期、抽穗或开花期、成熟期严格拔除杂劣株,收获的种子经种子检验,符合国家规定的原种质量标准则为原种。

原种圃要集中连片,隔离安全,土壤肥沃,采用先进的栽培管理措施,单粒稀播,以提高繁殖系数。同时要严格去杂去劣,在种、管、收、运、脱、晒等过程中严防机械混杂。

一般而言,株(穗)行圃、株(穗)系圃、原种圃的面积比例以 1:(50～100):(1 000～2 000)为宜,即 667 m² 株行(穗)圃可供 3.33～6.67 hm² 株(穗)系圃的种子,可供 66.7～133.4 hm² 原种圃的种子。

三圃制原种生产程序比较复杂,适用于混杂退化较重的品种。

2.二圃制原种生产程序

二圃制原种生产程序也是单株(穗)选择、株(穗)行比较、混系繁殖。其与三圃制几乎相同,只是少了一次株(穗)系比较,在株(穗)行圃就将入选的各株(穗)行种子混合,下一年种于原种圃进行繁殖。二圃制原种生产由于减少了一次繁殖,与三圃制相比,在生产同样数量原种的情况下,要增加单株选择的初选株(穗)与决选株(穗)的数量和株(穗)行圃的面积。二圃制原种生产程序适用于混杂退化较轻的品种。

采用循环选择程序生产原种时,要经过单株(穗)、株(穗)行、株(穗)系的多次循环选择,汰劣留优,这对防止和克服品种的混杂退化,保持生产用种的优良性状有一定的作用。但是该程序也存在一定的弊端:一是育种者的知识产权得不到很好的保护;二是种子生产周期长,赶不上品种更新换代的要求;三是种源不是育种家种子,起点不高;四是对品种典型性把握不准,品种易混杂退化。

随着我国种子产业的快速发展,农业生产对种子生产质量和效益等提出了越来越高的要求,迫切需要不断改革和完善种子生产体系,主要体现在对种子生产程序的改革和创新上。有关专家通过借鉴国外种子生产的先进经验,并结合我国市场经济发展的国情和种子生产实践,提出和发展了一些新的原种生产程序,其中有代表性的程序有四级种子生产程序(即育种家种子→原原种→原种→大田用种),株系循环程序(参见小麦原种生产技术),自交混繁程序等。

三、大田用种生产程序

获得原种后,由于原种数量有限,一般需要把原种再繁殖1~3代,以供生产使用,这个过程称为原种繁殖或大田用种生产。大田用种供大面积生产使用,用种量极大,需要专门的种子田生产,才能保证大田用种生产的数量和质量。

(一)种子田的选择

为了获得高产、优质的种子,种子田应具备下列条件:

(1)交通便利、隔离安全、地势平坦、土壤肥沃、排灌方便、旱涝保收。

(2)实行合理轮作倒茬,避免连作危害。

(3)病、虫、杂草危害较轻,无检疫性病、虫、草害。

(4)同一品种的种子田最好集中连片种植。

(二)种子田大田用种生产程序

原种繁殖的种子叫原种一代,原种一代繁殖的种子叫原种二代,原种二代繁殖的种子叫原种三代。原种只能繁殖1~3代,超过3代后,由其生产的大田用种的质量难以保证。

将各级原种场、良种场生产出来的原种,第一年放在种子田繁殖,从种子田选择典型单株(穗)混合脱粒,作为下一年种子田用种;其余植株(穗)经过严格去杂去劣后混合脱粒,作为下一年生产用种。原种繁殖1~3代后淘汰,重新用原种更新种子田用种。种子田大田用种生产程序见图3-4。

四、加速种子繁殖的方法

为了使优良品种尽快地在生产上发挥增产作用,必须加速种子的繁殖。加速种子繁殖的

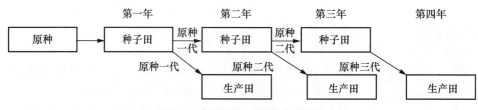

图 3-4　种子田大田用种生产程序

方法有多种,常用的有提高繁殖系数、一年多代繁殖和组织培养繁殖。

(一)提高繁殖系数

繁殖系数也称种子繁殖的倍数,它是指单位重量的种子经种植后,其所繁殖的种子数量相当于原来种子的倍数。例如,水稻播种量为 60 kg,收获的种子量为 9 000 kg,则繁殖系数为 150。

提高繁殖系数的主要途径是节约单位面积的播种量,可以采用以下措施。

1. 稀播繁殖

稀播繁殖也称稀播高繁,即充分发挥单株生产力,提高种子产量。这种方法一方面节约用种量,最大限度地发挥每一粒原种的生产力;另一方面通过提高单株产量,提高繁殖系数。

2. 剥蘖繁殖

以水稻为例,可以提早播种,利用稀播培育壮秧、促进分蘖,再经多次剥蘖插植大田,加强田间管理,促使早发分蘖,提高有效穗数,获得高繁殖系数。

3. 扦插繁殖

甘薯、马铃薯等根茎类无性繁殖作物,可采用多级育苗法增加采苗次数,也可用切块育苗法增加苗数,然后再采用多次切割、扦插繁殖的方法。例如,20 世纪 90 年代徐州农业科学研究所利用甘薯的根、茎、拐子,采取加速繁殖,使薯块个数的繁殖系数达到 2 861~3 974,种薯繁殖系数达到 1 025~1 849。

(二)一年多代繁殖

一年多代繁殖的主要方式是异地加代繁殖和异季加代繁殖。

1. 异地加代繁殖

利用我国幅员辽阔、地势复杂、气候差异较大的有利自然条件,进行异地加代,一年可繁殖多代。即选择光、热条件可以满足作物生长发育所需的某些地区,进行冬繁或夏繁加代。如我国常将水稻、玉米、大豆、高粱、棉花、谷子等春播作物(4 月至 9 月)收获后到海南、云南等地进行冬繁加代(10 月至翌年 4 月)的"北种南繁";将油菜等秋播作物收获后到青海等高海拔高寒地区进行夏繁加代的"南种北繁";将北方的春小麦 7 月收获后在云贵高原夏繁加代,10 月收获后再到海南岛冬繁加代,一年可以繁殖 3 代。

2. 异季加代繁殖

利用当地不同季节的光、热条件和某些设备,在当地进行异季加代。例如,南方的早稻"翻秋"(或称"倒种春")和晚稻"翻春"。福建、浙江、广东和广西等地将早稻品种经春种夏收后,当年再夏种秋收,一年种植两次,加快繁殖速度。利用温室或人工气候室,可以在当地进行异季加代。

(三)组织培养繁殖

组织培养技术是依据细胞遗传信息全能性的特点,在无菌条件下,将植物根、茎、叶、花、果实甚至细胞培养成一个完整的植株。目前,采用组织培养技术,可以对许多植物进行快速繁殖。例如,对甘蔗可以将其叶片剪成许多小块进行组织培养,待叶块长成幼苗后再栽到大田,从而大大提高繁殖系数。再如,对甘薯、马铃薯可以利用茎尖脱毒培养进行快繁。利用组织培养还可以获得胚状体,制成人工种子,使繁殖系数大大提高。

项目四　种子生产基地的建设与管理

一、种子生产基地建设的意义和任务

推广优良品种,是促进农业增产的一项最基本的措施。生产作物大田用种离不开种子生产基地。建设好种子生产基地,对于完成种子生产计划、保证种子的质量具有重要的意义。因此,种子生产基地建设是种子工作的最基本内容。

(一)种子生产基地建设的意义

种子生产是一项专业性强、技术环节严格的工作。在种子生产中,常常会因为土壤肥力水平、栽培条件或繁种、制种技术的差异而使得种子产量和质量出现很大差别,因此必须建立专业化和规模较大的种子生产基地生产种子。随着种子工程的实施,种子生产向集团化、产业化方向发展,新型的种子生产基地不断建立和完善,有力地促进了种子产业的发展。

建立种子生产基地,一是有利于种子质量的控制与管理,国家有关种子工作方针、政策和法规的贯彻与执行,净化种子市场,实现种子管理法制化,加速种子质量标准化的实现;二是有利于进行规模生产,发挥专业化生产的优势和作用,既可降低种子生产成本,又可避免种子生产多、乱、杂,也有利于按计划组织生产;三是有利于促进种子加工机械化的实施;四是有利于新品种的试验、示范和推广,促进新品种的开发与利用,形成育、繁、产、销一体化。

(二)种子生产基地建设的主要任务

1. 迅速繁殖新品种

新品种经审定通过后,其种子量一般很少,因此迅速地大量繁殖新品种,以满足生产上对优良品种的需要,保证优良品种的迅速推广,让育种家的研究成果迅速转化为生产力,尽早发挥新品种应有的经济效益,就成为十分迫切的任务。

2. 保持优良品种的种性和纯度,延长其使用年限

优良品种在大量繁殖和栽培过程中,由于机械混杂、生物学混杂等造成其纯度和种性降低。所以,要求种子生产基地要具备可靠的隔离条件,适宜品种特征特性充分表现的自然条件、栽培条件,以及繁种、制种技术和防杂保纯措施等条件,以确保优良品种及其亲本种子在多次繁殖生产中不发生混杂退化,保持其纯度和种性。

3. 为品种合理布局及有计划地进行品种更新和更换提供种子

在农业生产中,一个自然生态区只应推广1~2个主干品种,适当搭配2~3个其他品种。

依靠种子生产基地供种,可以打破行政区划的界限,按自然生态区统筹安排,实现品种的合理布局,有效地克服品种的多、乱、杂现象。

种子生产基地不仅每年要对品种的需求量做出预测,还要对品种的发展前景做出预测,并且逐区逐作物地研究品种的发展趋势,以保证农业生产不断发展的需求。此外,种子生产基地的技术力量比较集中和雄厚,生产水平较高,往往又是种子部门进行新品种试验示范的试点。因此,种子生产基地要及时掌握品种的发展动态,及时做好种子生产规划:一方面生产现有的品种;另一方面抓住时机,尽早、尽快地生产新品种,有计划地、分期分批地实现品种更新和更换。

二、建立种子生产基地的条件、程序和形式

(一)种子生产基地应具备的条件

种子生产基地要保持相对稳定,因此在建立基地之前,要对预选基地的各方面条件进行细致的调查研究和周密的思考,经过详细比较后择优建立。种子生产基地一般应具备以下条件。

1. 自然条件

(1)气候条件。品种的遗传特性及优良性状表现需要适宜的温度、湿度、降水、日照和无霜期等气候因素。不同作物及同一作物不同品种需要的上述气候条件不同。种子基地应能满足品种所要求的气候条件。

(2)地形、地势。有利的地形、地势可以达到安全隔离的效果。如山区,不仅可以采用时间隔离,还可以进行空间隔离和自然屏障隔离,几种隔离同时起作用,对防杂保纯及隔离区的设置极为有利。

(3)各种病虫害发生情况。基地的各种病虫害要轻,不能在重病地、病虫害经常发生地区以及有检疫性病虫害的地区建立基地。

(4)交通条件。基地的交通要方便,便于开展种子生产和种子运输。

2. 生产水平和经济条件

基地应该具有较好的生产条件和科学种田的基础,地力肥沃,排灌方便,生产水平较高。

(1)种子生产基地的技术力量要强,通过培训,主要劳动力都能熟练掌握种子生产的技术,并愿意接受技术指导和监督,能按生产技术规程操作。

(2)种子生产基地的劳动力充足,在种子生产关键期不会发生劳动力短缺,贻误时机。劳动者文化素质较高,容易形成当地自己的技术力量。

(3)种子生产基地经济条件要好,能及时购买地膜、农药、化肥、种子等生产资料,具备先进的机械作业条件。

(二)建立种子生产基地的程序

建立种子生产基地,通常要做好以下几方面的工作。

1. 做好论证

建立种子生产基地之前首先要进行调查研究,对基地的自然条件和社会经济条件进行详细的调查和考察,在此基础上编写建立种子生产基地的设计任务书。设计任务书的主要内容包括基地建设的目的与意义,现有条件(自然条件和社会经济条件)分析,主要建设内容(基地规模、水利设施、收购、加工、贮藏设施及技术培训等),预期达到的目标,实施方案,投资额度,

社会经济效益分析等,并组织有关专家进行论证。

2. 详细规划

在充分论证的基础上,搞好种子生产基地建设的详细规划。根据良种推广计划和种子公司对种子的收购量及基地自留量,来确定基地的规模和生产作物品种的类型、面积、产量以及种子生产技术规程等。为了保证大田用种需要,在计划种子生产基地面积时,要留有余地。也可以建立一部分计划外基地,与基地订好合同,同基地互惠互利,共担风险。

3. 组织实施

制订出基地建设实施方案,并组织有关部门具体实施。各部门要分工协作,具体负责基地建设的各项工作,使基地保质、保量、按期完成并交付使用。

(三)种子生产基地的形式

1. 自有种子生产基地

这类基地包括种子企业通过国家划拨、购买而拥有土地自主使用权的,或通过长期租赁形式获得土地使用权的种子生产用地,以及国有农场、高等农业院校及科研单位的试验基地或教学实验基地等。这类基地的经营管理体制较完善,技术力量雄厚而集中,设备、设施齐全,适合生产原种、杂交种的亲本及某些较珍贵的新品种。尤其是高等农业院校及科研单位,其本身是农作物育种单位,其试验基地或教学实验基地又是原种生产的主要基地,在整个种子生产中发挥着重要作用。

2. 特约种子生产基地

这类基地主要是指种子生产企业根据企业自身的种子生产计划,选择符合种子生产要求的地区,通过协商,与当地组织或农民采取合同约定的形式把农民承包经营的土地用于种子生产,使之成为种子企业的种子生产基地。特约种子生产基地是我国目前以及今后相当长一段时期内种子生产基地的主要形式。这类基地不受地域限制,可充分利用我国农村自然条件、地形地势各具特色的优势,而且我国农村劳动力充裕,承担种子生产任务的潜力很大,适合量大的商品种子的生产。但是,这类基地的设施条件较差,管理难度较大。种子企业可以根据种子生产的要求、生产成本及生产地区农民技术水平等因素,选择本地或异地建立特约种子生产基地。

三、种子生产基地的经营管理

当前种子生产基地正朝着集团化、规模化、专业化和社会化的方向发展,搞好种子生产基地的经营管理,有利于种子生产的可持续发展。种子生产基地的经营管理包括基地的计划管理、技术管理和质量管理。

(一)种子生产基地的计划管理

1. 以市场为导向,按需生产,提高种子的商品率

农作物种子是具有生命的商品,是特殊的农业生产资料,其质量好坏直接影响下一年的作物产量,进而影响农民利益。农作物种子的生产、销售具有明显的季节性,它的使用寿命也有一定的年限,农业生产上对同一作物不同品种的需求量也不断发生变化。所以,种子生产计划的准确性直接影响种子的生产规模和经营状况。为了提高基地生产种子的商品率,提高经济效益,必须进行深入细致的调查研究,加强市场预测,了解农业生产的发展和对品种类型的需

求情况、种子的产销动向、各种作物的育种动态和进展。了解的情况越全面,种子生产计划就越准确,种子的产、销越主动。在制订种子生产计划时,必须具有以下四种意识。

(1)市场意识。种子是计划性很强的特殊商品,必须切实加强对种子市场的调查,根据种子市场的变化趋势安排种子生产,做到产销对路,以销定产。有条件的可签订预约供种合同,把种子销售计划落到实处。一般种子生产计划要大于种子需求量的10%左右,以确保有计划地组织供种和应付预约供种以外的用种需求。

(2)质量意识。质量是商品生产的生命线,种子生产更要突出质量。种子的质量高,作物的产量和品质才能提高,才能带来较高的经济效益和社会效益,才能使种子生产者、经营者和使用者三方的利益得到保证。所以,从事种子生产必须有高度的责任感和事业心,按照国家规定的有关标准严把质量关,严格执行种子检验、检疫制度,为农民提供高质量的种子。

(3)竞争意识。竞争是商品生产的特点之一。制订的种子生产计划周到,生产的种子质量好,品种对路,经营有方,才会在种业竞争中取胜。

(4)效益意识。哪个基地的产量高、质量好,就重点在哪个基地生产,并且可以打破行政区域的界限,在更大的地域范围内组织生产,充分发挥自然条件和高产技术的优势,力争创造最大的经济效益。

2. 推行合同制,预约生产、收购和供种

为了将种子按需生产建立在牢固的基础上,保护种子供、销、用三方的合法权益,协调产、供、销、用之间的关系,提高区域生产经济效益,应积极推行预购、预销合同制。种子公司同生产基地和用种单位签订预购、预销合同,实行预约生产、预约收购和预约供种。

(1)预约生产。为了保证基地生产种子的数量和质量,种子公司与生产者应签订以经济业务为主要内容的预约生产合同。

(2)预约收购。种子生产计划在实施过程中,常因某些计划外因素的干扰而受到影响。因此,收购计划要根据实际情况做出相应的调整。为稳妥起见,播种或栽植后,应根据实际播种或栽植面积核实收购计划;生产中、后期落实收购田块;收获前落实收购数量。

(3)预约供种。种子营销部门可以通过在种子生产基地召开品种现场观摩会、新闻发布会、品种展示会,或利用其他形式广泛宣传所生产的优良品种的增产实例,使用户耳闻目睹其增产效果,从而促进预购工作;还可对预购种子的用户采取优惠政策,用经济手段促进预购工作的开展。

在种子公司间、单位间也要积极推行合同制,避免或减少种子购、销中的经济纠纷,减少不必要的经济损失。

(二)种子生产基地的技术管理

种子生产的技术性很强,任何一个环节的疏忽都可能造成种子质量下降甚至生产失败。所以,种子生产基地一定要加强技术管理,使制种工作保质保量完成。

1. 建立健全种子生产技术操作规程,作为基地技术管理的行为标准

不同作物、同一作物的不同品种需要不同的管理技术,而且同一作物的原种、大田用种、亲本种子、杂交种子的管理要求也有所不同,在隔离区设置、去杂去雄时间、技术管理、质量标准等方面各不相同。所以,种子基地应根据上述标准,结合作物种类、种子类别及品种特性,制定出各品种具体的种子生产技术操作规程,以便于分类指导、具体实施。技术操作规程应对各项技术提出具体指标和具体措施,以规范各环节的操作,这也是种子质量监督部门进行监督检查

的依据。

2. 建立健全技术岗位责任制，实行严格的奖惩制度

种子生产技术比较复杂，特别是杂交种的亲本繁殖和制种技术环节多，每一个环节都必须由专人负责把关，才能保证种子生产的数量和质量。因此，必须建立健全技术岗位责任制，明确规定每个单位或个人在种子生产中的任务、应承担的责任及享有的权利，以调动基地干部和技术人员的积极性，增强其责任感，保证种子生产的数量和质量，提高经济效益。

岗位责任制的内容有质量、产量、技术、奖惩等责任。质量责任即明确规定生产种子的质量应达到的等级标准；产量责任是根据正常年份规定一个产量基数和幅度；技术责任指在种子生产各阶段应采取的技术管理措施及应达到的标准；奖惩责任则是根据完成任务的情况给予奖惩。通过建立岗位责任制，把基地人员的责、权、利结合在一起，促使其坚守岗位，尽职尽责，钻研业务，认真落实各项技术措施，对提高种子的产量和质量起到促进作用。

3. 建立健全技术培训制度，提高种子生产者的技术水平

要保证种子产量和质量的提高，必须组建一支稳定的专业技术队伍，使他们精通种子生产技术，并不断提高他们的技术水平和业务素质。可利用农闲季节进行系统的培训，在生产季节则采取现场指导的方式培训。对技术骨干的培训，可采用边干边学，必要时进行短期培训的方式。

种子生产培训包括对技术员的培训和对种子生产者（农民）的培训。对技术员的培训一般由从事种子生产的专家，通过开办种子生产技术培训班和研讨会等形式来系统培训种子生产专业知识。对种子生产者（农民）的技术培训一般是指种子生产技术员在种子生产基地对农民进行的培训和指导，采用技术讲座、建立示范田或田间地头的现场指导来提高他们的技术水平。

(三)种子生产基地的质量管理

种子生产基地的质量管理就是按照农业生产对种子质量的要求，组织生产出质量符合规定标准的优质种子。种子质量不仅关系到农业生产的安全，也关系到企业的信誉和发展。所以，一方面，种子企业内部要建立健全种子质量管理体系与质量保证体系，强化种子质量管理；另一方面，种子管理部门要加强对种子生产基地的质量监督和服务。

1. 积极推行种子专业化、规模化生产

种子专业化生产有利于保证种子的产量和质量。这是因为：第一，专业化、规模化生产促使种子生产田集中连片，容易发挥地形地势的优势，隔离安全；第二，由于有专业技术队伍多年的生产实践经验，生产技术水平高，工作能力强，能发挥基地的人才优势；第三，先进的高产、保纯措施容易推广，能发挥基地的技术优势；第四，种子产量的高低及质量的优劣直接关系到种子生产者的切身利益。因此，专业种子生产者的责任心强，易于接受技术指导，能够认真执行种子生产的技术操作规程和保证种子质量的规章制度。所以，种子基地为了抓好质量管理，应当重视和积极推行种子专业化、规模化生产。

2. 严把质量关，规范作业

种子质量是种子生产工作的综合表现。种子公司的管理水平、技术力量、技术装备状况等都可以通过种子质量反映出来。在种子市场上，行业的竞争、技术的竞争、种子的竞争，集中表现在种子质量的竞争上。所以，在种子生产过程中，要严格执行种子生产的各项技术操作规程，做好防杂保纯和去杂去劣工作。对特约种子生产基地的农户和单位，不仅要求严格执行各项技术操作规程,而且要及时进行技术指导,做到责任具体落实到个人。此外,在种子收购时,根据田间纯度检验结果和种子质量采取奖惩措施。对种子质量低劣,达不到大田用种等级的,不得收购其种子,也不准其自行销售种子。

3. **加强基地基本建设,严格进行种子检验与加工**

加强基地基本建设是实行种子产业化的基础。基本建设包括兴修水利,改良土壤,改善生产条件,修建种子仓库、晒场,购置种子加工、检验设备仪器等。

种子检验是种子质量控制的重要手段。切实做好种子的田间检验和室内检验,可促进基地种子质量的提高。进行种子精选加工,是提高种子质量、实现种子质量标准化的重要措施之一。实践证明,经过精选加工的种子,籽粒均匀,千粒重、发芽率、净度都明显提高,播种品质好,用种量少。

【模块小结】

本模块共设置 4 个项目,学生学习后能根据"不同作物的繁殖、授粉方式不同,导致后代群体遗传特点不同"的基础知识,对不同作物采取相应的育种途径,掌握不同作物的种子生产特点;掌握造成不同作物混杂退化的原因及其防止方法;明确我国种子分类级别的划分,掌握建立种子生产基地应具备的条件、程序和形式,进一步做好种子生产基地的计划管理、技术管理和质量管理。

【模块技能】

▶▶ 技能一　主要作物优良品种识别 ◀◀

一、技能目的

使学生掌握识别品种的方法,初步了解当地主要优良品种的特征,为今后做好原种生产和良种繁育工作打下基础。

二、技能材料及用具

当地水稻、大豆、小麦、玉米等作物品种的植株,米尺、天平等。

三、技能方法与步骤

以每 4 个学生为一组,在主要作物品种的开花期和成熟期,对每种作物选取当地的推广品种 2～3 个,每品种取 10 株,按下述内容逐项观察记载,以掌握各品种的主要形态特征及其相互的主要区别。

(一)大豆品种识别

(1)株高。从子叶痕到主茎顶端生长点的高度,测量 10 株平均,以"cm"表示。

(2)结荚高度。从子叶节量至最低结荚的高度,测量 10 株平均,以"cm"表示。

(3)结荚习性。分以下三种。

有限结荚习性:主茎顶端有一大串豆荚;

无限结荚习性:主茎顶端只有1～2个豆荚;

亚有限结荚习性:主茎顶端豆荚数介于上述两种之间。

(4)茸毛色。分灰、棕色两种。

(5)分枝数。即主茎有效分枝数。有效分枝指分枝上有2个或2个以上的节结荚。

(6)主茎节数。从子叶痕上一节开始到植株顶端的节数。

(7)一株荚数。即全株有效荚数,秕荚不计算在内。

(8)一株粒数。一株所结的粒数。

(9)每荚粒数。一株粒数除以一株荚数。

(10)三粒荚数。一株所结的三粒荚荚数。

(11)四粒荚数。一株所结的四粒荚荚数。

[上述(5)～(11)项都以10株统计后求其平均值]

(12)荚熟色。分淡褐、褐、暗褐、黑四种。

(13)粒色。分白黄、黄、深黄、绿、褐、黑、双色。

(14)粒形。分圆、椭圆、扁圆三种。

(15)种皮光泽。分有、无、微三种。

(16)脐色。分白黄、黄、淡褐、褐、深褐、蓝、黑。

(17)子叶色。分黄、绿两种。

(18)百粒重。取100粒完全粒种子称量。重复两次求平均值,以"g"为单位。

附:大豆品种性状观察记载表(表3-2)。

表3-2 大豆品种性状观察记载表

品种	株高/cm	结荚高度/cm	结荚习性	茸毛色	分枝数	主茎节数	一株荚数	其中		一株粒数	每荚粒数	荚熟色	粒色	粒形	种皮光泽	脐色	子叶色	百粒重/g	备考
								三粒荚数	四粒荚数										

(二)水稻品种识别

(1)株高。由茎基部到穗顶(不包括芒)的长度,以"cm"为单位,测量10株平均。

(2)穗形。根据穗形弯曲直生分为五种类型。

①直生形,穗轴直生不成弧形;

②垂头形,近穗端弯;

③弧形,全穗斜弯;

④半圆形,由穗基部起弯成半圆;

⑤弯形,近穗基部弯下。

(3)穗长。从穗茎基节量至穗顶(不包括芒),测量10株主穗平均,以"cm"为单位。

(4)穗颈长度。指主穗剑叶的叶枕与穗茎基节之间的长度,分三级:

①穗颈长度在8.5 cm以上的为长;

②穗颈长度在2.5 cm以下的为短;

③介于两者之间的为中。

(5)芒的长短。分五级:

①无芒,主穗中有芒数在10%以下;

②顶芒,芒长在10 mm以下;

③短芒,芒长在11～30 mm;

④中芒,芒长在31～60 mm;

⑤长芒,芒长在60 mm以上。

(6)秆尖色泽。通常分为紫色和无色。

(7)谷粒形状。分为四种类型:

①阔卵形,内外颖凸;

②短圆形,内外颖甚凸;

③椭圆形,内外颖微凸;

④细长形,谷粒细且长。

(8)千粒重。随机取晒干的稻粒,每千粒称重(g),重复两次。如两次的结果相差不超过0.5 g,则以其平均值表示;如相差过大,宜再取样,重新称重计算。

(9)米色。分乳白、琥珀、红、黑等。

(10)米质。按米粒的透明度和腹白大小分五级:

①1级,米粒全透明;

②2级,腹白小于1/3;

③3级,腹白在1/3～2/3;

④4级,腹白大于2/3;

⑤5级,米粒全白。

附:水稻品种性状观察记载表(表3-3)。

表3-3　水稻品种性状观察记载表

品种	株高/cm	穗长/cm	穗颈长度	芒的长短	秆尖色泽	穗形	谷粒形状	千粒重/g	米色	米质	备考

(三)玉米杂交种及其亲本自交系的果穗识别

(1)穗长。测量10个果穗长度(包括秃尖),求其平均值,以"cm"为单位。

(2)穗粗。测量10个果穗中部直径,求其平均值,以"cm"为单位。

(3)秃尖长度。测量10个果穗顶部无籽粒部分的长度,求其平均值,以"cm"为单位。

(4)穗形。分长圆柱形、长圆锥形、短圆锥形等。

(5)籽粒行数。数10个果穗,求其平均值。

(6)籽粒类型。分硬粒、半硬粒、半马齿形、马齿形四种。

（7）籽粒色泽。分白、黄、橙黄、红紫等。

（8）穗轴色。分白、红两种,但红色又有深、浅的区别。

（9）百粒重。取百粒种子称重,重复两次,求其平均值,以"g"为单位。

附:玉米杂交种及其亲本自交系果穗性状观察记载表(表3-4)。

表3-4　玉米杂交种及其亲本自交系果穗性状观察记载表

品种	穗长/cm	穗粗/cm	秃尖长度/cm	穗形	籽粒行数	籽粒类型	籽粒色泽	穗轴色	百粒重/g	备考

四、技能要求

要求每个学生将各主要作物品种的主要形态特征的观察结果记载在有关表格内,并用文字描述其主要特征及其相互的主要区别。

▶ 技能二　种子生产计划的制订 ◀

一、技能目的

通过参加或了解某种子公司种子生产的准备工作,使学生初步掌握制订种子生产计划的内容和方法,为将来指导种子生产奠定基础。

二、技能训练说明

在进行种子生产时,首先必须制订出具体的生产计划,才能使本年度的工作有条不紊地进行,也便于进行工作检查与经验总结。种子生产计划是种子营销计划的一部分,生产部门根据营销部门对作物品种结构、数量、质量的预测和要求,结合公司技术力量及基地、人员、设备等情况,在参与制订营销计划的同时也基本完成种子生产计划的制订。

三、技能方法与步骤

1. 种子市场调查

通过种子市场调查,了解种子的供求状况、农民需求、竞争对手。

2. 种子生产计划的内容

（1）种子生产任务。包括作物种类、品种名称及类型,生产种子数量。

（2）种子生产目标。包括生产出符合营销计划要求和达到质量标准的大田用种、原种及亲本种子,以及供试种、示范用的种子,编制好各类种子的生产计划表及生产费用支出定额。

（3）种子生产基地的选择与建设。包括基地的面积、布点及其组织形式。

（4）种子生产技术操作步骤。

（5）种子生产的种源和收购。

（6）种子质量检验与控制。

（7）种子生产的人员安排及组织、管理措施。

（8）种子生产进度安排。

3．制订生产计划

根据市场调查结果，参考营销和财务等部门的意见，制订出符合企业营销计划的种子生产计划。

4．种子生产计划的实施

编制计划只是计划的开始，大量的工作将是计划的执行和监督实施，以及时发现问题、采取措施解决，如期完成既定的任务，达到预期目的。

四、技能要求

学生根据所参加和了解的种子生产情况，设计出某一作物品种的年度种子生产计划。根据计划的内容、格式等环节评分。

【模块巩固】

1．简述种子生产基地建设的主要任务。

2．在种子生产过程中，怎样防止品种发生机械混杂？

3．在不同作物的种子生产中，防止品种混杂退化的措施是否相同？为什么？

4．简述三圃制生产原种的程序与方法。原种生产中怎样做好单株选择？

5．加速种子繁殖的方法有哪些？如何提高种子的繁殖系数？

6．种子生产基地的计划管理、技术管理和质量管理各包括哪些内容？

模块四
农作物种子生产技术

【知识目标】

了解水稻、大豆、小麦常规品种的原种和大田用种生产的途径、方法,掌握玉米杂交种的人工去雄制种技术规程及方法,掌握马铃薯脱毒种薯生产技术。

【能力目标】

掌握水稻、大豆、小麦、玉米、马铃薯等作物的种子田去杂去劣技术;掌握玉米自交系原种生产技术及自交系保纯繁殖技术方法和要点;掌握玉米杂交制种田母本去雄及辅助授粉方法和技术;掌握马铃薯组织培养脱毒技术。

项目一　大豆种子生产技术

一、大豆原种生产技术

大豆的原种生产根据《大豆原种生产技术操作规程》(GB/T 17318—2011)规定,可采用三圃制或二圃制,或用育种家种子直接繁殖。

(一)三圃制

1. 单株选择

(1)单株来源。单株选择可在株行圃、株系圃或原种圃中进行,若无株行圃或原种圃,可建立单株选择圃,或在纯度较高的种子田中进行。

(2)选择时期和标准。根据品种的特征特性,在典型性状表现最明显的时期进行单株选择,选择的两个关键时期为花期和成熟期。根据本品种特征特性,选择性状典型、生长健壮、丰

世界大豆
生产现状

产性好的单株。在花期,根据花色、叶形、病害情况选择单株,并给予标记;在成熟期,根据株高、成熟度、茸毛色、结荚习性、株型、荚型、荚熟色,从花期入选标记的单株中复选。选择时要避开地头、地边和缺苗断垄处。

(3)选择数量。选择单株的数量应根据下一年株行圃的面积而定。一般每公顷株行圃需决选单株 6 000～7 500 株。田间初选的单株数量应比决选出的数量增加 1 倍。入选单株连根拔起,并分别标记,注明品种名称、日期,风干后进行考种。

(4)考种决选。将风干后的入选植株进行室内考种。首先,根据植株的全株荚数、粒数,选择性状典型、丰产性好的单株,分别单独脱粒;然后,根据籽粒大小、整齐度、光泽度、粒形、粒色、脐色、百粒重和感病情况等进行决选。决选的单株在剔除个别病虫粒后分别装袋、编号、保存。

2. 建立株行圃

(1)田间设计。各株行的长度应一致,行长 5～10 m,每隔 19 行或 49 行设一对照行,对照应用同品种原种。

(2)播种。将上一年决选保存的各单株种子适时播种,每株一行,顺序排列,密度应较大田稍稀,单粒点播或稀条播。

(3)田间鉴评。田间鉴评分三期进行。在苗期,根据幼苗长相、幼茎颜色等初选;在花期,根据叶形、花色、叶色、茸毛色和感病性等进行复选;在成熟期,根据株高、成熟度、株型、结荚习性、茸毛色、荚型、荚熟色来鉴定品种的典型性和株行的整齐度。通过鉴评,要淘汰不具备原品种典型性的、有杂株的、丰产性低的和病虫害重的株行,并做明显标记和记载。对入选株行中的个别病劣株,要及时拔除。

(4)收获。收获前首先清除淘汰株行,对入选株行要按行分别混收,一个株行捆成一捆,每捆拴两个标签,分别晾晒。

(5)决选。在室内要根据各株行籽粒颜色、脐色、粒形、籽粒大小、整齐度、病粒轻重和光泽度等进行考种决选,淘汰籽粒性状不典型、不整齐、病虫粒重的株行,决选株行种子单独装袋,放、拴好标签,妥善保管。若采用二圃制,入选株行的种子可混合装袋保存。

3. 建立株系圃

(1)田间设计。株系圃面积因上一年株行圃入选行种子量而定。各株系行数和行长应一致,每隔 9 小区或 19 小区设一对照区,对照应用同品种的原种。

(2)播种。将上年保存的每一株行种子种一小区,单粒点播或二、三粒穴播留一苗,密度应较大田稍稀。

(3)田间鉴评。田间鉴评同株行圃,但要求更严格,淘汰不典型、不整齐、有杂株及不如对照的小区,同时要注意各株系间的一致性,并分小区测产。

(4)收获。先将淘汰区清除,后对入选区分别单收、单晾晒、单脱粒、单装袋、单称重,袋内外放、拴好标签。

(5)室内决选。室内考种决选标准同株行圃,决选时还要将产量显著低于对照的株系淘汰。入选株系的种子全部混合装袋,袋内外放、拴好标签,妥善保存。

4. 建立原种圃

(1)播种。将上年株系圃决选保存的种子适度稀植于原种田中进行混系繁殖,播种时要将播种工具清理干净,严防机械混杂。

(2)去杂去劣。在苗期、花期和成熟期,要根据品种典型性严格拔除杂株、病株、劣株。

(3)收获。成熟时及时收获,要单收、单运、单脱粒、专场晾晒,严防混杂。从原种圃收获的种子即原种。

(二)二圃制

二圃制即把株行圃中当选株行种子混合保存,进入原种圃混系繁殖生产原种。二圃制简单易行,节省时间,对于种源纯度较高的品种,可以采取二圃制生产原种。

二、大豆大田用种生产技术

上述方法生产出的大豆原种,一般数量都有限,不能直接满足大田用种需要,必须进一步扩大繁殖,生产大豆大田用种。通常可采用一级种子田进行大田用种的生产,具体操作步骤如下。

1. 种子田的选择和面积

(1)种子田的选择。种子田要选择地块平坦、交通便利、土地肥沃、排灌方便的地块,确保种子质量。

(2)种子田的面积。种子田的面积是由大田播种面积、播种量和种子田预计单产3个因素决定的。

2. 种子田的栽培管理

(1)种子准备。准备扩繁的原种或上一年生产的原种。

(2)严把播种关。适时播种、适当稀植。

(3)加强田间管理。精细管理,使大豆生长发育良好,提高繁殖系数。

(4)严格去杂去劣。在苗期、花期、成熟期严格去杂去劣,确保种子纯度。

(5)严把收获脱粒关。适期收获,单独收、打、晒、藏,严防机械混杂。

(6)安全贮藏。当种子达到标准水分时,挂好标签,及时入库。

项目二　小麦种子生产技术

小麦(普通小麦)是我国主要的粮食作物之一,其种植面积和总产量仅次于水稻而居第二位,在主要农作物中,小麦种子需求量非常大。种子质量对小麦产量和品质均起着十分重要的作用。

一、小麦原种生产技术

我国《小麦原种生产技术操作规程》(GB/T 17317—2011)规定了小麦原种生产采用三圃制、二圃制、用育种家种子直接生产原种以及株系循环法生产原种。如果一个品种在生产上利用的时间较长,品种的各种优良性状存在不同程度的变异,或退化或机械混杂较重,而且又没有新品种代替,可用三年三圃制的方法生产原种。如果一个品种在生产上种植的时间较短,混杂不严重时,或新品种开始投入生产,性状尚有分离,需要提纯,可采用两年二圃制生产原种。对遗传性稳定的推广品种和经审定通过的新品种,可采用育种家种子直接生产原种。在实际工作中,可以根据原始种子的来源、种子纯度和具体生产条件灵活选用。

(一)三圃制

三圃制是我国小麦原种生产的基本方法,三圃是指株行圃、株系圃和原种圃。三圃制原种生产需要 4 年完成,经过单株(穗)选择、株(穗)行鉴定、株(穗)系鉴定和混系繁殖 4 个环节。

1. 单株(穗)选择

(1)材料来源。材料来源于本地或外地的原种圃、决选的株(穗)系圃、种子田。也可在专门设置的选择圃进行稀条播种植,以供选择。

(2)选择方法。根据品种的特征特性,在典型性状表现最明显的时期进行单株(穗)选择。选择的重点是生育期、株型、穗型、抗逆性等主要农艺性状,以及是否具备原品种的典型性和丰产性。田间选择重点分两个时期进行:一是抽穗到灌浆期,根据株型、株高、抗病性和抽穗期等进行初选,做好标记;二是成熟期,对初选单株再根据穗部性状、抗病性、抗逆性和成熟期等进行复选。如采用穗选,则在成熟期根据上述综合性状进行一次选择即可。

(3)选择数量。选择单株(穗)的数量应根据下一年株行圃的面积或原种需求的数量而定。冬麦区一般每公顷需种植 4 500 个决选的单株或者 15 000 个单穗,春麦区的选择数量可适当增加。田间初选株(穗)的数量应考虑到复选、决选和其他损失而适当偏多,以便留有余地。

(4)选株(穗)收获。将入选单株连根拔起,每 10 株扎成一捆;如果是穗选,从穗下 15~20 cm 处剪下,每 50 穗扎成一捆。每捆系上 2 个标签,注明品种名称。

(5)室内决选。田间入选的单株(穗)风干后再进行室内考种决选,重点考察穗型、芒型、护颖颜色和形状、粒型、粒色、粒质等项目,选留各性状均与原品种相符的典型单株(穗),分别脱粒、编号、装袋保存。

2. 株(穗)行鉴定

(1)田间种植方法。将上年当选并保存的单株(穗)种子按统一编号种植成株行小区,即株行圃。株行圃一般采用顺序排列、单粒点播或稀条播的方法。行长 1~2 m,行距 20~30 cm,株距 3~5 cm 或 5~10 cm,区间及四周留 50~60 cm 田间走道,以便观察鉴定。每个单株的种子播 2~4 行,每隔 9 或 19 个株行区设一对照区。株行圃四周设置保护区或 25 m 以上的隔离区,以防天然杂交。对照区和保护区均种植同一品种的原种。严格按播前绘制的田间种植图插牌标记、按图种植,严防错乱。

(2)田间鉴定选择。在整个生育期间,要固定专人、按规定的标准统一做好田间观察鉴定和选择工作。株(穗)行鉴定选择可分幼苗期、抽穗期和成熟期 3 次分别与对照进行比较、鉴定选择,并做好标记(表 4-1)。对不同时期发生的病虫害、倒伏等要注明程度和原因。

表 4-1　小麦株(穗)行鉴定时期和依据性状

鉴定时期	依据性状
幼苗期	幼苗生长习性、叶色、生长势、抗逆性、耐寒性等
抽穗期	株型、叶型、抗逆性、抽穗期、各株行的典型性和一致性等
成熟期	株高、穗部性状、芒长、整齐度、抗病性、抗倒伏性、落黄性和成熟期等

资料来源:(孙桂琴,2022)。

（3）田间收获。收获前综合评价，选择符合原品种典型性并整齐一致的株（穗）行，分别收获、打捆、挂牌，标明株（穗）行号。

（4）室内决选。当选株（穗）行风干后，按株（穗）行分别进行考种决选，进一步考察粒型、粒色、籽粒饱满度和粒质，决选符合原品种的典型优良株（穗）行，分别脱粒、分别装袋保存，严防机械混杂。

3. 株（穗）系鉴定

（1）田间种植方法。将上年当选保存的株（穗）行种子，按株（穗）行分别种植，建立株（穗）系圃。每个株（穗）行的种子播成一个小区，所有小区规格完全一致、地力均匀、管理一致，小区长宽比例以 1:（3～5）为宜，行距 20～25 cm。面积和行数依种子量而定，播种方法采用等播量、等行距稀条播，每隔 9 个小区设置一对照小区。其他要求同株（穗）行圃。

（2）田间鉴定选择。田间管理、观察记载、收获与株（穗）行圃相同，但应从严掌握。典型性状符合要求的株（穗）系，杂株率不超过 0.1% 时，拔除杂株后可以入选。

（3）收获决选。当选的株系小区严格去杂去劣后分区混收并分别取样考种，考察项目同株（穗）行圃，选留的小区分别脱粒计产，淘汰产量低于邻近对照小区产量的株（穗）系，最后将决选株（穗）系种子全部混合保存。

4. 混系繁殖

将上年保存的混系种子稀条播于原种圃进行扩繁。一般行距 20～25 cm，播种量 60～75 kg/hm²，以提高繁殖系数。在抽穗至成熟期间，进行 2～3 次田间去杂去劣工作，严格拔除杂株、劣株和病株，并带出原种圃外安全处理。同时，严防生物学混杂和机械混杂。原种圃当年收获的种子经检验合格即原种。

（二）二圃制

由于三圃制生产原种周期长、生产成本高，又因小麦是典型的自花授粉作物，发生生物学混杂的机会较小，目前大多数种子生产单位采用二圃制生产小麦原种。和三圃制相比，该法减少了株（穗）系圃，故称其为二圃制。该法是把株（穗）行圃中当选的株（穗）行严格去杂去劣后分别收获，经考种决选后混合脱粒保存，即可进入原种圃扩繁生产原种。该法比三圃制简单易行，省工省时，可提早一年生产出原种，但提纯效果不及三圃制。通常对于混杂较轻的品种，可以采取二圃制生产原种。

（三）株系循环法

株系循环法又称设置保种圃法，该法是由南京农业大学的陆作楣教授针对三圃制存在的问题而提出的。该法的核心工作是建立保种圃之后可以一直保持原种的质量，并且不需要年年大量选单株和考种。具体步骤如下。

1. 单株选择

以育种单位提供的原种作为单株选择的基础材料，建立单株选择圃。单株选择的方法与三圃制相同。选择单株的数量应根据保种圃的面积、株行鉴定淘汰比率和保种圃中每个系的种植数量来确定。一般每个品种的决选株数应不少于 150 株，初选株数应相当于所需株数的 2 倍左右。

2. 株行鉴定

株行鉴定的田间种植方法及观察鉴定与三圃制相同，经过田间多次观察鉴定，选择符合品种典型性、整齐一致的株行。一般淘汰 20%,保留约 120 个株行。在每个当选的株行中,再分别选择 5~10 个优良典型单株混合脱粒,这样得到的群体比原来的株行大,比三圃制的株系小,所以也称为大株行或小株系。各系分别收获、编号、装袋保存,作为保种圃用种。

3. 分系种植,建立保种圃

将上年保存的各小株系种子按编号分别种植,建立保种圃。根据保种圃的面积确定每个系的种植株数。在生育期间进行多次观察记载,淘汰典型性不符合要求或有杂株的系,入选系进行严格的去杂去劣。继续从每个保留的系中选择 5~10 个优良典型株混合脱粒,作为下一年保种圃用种;其余植株混收混脱得到的种子称为核心种子,作为下一年基础种子田用种。保种圃建成后,即可每年从中得到各小株系种子和核心种子,不需要再进行大量单株选择和室内考种。

4. 建立基础种子田

将上年的核心种子进行扩大繁殖,即基础种子田。基础种子田应安排在保种圃的周围,确保保种圃的绝对安全,四周种植同一品种的原种生产田,以保护基础种子田,避免发生生物学混杂。为了提高繁殖系数,基础种子田应选生产条件较好的地块集中种植,采用高产栽培措施。在整个生育期间,多次进行去杂去劣。成熟后所收获的种子即基础种子,作为下年原种圃用种。

5. 建立原种生产田

将基础种子在隔离条件下集中连片种植,即原种生产田,生产原种。为扩大繁殖系数,原种生产田也应选择生产条件较好的地块,采用高产栽培措施。在生育期间进行严格的去杂去劣,成熟后混合收获脱粒的种子,经检验合格即原种。

二、小麦大田用种生产技术

上述方法生产出的原种,一般数量都很有限,远远满足不了大田生产对于种子的需要,因而还需要在原种基础上,进一步扩大繁殖后再作为大田用种,即大田用种的生产。生产大田用种的地块又称为种子田。因小麦的繁殖系数较低而用种量较大,小麦大田用种的生产通常采用二级制种子田。

1. 种子田的选择和面积

(1)种子田的选择。种子田要选择土壤肥沃、地力均匀、排灌方便的地块,以保证种子的质量和产量。同一品种的种子田要集中连片,相邻的大田最好种植同一品种,忌施麦秸肥,避免造成混杂。

(2)种子田的面积。种子田的面积应根据原种数量或下一年用种量确定。如原种数量有限,就根据原种数量和播种量确定种子田面积;如原种数量充足,就依据大田用种量计算。

为了确保生产计划的完成,种子田的实际面积应留有一定的余地,一般应在理论计算的基础上增加 7%~10%。

2. 种子田的栽培管理

(1)种子准备。播种前,必须由专人负责,对种子进行晒种、选种、药剂拌种或包衣。必要时进行发芽试验,确定适宜的播种量,以免出现缺苗断垄现象。严禁播种带有检疫性病虫害和杂草的种子。此外还应注意,采用二级制种子田进行大田用种生产时,每隔两年需要更新一次原种。对于某些推广面积较小或总用种量较少的品种,采用一级制种子田时,每隔三年更新一次原种。

（2）严把播种关。种子田要精细整地、合理施肥、适时播种，同时确保播种质量，力争做到全苗、齐苗、匀苗、壮苗。更换不同品种时要严防机械混杂。种子田应适当减小播种量，扩大单株生长空间，提高单株生产力，从而提高繁殖系数。

（3）加强田间管理。根据种子田生长状况，进行合理施肥、排灌、中耕除草、病虫害防治等田间管理工作。

（4）严格去杂去劣。去杂去劣是种子生产的一项基本工作。去杂是将非本品种或异型植株去除，去劣是将生长发育不正常或遭受病虫危害的植株去除。在整个生育期间，应多次进行田间检查，严格进行去杂去劣。苗期主要依据幼苗习性、叶色、抗寒性等性状，黄熟期依据株型、穗型、株高、叶型、抗性等性状，拔除所有杂株和劣株，以确保种子纯度。

（5）严防机械混杂。自花授粉作物混杂退化最主要的原因是机械混杂，因此，在小麦种子田，从播种至收获、运输、脱粒、晾晒、加工、贮藏的任何一个环节都要单独进行，严防各类机械混杂。

（6）安全贮藏。小麦种子贮藏时，含水量应控制在安全贮藏水分13％以下，种温不应超过25 ℃。

三、小麦杂交种子生产状况

杂交种具有强大的杂种优势，因而推广和利用杂交种成为提高作物产量、改进农产品品质及增强作物抗性的必然手段。随着杂交种在水稻、玉米、棉花、油菜、向日葵、高粱等许多作物上的广泛应用，如何大面积推广和利用杂交种成为育种者迫切需要解决的问题。目前，在小麦上已成功选育出核质互作型雄性不育系及光温敏型雄性不育系，使小麦杂交种子生产成为可能。小麦杂交种的生产分为两系法和三系法。利用光温敏型雄性不育系或化学杀雄法制种，采用两系法；利用核质互作型雄性不育系生产小麦杂交种，采用三系法。

当前，由于小麦杂交种的生产成本较高，杂交种的价格较贵，且单位面积的用种量又较高，最终形成增产不增收的局面，也使得杂交种的推广受到制约。但随着研究水平的不断深入和制种技术的不断改进和提高，不断降低种子生产成本，杂交种的应用必将成为现实。

项目三 水稻种子生产技术

一、水稻的原种生产技术

（一）三圃制

水稻是自花授粉作物，原种生产程序与小麦大致相同。根据《水稻原种生产技术操作规程》（GB/T 17316—2011）规定：水稻原种生产可采用三圃制、二圃制，或用育种家种子直接繁殖原种，还可以采用株系循环法生产原种。

1. 单株选择

（1）选择材料。单株选择在原种圃、种子田或大田设置的选择圃中进行，一般应以原种圃为主。

（2）选择时期与标准。在抽穗期进行初选，做好标记。在成熟期再对标记株进行逐株复选，当选单株的"三性""四型""五色""一期"必须符合原品种的特征特性。"三性"即典型性、一致性、丰产性；"四型"即株型、叶型、穗型、粒型；"五色"即叶色、叶鞘色、颖色、稃尖色、芒色；"一期"即生育期。根据品种的特征特性，在典型性状表现最明显的时期进行单株（穗）选择。

（3）选择数量。选株的数量依株行圃面积而定，田间初选株数应为室内考种决选株数的 2 倍。一般每公顷株行圃需 4 500 个株行或 12 000 个穗行。

（4）入选单株的收获。将入选单株连根收获，每 10 株扎成一捆；如果穗选，将中选的单穗摘下，每 50 穗扎成一捆。每捆系上 2 个标签，注明品种名称。

（5）室内决选。田间当选的单株收获后，及时干燥挂藏，严防鼠、雀危害，根据原品种的穗部主要特征特性，在室内结合目测剔除不合格单株，再逐株考种。

考种项目有株高、穗粒数、结实率、千粒重和单株籽粒重等，并计算株高的平均数、穗粒数的平均数。当选单株的株高应在平均数±1 cm 范围内，穗粒数不低于平均数，然后，按单株籽粒重择优选留。当选单株分别编号、脱粒、装袋、复晒、收藏。

2. 建立株（穗）行圃

将上年入选的各单株种子，按编号分区种植、建立株行圃。

（1）育秧。秧田采用当地育秧方式，一个单株播一个小区（对照种子用上年原种，分区播种），各小区面积和播种量要求一致。种子须经药剂处理，所有单株种子（包括对照种子）的浸种、催芽、播种，均须分别在同一天完成。播种时严防混杂。秧田的各项田间作业管理要均匀一致，并在同一天完成。

（2）本田。移栽前先绘制本田田间种植图。拔秧移栽时，一个单株的秧苗扎一个标牌，随秧运到大田，按田间种植图栽插。

每个单株栽一个小区，单本栽插，按编号顺序排列，并插牌标记，各小区须在同一天栽插。小区长方形，长宽比为 3∶1，各小区面积、栽插密度须一致，确保相同的营养面积。小区间应留走道，每隔 9 个株行设一个对照区。株行圃四周要设不少于 3 行的保护行，并采取安全的隔离措施。空间隔离距离不少于 20 m，时间隔离扬花期要错开 15 d 以上。田间管理的各项技术措施须一致，并在同一天完成。

（3）田间鉴定与选择。在整个生育期间要求专人负责，按规定的标准统一做好田间鉴定和选择工作。田间观察记载应定点、定株，做到及时准确。发现有变异单株和长势低劣的株行、单株，应随时做好淘汰标记。根据各期的观察记载资料，在收获前进行综合评定。当选株行必须具备原品种的典型性、株行间的一致性，综合丰产性较好，穗型整齐度高，穗粒数不低于对照。齐穗期、成熟期与对照相比在±1 d 范围内，株高与对照平均数相比在±1 cm 范围内。

（4）收获。当选株行确定后，将保护行、对照小区及淘汰株行区先行收割。然后，逐一对当选株行区复核后收割。脱粒前，须将脱粒场地、机械、用具等清理干净，严防机械混杂。各行区种子要单脱、单晒、单藏，挂上标签，严防鼠、虫等危害及霉变。

3. 建立株（穗）系圃

将上年当选的各株行的种子分区种植，建立株系圃。各株系区的面积、栽插密度均须一致,并采取单本栽插,每隔9个株系区设一个对照区,田间观察记载项目和田间鉴定与选择同株行圃。当选株系须具备本品种的典型性、株系间的一致性,整齐度高、丰产性好。各当选株系混合收割、脱粒、贮藏。

4.建立原种圃

将上年入选株系的混合种子扩大繁殖,建立原种圃。原种圃要集中连片,隔离安全,土壤肥沃,采用优良一致的栽培管理措施,单粒稀植,充分发挥单株生产力,以提高繁殖系数。同时,在各生育阶段进行观察,在苗期、花期、成熟期根据品种的典型性严格拔除杂、劣、病株,并要带出田外;成熟后及时单独收获、运输、晾晒、脱粒,严防机械混杂。原种圃生产出的种子即原种。

(二)二圃制

对于种源纯度较高的品种或混杂退化较轻的品种,可以采取二圃制方法生产原种。二圃制即把株行圃中当选的株行种子混合,进入原种圃混系繁殖生产原种。

二、水稻大田用种生产技术

原种进一步繁殖1~3代,即大田用种。水稻大田用种生产技术如下。

1.种子田的选择和面积

(1)种子田的选择。用作水稻大田用种生产田的地块应具有良好的自然条件、栽培条件和隔离条件。即种子田应具备如下条件:土壤肥沃,耕作性能好,排灌方便,旱涝保收,光照充足;无检疫性水稻病虫害及不受畜禽危害;交通便利,群众文化素质高等。

水稻大田用种的生产通常选用一级制种子田,生产的大田用种纯度高、质量好。即每年在种子田中选择典型优良单株(穗),混合脱粒,作为下一年种子田用种;种子田经严格去杂去劣后混收混脱,即大田用种。

(2)种子田的面积。种子田的面积是由大田播种面积、每公顷播种量和种子田每公顷产种量3个因素决定。一般情况下,水稻种子田面积占大田播种面积的3%~5%,为保证供种数量,种子田实际面积应按估计数字,再留有余地。

2.种子田的管理

(1)提高繁殖系数。播种要适时适量,单粒稀播,适龄移栽,单本插植,适当放宽株行距,以提高繁殖系数。

(2)除杂去劣。每隔若干行留工作道,以便田间作业及除杂去劣。

(3)合理施肥。以农家肥为主,早施追肥,氮、磷、钾合理搭配,严防因施肥不当而引起倒伏和病虫害的大量发生。

(4)搞好田间管理。及时中耕除草,防治病虫害,灌溉要掌握勤灌浅灌,后期保持湿润为度。

(5)适时收割。成熟后及时收割,种子田必须分收、分脱、分晒、分藏。

水稻杂交种子
生产技术

项目四　玉米种子生产技术

玉米是我国主要的饲料、粮食作物和工业原料之一。作为我国第一大粮食作物,玉米无论面积还是产量均稳居第一位。玉米又是一种适应性很强的作物,在全国各省份均有栽培。生产用种主要是用优良自交系间组配的杂交种,所以玉米亲本自交系的保纯和提纯原种的生产以及杂交制种技术是玉米种子生产的关键环节。

一、玉米自交系亲本种子生产技术

玉米杂交种主要利用亲本自交系杂交配制而成。在玉米杂交制种过程中,影响和决定杂交种的纯度及质量的主要因素是亲本自交系的纯度、制种过程中各个环节的操作技术水平及生长发育过程中的管理水平。在这3个因素中,自交系作为杂交亲本是重要的物质基础,对杂交种的性状表现和产量有直接的决定性影响。自交系的繁殖和长期使用极易发生混杂退化,用纯度低的自交系制种,会降低杂种优势,难以表现其应有的增产效能。自交系的纯度对杂交种的产量起决定性作用。因此,在自交系的繁殖过程中,必须采取严密的防杂保纯措施,坚持"防杂重于去杂,保纯重于提纯"的原则。

(一)玉米自交系及玉米杂交种的种类

1. 玉米自交系

玉米自交系是以优良品种或杂交种为基础材料,从中选择优良单株,经过连续多代的人工强制自交和选择,而得到的基因型纯合、性状整齐一致的单株自交后代群体。这个单株自交后代内自交或姊妹交产生的群体,都是同一个自交系。由一株玉米分离选育出的不同自交系,互称姊妹系。

因选育自交系的基础材料不同,选育的自交系又分为两种。凡是以开放授粉的品种或品种间杂交种为基础材料选育的自交系,称为一环系;凡是以自交系间杂交种为基础材料选育的自交系,称为二环系。

玉米自交系有两个明显的特点:一是基因型纯合、性状稳定;二是自交导致生活力衰退而使植株变矮、果穗变小、产量降低。可见,玉米自交系一般不能直接用于生产,而只能用于选配优良的杂交种。

2. 玉米杂交种的种类

根据组成杂交种的亲本数目及杂交方式的不同,玉米杂交种分为单交种、三交种、双交种、顶交种和综合杂交种。目前生产上种植的多为单交种。其他种类只做搭配品种,很少大量使用。

(1)单交种。单交种是用两个优良自交系杂交组配的杂交种。单交种整齐度最高,杂种优势最强,增产幅度最大,制种程序简单,配套生产只需3个隔离区;制种产量虽然最低,但经济效益仍然最高,是目前生产上推广种植的主要杂交种。

(2)三交种。三交种用两个自交系先配成单交种,再与第三个自交系杂交而成。三交种整齐度较差,出现分离;杂种优势和增产幅度均明显低于单交种;制种程序复杂,配套生产需5个隔离区;虽然制种产量高,但目前生产上很少利用。

(3)双交种。双交种用 4 个自交系先配成 2 个单交种,再用 2 个单交种杂交而成。因其分离严重,整齐度最差,杂种优势和增产幅度均低于三交种;制种程序最复杂,配套生产需 7 个隔离区;虽然制种产量最高,适应性广,但目前生产上已不再利用。

(4)顶交种。顶交种用一个自交系与一个品种杂交而成。其整齐度和增产幅度均低于自交系间杂交种,目前生产上已不再利用。

(5)综合杂交种。综合杂交种是用多个自交系(8～10 个)在隔离区内自由授粉,经多代混合选育而成的遗传平衡的后代群体。其遗传基础丰富,适应性强,杂种优势稳定遗传,一次制种可连续利用多代,但因其杂种优势和增产幅度均较低,目前生产上也很少利用。

(二)玉米自交系的种子生产技术

玉米自交系分为育种家种子(原原种)、自交系原种和自交系大田用种(直接用于配制杂交种的自交系种子)三类。自交系原种和自交系大田用种必须有一定储备,可以采用一次繁殖、分批使用的方法。

自交系原种和自交系大田用种生产田采用空间隔离时,与其他玉米花粉来源地至少相距 500 m。时间隔离至少 40 d。

1. 玉米自交系原种生产技术

玉米自交系原种指的是由育种家种子直接繁殖的 1～3 代的种子或按照原种生产技术规程生产选优提纯,并经过检验达到原种质量标准的自交系种子。根据 GB/TB 17315—2011 标准,自交系原种生产分为两种方法:一是由育种家种子直接繁殖;二是采用二圃制生产。

(1)由育种家种子直接繁殖,即保纯繁殖法。育种家种子指由育种家育成的遗传性状稳定的最初一批自交系种子。由育种家种子直接繁殖自交系原种的具体方法是:根据配制杂交种所需亲本自交系的数量,第一年在育种家种子繁殖田,仔细观察,选择性状优良、典型一致的一定数量的单株,进行套袋自交,收获后再进行严格穗选,将入选穗晒干后混合脱粒保存;第二年,在隔离条件好、产量水平较高的田块,种植上年保存的种子,生长期间进行严格的去杂去劣,收获后进行穗选,晒干后混合脱粒,即自交系原种。利用这种方法,既保证了原种纯度,又加快了育种家种子繁殖速度,还提高了杂种的种子质量。但繁殖代数不得超过 3 代。

(2)采用二圃制生产,即穗行鉴定提纯法。此法主要用于混杂较轻(杂株率在 1%以内)的自交系的提纯。其程序如下。

①选株自交。在自交系繁殖田或原种生产田内选择符合典型性状的优良单株套袋自交,制作袋纸以半透明的硫酸纸为宜。花丝未露出前先套雌穗,待花丝外露后,当天下午套好雄穗,次日上午露水干后开始授粉,一般应一次授粉,为了授粉均匀、提高结实率,可将过长的花丝统一剪掉,保留 3～4 cm 即可授粉。个别自交系雄雌不协调的可两次授粉,授粉工作在 3～5 d 结束。收获期按穗单收,彻底干燥,整穗单存,作为穗行圃用种。

②穗行圃。将上年决选单穗在隔离区内种成穗行圃,每个自交系不少于 50 个穗行,每行种 40 株。生育期间进行系统观察记载,建立田间档案,出苗至散粉前将性状不良或混杂穗行全部淘汰。即凡是穗行内有杂株、不典型、不整齐及不良穗行全行淘汰,全行在散粉前彻底拔除。决选优良穗行经室内考种筛选,合格者混合脱粒,作为原种圃用种。

③原种圃。将上年穗行圃种子在隔离区内种成原种圃,原种生产田采取规格播种,播前要进行精选、晒种。在生长期间分别于出苗期、开花期、成熟期进行严格去杂去劣,全部杂株最迟

在散粉前拔除。雌穗抽出花丝占 5％以后，杂株率累计不能超过 0.01％；收获后对果穗进行纯度检查，严格分选，分选后杂穗率不超过 0.01％，方可脱粒，所产种子即原种。

2. 玉米自交系大田用种的生产

玉米自交系大田用种生产时，散粉杂株率累计超过 0.1％的繁殖田，所产种子报废；收获后要对果穗进行纯度检查，杂穗率超过 0.1％的，种子报废。其他生产技术要求同原种生产。

二、玉米杂交种子生产技术

玉米为雌雄同株异花作物，雌、雄穗着生在植株的不同部位。花粉量大，异交率高，容易人工去雄杂交。所以，玉米是农作物中最早利用杂种优势的作物。目前主要采用自交系人工去雄配制玉米杂交种。

实践证明，亲本纯度相同的种子，由于制种技术措施不同，其杂交种种子质量和增产效果会有很大差别。为了确保杂交种的质量和产量，在杂交制种时，应抓好以下技术环节。

(一)隔离区的设置

玉米花粉量大且随风传播，极易串粉混杂，所以无论是自交系的繁殖还是杂交种的生产，都必须设置隔离区，以达到安全隔离、防止外来花粉造成混杂的目的。所谓隔离区，即在配制杂交种的地块周围，在一定的空间和时间内，没有其他玉米花粉传入。

制种地块应尽可能选择土地肥沃、地势平坦、肥力均匀、有排灌条件的地块，在没有灌溉条件的地区，要有充足的降水(年降水量不少于 400 mm)；应选择耕地面积大且集中连片的地区。

1. 隔离区的数目

配套生产不同的玉米杂交种所需要的隔离区数目也不同。目前生产上主要利用单交种，单交种配套生产需要设置 3 个隔离区，即 1 个杂交制种隔离区和 2 个亲本自交系隔离区。配套生产三交种和双交种则分别需要设置 5 个和 7 个隔离区，而在目前的市场经济环境下，隔离区设置的数目越多，种子生产成本越高，又因三交种和双交种的杂种优势弱、整齐度差，生产上已很少再推广应用。

对应用较广、在几年内不会被淘汰，且纯度又高的亲本，可采取一次加大繁殖面积，生产够 3～4 年用的种子。这种方法不仅有效减少了繁殖自交系的隔离区，同时减少了自交系的繁殖世代，防止了混杂。

2. 隔离区的面积

在确定每个隔离区的面积时，必须要根据隔离区生产的种子用途、用量及单位面积的产种量来进行估算，从而做到有计划、合理地繁殖亲本和配制杂交种。

杂交制种隔离区的面积(hm²)应依据各种子公司订单销量(kg)和零售销量(kg)、预计单位面积的产种量来计算。预计单位面积的产种量应根据预计母本平均单位面积产量(kg/hm²)、母本行比及种子合格率(％)来计算。另外，为了保证供种量及市场行情，可在已确定销量的基础上适当增加一定种子量，但不宜过大，一般为 5％～10％。相关计算公式为：

$$制种田面积 = \frac{订单销量 + 零售销量}{预计母本平均单位面积产量 \times 母本行比 \times 种子合格率}$$

制种田面积也可按本品种下年大田推广面积(hm²)和单位面积播种量(kg/hm²)来计算，

其公式为：

$$制种田面积 = \frac{下年大田推广面积 \times 单位面积播种量}{预计母本平均单位面积产量 \times 母本行比 \times 种子合格率}$$

亲本繁殖区面积(hm^2)应依据下年制种面积(hm^2)、单位面积播种量(kg/hm^2)、亲本平均单位面积产量(kg/hm^2)、亲本行比及种子合格率(%)来计算。其计算公式为：

$$亲本繁殖区面积 = \frac{下年制种面积 \times 单位面积播种量 \times 亲本行比}{亲本平均单位面积产量 \times 种子合格率}$$

3. 隔离方法

(1)空间隔离。是指杂交制种区周围一定的空间范围内不种植其他任何玉米(同一父本组合的制种田除外)，以防外来花粉侵入而导致生物学混杂。杂交制种隔离区，要求空间隔离距离不少于 300 m;亲本自交系隔离区，对种子的纯度和质量要求严格，空间隔离距离不少于 500 m;在多风地区，或制种区设在其他玉米田的下风头，或其他玉米地的地势较高时，空间隔离距离还应适当加大。

(2)自然屏障隔离。即因地制宜地利用当地山岭、村庄、房屋、成片树林等自然屏障作为隔离，阻挡外来花粉传入，从而达到安全隔离的一种方法。在应用时，可根据当地具体情况灵活掌握。利用树林隔离时，要求树的高度应比玉米高 2 m 以上，且树林宽度不少于 20 m，长度应明显超出制种田。

(3)高秆作物隔离。在制种区或亲本繁殖区周围种植高粱、向日葵、麻类等比玉米植株高大的作物，以阻挡外来的玉米花粉侵入隔离区。要起到阻挡作用，高秆作物种植的行数不宜太少。自交系繁殖区的隔离，需要种植高秆作物宽度在 100 m 以上，制种区也要在 50 m 以上。高秆作物要适当早播，加强管理，使玉米抽雄散粉时高秆作物的株高超过隔离区外玉米高度 70 cm 以上才能起到隔离作用。此法也是空间隔离的一种辅助方法，通常结合空间隔离使用。

(4)时间隔离。隔离区内的玉米和邻近玉米的播种期错开，以使它们的开花期错开，从时间上达到隔离的目的。一般春播玉米错期 40 d 以上，夏播玉米错期 30 d 以上。

(二)规格播种

规格播种是保证杂交制种成功和提高制种产量的一个重要环节，必须抓好以下技术环节。

1. 父母本行比的确定

玉米杂交制种时，父母本要按一定的行比相间种植，在保证父本行有充足的花粉、母本雌穗能正常结实的前提下，尽可能增加母本行的比例，以提高制种产量。父本行数比例过大，花粉过剩，势必减少母本株数，降低制种产量;父本行数比例过小，花粉量不足，母本结实率低，也影响制种产量。在具体确定行比时，应根据父本雄穗的分支多少、花粉量大小、父本株高及是否进行人工辅助授粉等因素而定。如果父本雄穗发达、分支多、花粉量大且植株比母本高大，就可适当加大母本行的比例，否则不宜增加。通常单交种制种时，父母本行比为 1 :(4~6)，即每隔 1 行父本种 4~6 行母本。

2. 调节父母本播种期

玉米制种区的母本吐丝期与父本散粉期是否能够良好相遇是制种成败的关键。在确定父母本行比后，还应根据父母本生育期和吐丝、散粉期来确定各自适宜的播种时间，以达到父母本花期相遇，进而提高制种产量的目的。父母本花期相遇的理想标准为:母本吐丝盛期与父本散粉的初盛期相遇或母本吐丝盛期与父本散粉盛期相遇,母本有 80% 的植株第一果穗吐丝,正遇父本的开花盛期,这样母本花丝可以获得大量花粉,保证结实率良好。

为了达到花期相遇良好,生产上常根据双亲的花期适当调节父母本的播种日期。一般来说,如果父母本的生育期相同,或母本吐丝期与父本散粉期相同,或比父本早 3~5 d,父母本可同期播种;如果双亲的花期相差 5 d 以上,就需要调节二者的播种期,即先播花期较晚的亲本,隔一定天数再播另一亲本。

调节播种期的天数因亲本生育期长短、当地气候等条件而不同。一般要求母本吐丝期应比父本散粉期早 2~3 d。这是因为花丝的生活力一般可保持 10 d 以上,而父本散粉盛期时间较短,花粉在田间条件下仅能生活数小时,所以调节播种期最好做到花期全遇,使整个花期中都有父本花粉。调节的原则:一是将母本安排在最适宜的播期内,然后调节父本的播期;二是"宁可母等父,不可父等母"。

应当注意,双亲花期相差的天数并不等于播种期相差的天数。因为早播种,前期温度低,生长发育慢,所以错期的天数应比花期相差天数多几天。一般经验是:春播制种,父母本播种期相差天数为花期相差天数的 1.5~2 倍。如果双亲花期相差 6~7 d,则播种期要错开 10~14 d;夏播制种,双亲播种期相差天数为花期相差天数的 1~1.5 倍。

在父本散粉期较短或同一期父本不能保证母本对花粉需求时,也可对父本进行分期播种。一般在第一期父本播种后 7 d 左右再播种第二期父本,这样可延长父本散粉期,保证母本正常授粉结实。

有些自交系的开花期对不同地区的气候条件有不同的反应,在甲地错期的天数不一定适用于乙地。因此,对新从外地引进的杂交种进行试种时,要同时观察其亲本在当地的生育期,为将来就地制种做参考。

3. 播种技术

(1)播期的确定。掌握适宜的播期是玉米繁种制种的主要增产措施之一。一般土壤耕作层温度稳定在 10~12 ℃ 时方可播种。如果播种过早,地温较低,出苗缓慢,容易造成病菌侵染;播种过晚,则常遇上夏季高温,授粉结实不良,或者成熟偏晚,不利于安全收获加工,造成果穗、种子冻害而降低发芽率。如采用地膜覆盖,可提前 7~10 d 播种。

(2)播种密度。制种田的播种密度,应根据亲本自交系的株型、株高和水肥条件而具体确定。在一定范围内,适当增加密度是提高制种产量的重要措施。一般在水肥条件好、亲本自交系株型紧凑、叶片上冲的制种田,留苗密度在 8 万~9 万株/hm²;水肥条件较差、植株叶片平展的制种田,留苗密度在 7 万~8 万株/hm²。为了确定最佳的保苗密度,对于具体杂交组合最好进行密度试验,才可获得最佳的经济效益。

(3)种植采粉区。在制种区四周或上风头,最好种植一定数量的父本作为采粉区,以防花粉不足或花期相遇不良时进行人工辅助授粉,同时还可起到保护和隔离作用。

(4)种好标记作物。为了分清父母本行,避免在去杂和去雄和收获时发生差错,可在父本行头点播豆类等标记作物。

(5)严格分清父母本行。要保证播种质量,播种深度要比杂交种浅一些,一般在 4~6 cm,力争一次全苗。父母本行同期播种时,要固定专人分别负责播父母本行,以防播错;父母本行分期播种时,要将晚播的行距和行数在田间预做标记,以免再次播种时发生重播、漏播、交叉播等现象。

(三)严格去杂去劣

为提高种子质量,保证种子纯度,制种田要严格去杂去劣。在去杂去劣时,必须熟悉父母本自交系的特征特性,只有这样才能区分出哪些是杂株,哪些是典型株。在田间,常见的杂株(苗)有机械混杂造成的杂苗,有生物学混杂造成的杂种苗和回交苗,有自然变异引起的畸变苗等。这些杂苗杂株因来源不同,在田间表现的形态和时期也不同。因此必须分期多次才能去净去彻底。要使杂株去得彻底,一般分4个时期进行。

1. 苗期去杂

此期去杂是整个去杂工作的第一个重要环节,去杂效果将严重影响后期去杂及制种产量。此期去杂是结合间、定苗进行,根据幼苗的大小、长相、叶色、叶形、叶鞘色、生长势等特征特性,拔除杂苗、劣苗、弱苗、病苗和怀疑苗。苗期准确去杂可提高杂交制种产量和质量。此期去杂的原则是:去大、去小、留中苗;去畸、去疑、留典型苗;去弱、去病、留壮苗。

2. 拔节期去杂

此期是去除优势株(杂株)的关键期。根据株高、株型、叶色、叶形及叶片宽窄等特征特性,去掉过旺株、过弱株、杂色异样株,保留典型株。此期以去掉明显的优势株为重点,同时去除不具备亲本典型性状的其他杂株、病株等。要看得准,去得狠,去得彻底。

3. 抽雄散粉前去杂

此期去杂最为关键,去杂效果将严重影响杂交种质量,尤其是父本杂劣株一旦散粉将造成重大损失。此期主要根据株高、株型、叶形、叶片大小、叶色、叶片宽窄、雄穗形状、分支多少、护颖颜色、雌穗的花丝色及抽雄的早晚等进行鉴别。其原则是:彻底清除制种区内所有父母本杂株,以及劣株、病株。若父本的累计散粉杂株率超过0.5%,制种田予以报废。

4. 成熟收获后去杂

此期去杂是最后一次去杂,将最终决定杂交种的纯度,对于此前遗漏的杂株及自交果穗在收获后脱粒前进行穗选去杂。去杂时主要根据穗形、穗轴色、粒行数、粒形、粒色等性状去除各种杂穗。此期去杂的原则是:彻底清除不典型果穗、杂粒果穗、病果、病穗及超大果穗。经技术人员检查杂穗率在1.5%以下时,方可脱粒。

(四)花期预测与调控

制种区父母本花期相遇是杂交制种成败的关键。有时按照规定的天数调节了双亲的播种期,但因气候、墒情或栽培管理不当,还可能出现花期不遇。为此,在制种的生育期间要经常检查预测花期相遇情况。花期预测主要是根据亲本的生长势、叶片数、雌雄穗分化发育的情况来判断。

1. 花期预测的方法

(1)叶片检查法。主要根据双亲叶片出现的多少预测它们的雌、雄穗发育的快慢,判断花期是否相遇。运用这种方法,需预先了解双亲在当地条件下的总叶片数,并且从苗期开始就要标出被测株的叶片叶位顺序,否则就无法预测。其具体方法是:在制种田中选有代表性的父母本样点各3~5个,每个样点选典型植株10株,定期检查父母本植株已出现叶片数并做出预测。一般在双亲总叶片相同的情况下,如父本已出叶片数比母本落后1~2片,表明两亲本花期能良好相遇。如果父本已出叶片数与母本已出叶片数相等或超过母本叶片数,表明父本花期早于母本,花期不能良好相遇,就必须采取调控措施。在双亲总叶片不同的情况下,应根据父母本各自的总叶片数、已出叶片数、出叶速度(或发育进程)和未出叶片数而定。其花期相遇的判断标准是母本未抽出叶片数比父本未抽出叶片数少 1～2 片,否则花期相遇不良,需要采取调控措施。

(2)剥叶检查法。此法是在双亲植株生长进入拔节期后,选取有代表性的典型植株剥出并记录尚未伸出的叶片数,根据双亲未伸出叶片数进行预测。其判断花期相遇的标准是:母本未出叶片数比父本未出叶片数少 1～2 片。该方法不必了解双亲的总叶片数,也不用定点定株,较为方便。

(3)镜检雄幼穗法。此法是根据父母本幼穗分化进程的比较而进行的花期预测。方法是在制种田选有代表性的父母本植株,分别剥去未长出来的全部叶片,用放大镜分别观察雄幼穗原始体的分化时期和大小,然后做出判断。其判断花期相遇的标准是:母本的幼穗发育早于父本一个时期,或在小穗分化期以前,母本幼穗比父本幼穗大 1/3～1/2,则花期相遇良好;否则花期相遇不良,就需要采取调控措施。

2. 对花期不遇应采取的措施

经过花期预测,发现花期不协调时,要及时采取调控措施,使双亲发育协调,达到花期相遇的目的。目前主要采用的调控方法有以下几种。

(1)水肥促控法。在早期发现双亲发育不协调时,对发育迟缓的亲本给予偏追肥,偏浇水,促进生长发育。对于施肥来说,过量施用氮肥可延缓其生殖生长,过量施用磷钾肥可加快其生殖生长,促使其早开花。

(2)深中耕断根法(对发育偏早的亲本采用)。其方法是,在可见叶 11～14 叶时,用铁锨靠近主茎 7～10 cm 周围上下直切 15 cm 深,断掉部分永久根,控制其生长发育。控制措施不宜过早和过晚,在 11 叶前和抽雄时控制均效果不佳。

(3)剪苞叶、早抽雄。在将要抽雄时发现母本的花期比父本晚时,可采取母本提前去雄或带叶去雄,这样可促使母本早吐丝 2～3 d。另外还可以采取母本剪苞叶,一般可剪去母本雌穗苞叶顶端 2～3 cm,这样也可使母本花丝早吐出 2～3 d,并且吐丝整齐,有利于授粉。

(4)父本晚、母本早的促控法。母本吐丝过早时,可将母本未授粉的花丝剪短,留 1～2 cm,避免花丝相互遮盖,一旦父本散粉,已出花丝就能立即接收到花粉。如果在抽雄前发现父本晚时,对父本应喷 2～3 次磷酸二氢钾及尿素的混合液(1∶1,加水 150～200 倍),可使父本提前 3 d 散粉。在玉米心叶期发现父本晚时,对生长发育晚的父本使用 40～60 mg/L 的赤霉素液喷雾,每公顷喷施 300～375 kg,可使父本提前 2～3 d 抽雄。

(五)母本去雄

制种田母本去雄是制种工作的中心环节,是获得高质量杂交种子的必要手段,决不能轻视。目前生产上种植的杂交种质量不高,在很大程度上是由去雄不严造成的。因此在玉米杂交制种中,必须认真抓好母本去雄这一关。

1. 去雄要及时、干净、彻底

制种田的母本去雄必须做到及时、干净、彻底。去雄及时是指制种田内母本植株的雄穗尚未露头或散粉前就将其拔掉。有些自交系的雄穗则一露出顶叶就开始散粉,用这些自交系作母本时,一定要在"露头"前去雄。干净是指每一株母本去雄穗时均不留残枝残药。彻底是指所有隔离区母本植株去雄时逐株检查、一株不漏,全部去除。为了保证去雄及时、彻底、干净,在母本快要抽雄时要经常沿母本行进行田间观察,一旦有雄穗抽出,及时去除。拔除的雄穗要运出地外,集中用土埋掉,切勿丢在制种田内。如果已经发现个别植株开始散粉,首先要拿塑料袋套住,再轻轻地把雄穗弯下来,然后折断或拔除,就地用土埋在行间,切不可拿着散粉的雄穗在地里走动,以免花粉扩散。在去雄时,要特别注意母本行中的弱株、小株等晚发株的去雄,这些植株一般生长矮小,不易被看到,它们抽雄散粉较晚,当它们散粉时正是母本花丝全部吐出的时期,因此危害很大。在去雄后期,全田去雄已达95%左右时,可在1~2 d内将剩余的母本、无法去雄的弱小株全部连根拔出,结束去雄。一般全区去雄时间为10~15 d。

在去雄期间,种子管理部门均要进行花检,在母本开始吐丝至去雄结束前,如果发现母本植株上出现花药外露在10个以上,即可定为散粉株。在任何一次检查中,发现散粉的母本株数超过0.2%,或整个检查过程的3次检查母本散粉株率超过0.3%时,制种田种子将认定报废。

2. 超前去雄

为保证去雄及时,防止出现散粉株,目前玉米制种均采用此法。方法是:在制种田中,母本植株的雄穗尚未露出顶叶时,连同顶叶(可带1~3片叶)一起将雄穗拔除。这样可将去雄时间提前3~5 d,防止因第一次漏拔雄穗而散粉的机会,保证了去雄质量。超前去雄要采取分次集中去雄,一般分2~3次进行。第一次是在全区内母本第一果穗开始出现后,将全区内形成喇叭口植株的母本雄穗去掉,一般去雄可达70%~80%;第二次是在未去雄植株中开始有雄穗将要抽出顶叶时,将全区的雄穗去掉,此期去雄可达80%~90%;第三次是在全区内第一株母本吐丝时,将所剩母本植株的雄穗全部去掉,此时对还摸不到雄穗苞的弱小株,应连根拔除。如果制种田管理好,自交系纯度高,生长整齐一致,可采用两次去雄。

超前去雄,因雄穗还未抽出顶叶,花粉还未完全成熟,将雄穗拔掉,为植株节省了营养,使植株内部的营养分配发生变化,雌穗营养增加,促进了花丝生长,使花丝早抽出3~5 d。因此,在采用超前去雄时,应适当调整父母本的播种期,以保证花期相遇。超前去雄,特别是采用分次集中超前去雄,因去雄次数少,延续时间短,可节省劳动力。

根据各地试验,超前去雄使母本果穗结实率、种子千粒重均有不同程度的提高,可提高制种产量。

(六)人工辅助授粉

人工辅助授粉是提高制种产量的有力措施。人工辅助授粉通常有两种方式:一是在父本花粉量较大的开花盛期,每天上午露水干后的8~11 h或阴天下午,用竹竿敲打父本茎秆或用绳拉动父本植株,把花粉振动下来;二是人工采集父本花粉后直接将花粉授予母本花丝。第一种方式因不能控制花粉,仍然是靠风力传播花粉,花粉浪费多,在无风时传播近,效果差。第二种方式能控制花粉,使花粉很少浪费,使每个果穗上的花丝都能接受足量的花粉,效果好。

人工直接授粉的方法较多,其中以瓶装花粉喷粉法效果最好,具体做法:把采集的花粉装在塑料瓶内,瓶盖用粗针刺几圈小孔(约20个),授粉时把瓶盖拧紧,将瓶盖向下,对准果穗上的花丝,用手挤压瓶身,花粉即从瓶盖上的小孔中喷出。利用这种喷粉器,授粉均匀,速度快,每人可同时持两个喷粉器授粉,当花丝有露水时也不影响授粉。

人工辅助授粉,采用多次进行,以母本吐丝初期和父本散粉末期为主。授粉时间在每天上午的8:00—11:00。为使授粉减少次数,节省人工,效果又好,采取母本吐丝前剪苞,促使花丝出得齐,出得快,一次授粉就能结满粒。

（七）割除父本

杂交制种中，父母本的用途不同。母本接受花粉受精，形成杂交种子，是收获的目的产品；而父本只提供花粉，散粉后即完成其使命，其种子不是目的产品，没有收获的必要，且易造成混杂，应予割除。割除父本不仅可保证制种质量，还可提高母本行的通风透光状况，减少母本的空秆率，提高制种产量。

（八）分收分藏、严防混杂

在没有割除父本的制种田，种子成熟后，要及时收获，严格实行父母本分别收获、运输、脱粒、晾晒、贮藏，严防混杂。一般先收父本，然后清除落地的果穗，再收母本。当杂交种水分降到 16% 以下，方可脱粒、晾晒、贮藏。

项目五　马铃薯种子生产技术

马铃薯是自花授粉植物，但其实生种种子小、休眠期长，从出苗到收获块茎要 130～150 d，因此，多数情况下用块茎繁殖，即采用无性繁殖。马铃薯用种量比种子作物用种量大，贮存年限少。马铃薯种薯生产的关键是防止病毒感染，保持品种的种性和纯度。因此，生产出无病毒种薯对于生产十分重要。

一、茎尖培养生产脱毒种薯技术

（一）脱毒技术

1. 脱毒材料的选择和处理

为提高脱毒效果，在田间应选择未感病或无症状、具有脱毒品种典型特征、生长健壮的植株，收获种薯后，对块茎进行选择，包括皮色、肉色、芽眼、病斑、虫蛀和机械创伤等，符合标准的薯块作为脱毒材料。未经休眠的块茎，用 1% 硫脲＋10 mg/kg GA₃ 浸种一小时，以打破休眠。然后用湿润细砂覆埋，置于 25 ℃ 黑暗条件下催芽。待芽长至 1cm 时转入培养箱，以 36～37 ℃ 高温处理 6～8 周。经高温处理后，进行茎尖分生组织培养，可脱除 PLRV、PVX、PVY、PVS、PVM 和 PVA 等病毒。

2. 材料消毒

入选的无性系块茎经休眠后，于温室内催芽，待芽长 4～5 cm 时，将芽剪下放在超净工作台上进行表面脱毒。方法是将芽在 75% 酒精中迅速浸蘸一下，然后用饱和漂白粉上清液或市售的次氯酸钠溶液稀释 5%～7%，浸泡 15～20 min，再用无菌水清洗 3～4 次。

3. 剥离茎尖和接种

在无菌条件下将消毒的芽置于 30～40 倍解剖镜下进行茎尖剥离，用解剖刀小心地剥离茎尖周围的叶片组织，暴露出顶端圆滑的生长点，再用解剖刀细心切取茎尖，长度为 0.1～0.3 mm，带有 1～2 个叶原基，随即接种到有培养基的试管中。

4. 培养与病毒鉴定

接种于试管中的茎尖放于培养室内培养，室内温度应保持 22～25 ℃，光照强度 2 000～

4 000 lx,每天光照时间为 16 h。30～40 d 即可看到试管中明显伸长的小茎,叶原基形成可见的小叶。此时将小苗转到无生长调节剂的培养基中,3～4 个月以后发育成 3～4 个叶片的小植株,将其按单节切段,接种于有培养基的试管或三角瓶中,进行扩繁。30 d 后,还要按单节切段,分别接种于 3 个三角瓶中,成苗后将其中 1 瓶保留,另外 2 瓶用于病毒检测。结果全为阴性时将保留的 1 瓶进行扩繁;为阳性时可淘汰保留的那瓶苗。常用的病毒鉴定方法有 ELISA 血清学方法和指示植物鉴定法。

(二)脱毒苗与微型薯块快繁技术

1. 繁殖脱毒苗

获得一瓶脱毒苗后应进行数次的扩繁,才能生产无毒种薯。为保证种薯的质量,脱毒苗必须绝对不带马铃薯纺锤块茎类病毒和其他病毒。扩繁脱毒苗的培养基仍为 MS 培养基。接种操作与茎尖培养时的操作一样,所用器具和人员一定注意严格消毒并防止无菌室空气污染。试管苗转接用瓶转瓶的方法,即用剪刀在基础苗瓶中将苗剪切成带有一个腋芽的茎段,用镊子从瓶中取出接种在新培养基的瓶中。直径 10 cm 的三角瓶,每瓶接种 15～18 段为宜。培养室的环境:最适温度白天 22～25 ℃,夜间 16～20 ℃,瓶中相对湿度为 100%,培养室相对湿度为 70%～80%;试管苗的生长光照时间为每日 16 h,光照强度 2 000 lx。

试管苗最适宜苗龄为 25～30 d,一般 21 d 切转一次,扩繁率为 3～6 倍,每年继代 12 次。长期继代培养的试管苗有可能再次感染病毒,需两年更换一次基础苗,以提高试管苗的质量。为延长脱毒后试管苗的使用寿命,可将扩繁初期分出的一部分苗,转入保存用培养基中,并给予有利保存的条件,每 6～8 个月切转一次苗,可大大减少周转次数及污染概率。等快繁苗继代两年后用保存苗替代,这样可两年更新脱毒一次,延长 4～6 年甚至 8 年才脱毒复壮一次。

2. 生产无毒小薯

利用无毒的试管苗移栽到防虫温、网室中,或用脱毒苗在温、网室中切段扦插生产无毒小薯。切段扦插繁殖是经济有效的繁殖方法,其优点是:节省投资、繁殖速度快、方法简单。操作步骤如下。

(1)设备及物资准备。防虫的温室、网室、苗盘、营养基质、营养液、手术剪、量筒、烧杯、喷雾器等。

(2)基础苗移栽。脱毒试管苗为扦插的基础苗,将试管苗切成带有 1 个芽的茎段,接入生根培养基中。每天 16 h 光照,在 25 ℃条件下培养一周后,小苗长成 4～5 片叶及 3～4 条小根。打开培养瓶封口置于温室锻炼 2 d,然后移栽,密度 800 株/m²,栽植深度 1.5～2 cm。一周后,幼苗长出新根。20 d 后,苗长到 5～8 片叶时即可进行剪切。剪切时对所有用具及操作人员都要严格消毒。剪苗时,用经过消毒的解剖剪子和镊子,剪下带有 1～2 片叶的茎尖和带有 2～3 片叶的茎段。剪切后对基础苗要加强管理,提高温湿度,促进腋芽萌发,增加繁苗数量,10～15 d 后可进行第二次剪苗。

(3)扦插及管理。从基础苗上剪下的茎段在生根剂中浸泡 5～10 min,然后及时扦插在苗床中,密度为 400 株/m²。腋芽埋在基质中,叶片露出为宜,深度 1～1.5 cm,用手指纵横向适当按压。扦插完一个苗床后,要用喷壶轻浇一遍清水,加盖塑料薄膜保温、保湿和遮光。一周后苗生根成活,揭去塑料薄膜和遮阳网,这时可浇水和营养液,也可用尿素或磷酸二氢钾进行叶面施肥,结薯期间温度应保持 18～25 ℃。小薯生产期为 45～60 d,当种苗变黄,块茎长到 2～5 g 时即可开始收获,放入盘中在阴凉地方晾干,然后装入布袋或尼龙袋中。

二、无性系繁殖选择留种技术

马铃薯种薯生产受多种因素限制无法获得脱毒种薯时,可以在种薯生产田中选择生长健壮、无病毒和其他病害症状,符合原品种特征特性的植株,采用无性系选择的方法进行留种。具体操作程序如下。

1. 单株选择

在田间选择株型、叶形、花色、成熟期符合本品种标准,生长健壮、无明显病虫害症状的植株,单株分别收获种薯,鉴定种薯皮色、肉色、薯型、芽眼、薯块病斑、虫蛀和机械创伤,从每个单株中选 1～2 个块茎进行病毒检测,淘汰带毒种薯及单株。

2. 株系选择

将入选单株薯块分别播种成株系,生长过程中严格检查植株健康状况,并进行病毒检测。一旦发现某个株系感染病毒,即淘汰整个株系。每个健康株系分别收获,分别贮藏。

3. 无性系选择

把上年选入株系分别播种,生长期间严格检查病虫害发生情况,并选点采样进行病毒检测,淘汰感病无性系。这个过程可持续 2～3 年,最后将健康无性系混合种植成原原种,再在防虫温室、网室条件下繁殖成原种及大田用种。

三、用种子生产无毒种薯技术

除马铃薯纺锤块茎类病毒(PSTV)外,其他种类的病毒都不能侵染马铃薯种子。即在有性繁殖过程中,马铃薯能自动汰除毒源,使马铃薯普通花叶病毒(PVX)等十多种病毒不能通过新生的种子侵染下一代。因此可用马铃薯的种子生产无毒薯,汰除毒源。应用这一方法可通过两条途径:一是选择杂交或自交后代性状分离小的品种生产种子,用种子生产马铃薯,防止侵染,去杂去劣,使群体表现相对一致,则繁种速度快一些;二是在种子生产的群体中选择表现型一致的优良单株混合收获,在冷凉和无传毒媒介的条件下扩大繁殖种薯,则脱毒效果好,但繁种速度慢一些。

四、建立良种生产体系

通过茎尖脱毒苗快繁或无性系繁殖选择获得的原原种数量有限,必须经过几个无性世代的扩繁,才能用于生产。在扩繁期间,须采取防病毒及其他病源再侵入的措施,然后通过相应的种薯繁育体系源源不断地为生产提供健康的种薯。

(一)原种生产

1. 原种生产基地选择

原种生产基地的选择与建设对种薯生产十分重要,直接关系到扩繁的种薯质量。原种基地的选择应具备以下几个条件:

(1)选择高纬度、高海拔、风速大、气候寒冷的地区;

(2)隔离条件好,原种繁殖应隔离 2 000 m;

(3)总诱蚜量在 100 头或以下,峰值在 20 头或以下为好。

2. 防止病毒再侵染技术

(1)促进植株成龄抗性形成的早熟栽培技术。成龄抗性是指病毒易感染幼龄植株,增殖运转速度快,随着株龄的增加,病毒的增殖运转速度减慢。据报道,马铃薯植株成龄抗性在块茎开始形成时便出现,2～3周后完成,此时病毒不易侵染植株,也难向块茎积累。促进植株成龄抗性的措施有如下两个。

①播前种薯催芽。催芽后播种可提早出苗7～15 d,促进早结薯及成龄抗性的形成。催芽方法是将种薯置于15～20 ℃的温室、大棚内,或在室外背风向阳处挖30 cm深、1.5 m宽的冷床,内放3～5层小整薯或薯块(25～40 g),薯块上面覆盖草帘保持黑暗,冷床上面覆盖塑料薄膜增温催芽。当芽长达1.5 cm左右时,取出放于散射光下进行炼芽,使芽变为绿色。

②采用地膜覆盖栽培技术。播种后覆盖地膜可显著提高地温,促进早出苗、早结薯,也使马铃薯及早形成成龄抗性,减少病毒增殖和积累。

(2)科学施肥。马铃薯在整个生长期间需氮、磷、钾三要素,但比例要适当,氮肥多时,茎叶徒长,不利于成龄抗性形成,使病毒病加重。所以,适当增施磷钾肥,可增强植株抗病毒能力,促进早结薯。

(3)及时拔除病株、杂株。在种薯繁殖期间应经常深入田间拔除病株,防止病毒扩大蔓延。一般从苗出齐后开始,每隔7～10 d进行一次,拔除病株时要彻底清除地上、地下两部分,小心处理好,不能使蚜虫迁飞,必要时对周围植株要打药。还要分三次拔除杂株,第一次在幼苗期,第二次在现蕾开花期,第三次在收获前。

(4)早收留种。马铃薯原种生产应进行黄皿诱捕,根据诱到的有翅桃蚜的数量,决定灭秧或收获。原因是马铃薯植株被蚜虫传上病毒后,开始时是自侵染点处的表皮和薄壁组织通过胞间连丝移动,增殖运转速度是很慢的,经过4～5 d到达维管束,才能较快地运转,每小时约移动10 mm。可见病毒从侵染植株地上部到侵染块茎需要经过较长时间,确定合适的种薯收获期,可在有病毒侵染的条件下获得健康种薯。正确确定早收或灭秧时期是非常重要的,收获早一天要减产600～900 kg/hm²,收获过晚,植株中病毒会转运到块茎中。根据国内外研究结果,有翅桃蚜迁飞期过后10～15 d灭秧收获为宜。

(二)大田用种生产

1. 繁种田选择

大田用种生产应保证种薯的质量和数量,可选在生产条件较好的3年以上没有茄科植物的地块,肥力好,疏松透气,排水良好,应施有机肥为主,配合使用磷钾肥。

2. 播种期确定

应把种薯膨大期安排在18～25 ℃,并能避开蚜虫迁飞高峰期的季节,密度要比商品薯适当增大。

3. 防除蚜虫

整个生育期间经常深入田间,发现病株及时拔除,利用黄皿诱杀器进行测报,当出现10头有翅蚜时开始定期喷药,注意防治其他病虫害。

4. 及时收获

收获前一周停止浇水,及时杀秧减少病毒传播,收获时防止机械损伤。收获后种薯按不同品种不同等级分别存放,防止混杂,预防病虫和鼠害以减少损失。其他管理方面同生产栽培。

【模块小结】

本模块简要介绍了主要农作物种子生产技术,即常规品种的种子生产方法和杂交种品种的种子生产技术要点。主要介绍了常规小麦品种、水稻品种和大豆品种的原种和大田用种的种子生产程序和方法;介绍了玉米杂交种及亲本自交系的种子生产技术操作规程;介绍了马铃薯脱毒原原种、原种和大田用种种薯的生产技术。

【模块技能】

▶ 技能一　原种生产中典型单株(穗)的选择和室内考种 ◀

一、技能目的

使学生掌握三圃制原种生产过程中选择典型单株(穗)的技能与方法;使学生熟悉常规品种的特征特性。

二、技能材料及用具

水稻、大豆、小麦等当地主要作物的种子田,挂牌、米尺、天平、种子袋、铅笔等。

三、技能方法与步骤

1. 选株(穗)时期

在原种生产过程中,选择典型单株(穗)是在作物品种形态特征表现最明显的时期,即抽穗开花期和成熟期分次进行的,也可只在成熟期进行一次。

2. 选株(穗)标准

根据原品种的典型特征特性进行选择。选株时应注意避免在田边地头和缺苗断垄的地段选择。选择典型单株(穗)的标准如下:

(1)必须具备本品种的典型性状。

(2)丰产性好。水稻、小麦要求穗大粒多,籽粒饱满并充分成熟;大豆要求节间短、结荚密、每荚粒数多。

(3)成熟期适宜,且成熟一致。

(4)植株健壮,抗病虫能力强,秆强不倒。

3. 收获方法

每个学生选择典型的单株10株,连根拔起,每10株扎成一捆(或每人选择50穗,从穗下33 cm处折断,每50穗扎成一捆),并拴上2个挂牌(捆的内外各拴一个),挂牌上注明品种名称、选种人姓名。入选的单株(穗)用于考种决选。

4. 室内考种

每个学生将自己在种子田内所选的典型单株(穗)进行室内考种。

四、技能要求

1. 选株(穗)

任选一种作物的种子田,在收获前,每个学生选择10个典型单株(或50穗)带回室内。根据每人入选单株(穗)的典型性、扎捆的要求、挂牌的填写、拴的部位正确与否评分。

2. 考种

每个学生将单株(穗)逐株(穗)考种,结果填入考种表。淘汰非典型单株(穗),对入选的单株(穗)分别脱粒、编号、装入种子袋,袋内外注明品种名称、株(穗)号(或重复号、小区号)、选种人姓名、选种年份,妥善保存,作为下一年株(穗)行圃播种材料。根据每人在考种过程中称、量、数、记的正确与否评分。

▶ 技能二 种子田去杂去劣 ◀

一、技能目的

让学生学会识别杂株和劣株;掌握去杂去劣的时期和方法。

二、技能材料及用具

小麦、大豆、水稻或其他作物的种子田。

三、技能方法与步骤

种子田的去杂去劣是在作物品种形态特征表现最明显的时期,分几次进行。

(一)大豆种子田去杂去劣

大豆种子田的去杂去劣一般在苗期、花期和成熟期进行,依据如下。

苗期:根据幼茎基部的颜色、幼苗长相、叶形、叶色和叶姿等;

花期:根据叶形、叶色、花色、茸毛色、株高和感病性等;

成熟期:根据株高、成熟度、株型、结荚习性、茸毛色、荚型和熟相等。

(二)水稻种子田去杂去劣

水稻种子田的去杂去劣一般在苗期、抽穗期和成熟期进行,依据如下。

苗期:根据叶鞘色、叶姿和叶色等;

抽穗期:根据抽穗早晚、株叶型、主茎总叶片数和株高等;

成熟期:根据成熟早晚,株高,剑叶长短、宽窄和着生角度,穗型,粒型和大小,颖壳和颖尖色,芒的有无和长短、颜色等。

(三)小麦种子田去杂去劣

小麦种子田的去杂去劣一般在苗期、抽穗期和成熟期进行,依据如下。

苗期:根据叶鞘色、叶姿、叶色等;

抽穗期:根据抽穗早晚、株叶型、株高等;

成熟期:根据成熟度、株高、茎色、穗型、壳色、小穗紧密度、芒的有无与长短等。

依据以上性状,鉴别并拔除异作物、异品种及杂株、杂草。拔除物应带出种子田另做处理。

四、技能要求

(1)任选一种作物的种子田,在任一去杂时期,进行去杂去劣。每个学生两条垄,将拔除的杂株、劣株统一放在地头,结束后记下每人拔除的杂株和劣株株数,由指导老师检查其中有无拔错的植株。

(2)简述去杂品种的形态特征。

▶ 技能三　玉米杂交制种技术 ◀

一、技能目的

使学生掌握玉米杂交制种技术。

二、技能材料及用具

玉米杂交制种田、玉米采粉器、细纱布、橡皮圈等。

三、技能方法与步骤

1. 选地隔离

选土壤肥沃的田块作为玉米制种或亲本繁殖田,并在其四周设置安全隔离区。

2. 规格播种

(1)确定行比。据亲本株高、花粉量多少等情况确定父母本行比及种植规格。

(2)调节播种期。据父母本生育期的差异调节播种期,以求花期相遇。

(3)精细整地。施足基肥,提高播种质量,力争一次全苗、齐苗、壮苗。

3. 田间管理及去杂去劣

(1)间苗补苗。两叶期检查缺苗情况,及时移苗补缺,4～5叶期结合去杂去劣,间、定苗和中耕追肥。

(2)及时追肥。拔节后一周,重攻苞肥,抽雄期补施攻粒肥,提高制种产量。

(3)去杂去劣。这是保证种子质量的有效措施,分4次进行。

第一次(苗期去杂):在4～5叶期,结合间、定苗进行。根据幼苗大小、叶鞘颜色、叶片形状和颜色,每穴最终保留大小适中、典型健壮苗1株。

第二次(拔节期去杂):根据株高、株型、拔节迟早及生长势差异等去杂去劣,主要拔除那些长势特别旺盛、拔节较早的杂株。

第三次(抽雄期去杂):根据雄穗分枝多少、花药色、花丝色不同去杂去劣。

第四次(收获穗选去杂):根据果穗形状、粒色、粒型、轴色,彻底清除不典型果穗、杂粒果穗、病果、病穗及超大果穗。

4. 花期预测

拔节后5～6 d即可预测花期是否相遇,若发现花期不遇,要及时采取有效措施进行调节。

5. 母本去雄及人工辅助授粉

(1)母本去雄。当母本雄穗即将抽出时进行母本去雄,母本去雄要做到及时、彻底、干净。当全田95%的母本株已去雄时,可一次带顶叶把剩余母本全部去雄,不能去雄的弱小株可直接清理。

（2）人工辅助授粉。每天上午 8:00—10:00 进行,可采用拉绳、推杆法,或通过摇动父本株的方法进行,无风天气也可垂直行用鼓风机吹动父本散粉,或将花粉采集后装入授粉器对母本株进行辅助授粉,连续 2～3 次。

6. 及时收获

分别收获父本、母本,收获时袋内外写好标签。在运输、晒干、脱粒过程中严防机械混杂。

四、技能要求

（1）每个学生都要参加制种田播种、除杂去劣、去雄、人工辅助授粉以及收获的全部过程。

（2）通过田间实践,要求每个学生能识别 2～3 个当地推广的杂交种亲本的特征特性。

（3）收获后进行全面总结,提出提高制种田产量和质量的综合技术措施。

【模块巩固】

1. 简述玉米自交系原种生产的程序和主要技术要求。

2. 简述玉米杂交制种技术。

3. 简述利用三圃制生产水稻原种技术。

4. 简述利用二圃制生产小麦原种技术。

5. 简述大豆大田用种种子生产技术。

6. 简述马铃薯脱毒种薯的生产程序。

7. 简述大豆原种生产技术。

模块五
蔬菜种子生产技术

我国蔬菜种子
的自主权问题

【知识目标】

通过本模块学习,使学生掌握叶菜类、根菜类、茄果类及瓜菜类蔬菜的常规种子和杂交种子生产技术,理解并掌握蔬菜种子原种生产的成株采种技术和蔬菜种子大田用种生产的小株采种技术。

【能力目标】

能够正确地进行叶菜类、根菜类、茄果类及瓜菜类等常见蔬菜的常规种子和杂交种子的生产。

项目一　叶菜类种子生产技术

一、大白菜种子生产技术

大白菜又称结球白菜,属十字花科芸薹属,为喜低温、长日照蔬菜。大白菜从种子萌动开始到长成叶球的任何时期,在 10 ℃以下经过 10～30 d 都可通过春化阶段。大白菜萌动种子经低温春化后春播,当年即可抽薹、开花、结实,所以大白菜被称为萌动种子低温春化型作物。

大白菜是我国北方和中原地区冬季食用量最大的蔬菜。大白菜具有丰富的营养价值,而且产品供应期长,为"种一季,吃半年"的蔬菜,民间也有"百菜不如白菜"之说。我国在大白菜种子生产方面是走在世界前列的。大白菜的种子生产分常规品种的种子生产和杂交品种的种子生产两种类型。

（一）大白菜常规品种的种子生产

大白菜常规品种的种子生产方法有大株采种法、半成株采种法和小株采种法三种。其中，大株采种法的优点是可以在秋季对种株进行严格选择，从而能保证原品种的优良种性和纯度，种子纯度高。其缺点是：占地时间长，种子成本高；种株经过冬季窖存，第二年定植后生长势较弱，易腐烂，种子产量低，适合用于质量要求较高的原种的生产。半成株采种法的种子质量不如大株采种法高，但种子产量高，抗寒耐藏性较好。小株采种法的优点是生产周期短、种子成本低、种株生长旺盛、种子产量高；缺点是无法进行种株的选择，纯度不如大株采种法，适合用于繁殖生产大田用种。

大白菜的起源
与进化

1. 大株采种法的种子生产

大株采种法，又称成株采种法、结球母株采种法等。第一年秋季播种培育成健壮的种株，当叶球成熟时进行严格选择，经过越冬贮藏或假植越冬，第二年春季定植于露地采种。其技术要点如下。

（1）种株的培育。采种用的种株秋季播种期与生产栽培相比应适当推迟 5～10 d，栽植密度 45 000～60 000 株/hm²。在水肥管理上，为增强种株的耐藏性，应减少氮肥的施用量，增加磷钾肥的用量。前期水分正常管理，结球后期偏少，收获前 10～15 d 停止浇水。种株收获期应比生产栽培早 3～5 d，以防受冻。收获时竖直连根拔起，就地晾晒 2～3 d，每天翻倒一次，以后根向内露天堆垛，天气转冷入窖贮藏。

（2）种株的选择。从种株培育到种子采收需经过多次选择。第一次在苗期，通过间苗拔除异常株、变异株、有病株等。第二次在叶球成熟期，主要针对品种典型性状如株型、叶色、叶片抱合方式、有无绒毛等，同时注意选留健壮、无病虫害、外叶少、结球紧实的种株。第三次在种株贮藏期，前期应淘汰伤热、受冻、腐烂及根部有病的种株，后期应淘汰脱帮多、侧芽萌动早、裂球或衰老的种株。第四次在种株抽薹开花后，可根据种株的分枝习性，叶、茎、花等性状，进一步淘汰非标准株。

（3）种株的贮藏及处理。种株贮藏最好采用架上单摆方式，也可以码垛堆放，但不宜太高。入窖初期应 2～3 d 倒菜一次，以后随着温度降低可延长倒垛时间。种株贮藏适温 0～2 ℃，空气相对湿度 80%～90%。通常在定植前 15～20 d 应把种株叶球上部切去，以利花薹的抽出。切菜头常用的方法是在短缩茎以上 7～10 cm，以 120°转圈斜切成塔形。然后把种苗放在不受冻的场所进行晾晒，使其见光，叶片由白变绿，提高定植后的成活率。

（4）种株定植及其管理。

①采种田选择。大白菜是异花授粉植物，天然杂交率在 70% 以上，所以采种田应进行严格隔离，与容易杂交的其他白菜类蔬菜的采种田隔离 2 000 m 以上，有障碍物的应隔离 1 000 m 以上。大白菜的采种田应选择土质肥沃、疏松、能灌能排地块，忌重茬，与十字花科植物轮作 2～3 年及以上。

②定植。在确保种株不受冻的情况下尽量早定植，一般在 10 cm 的土温达到 6～7 ℃时即可定植，东北地区一般在 3 月末至 5 月上旬。若采用地膜覆盖栽培，可使种子提早成熟、饱满，产量显著增加。

大白菜种株定植一般采用垄作，密度 52 500～67 500 株/hm²，挖穴栽植，定植深度以菜头切口和垄面相平为宜，周围用马粪土踩实，不可留有空隙。

③田间管理。定植时若墒情好,可不浇水。当主茎伸长达 10 cm 高时,结合追肥浇一次水,开花期应多次浇水,满足水分供应。盛花期后应减少灌水,种子成熟期前停止浇水。种株定植前应施足基肥,施农家肥 75 000 kg/hm²,氮磷钾复合肥 300 kg/hm²。大白菜属虫媒花,传粉昆虫的多少与种子产量关系密切,通常每 1 000 m² 采种田需设一箱蜂,以辅助传粉。种株结荚后,为防止倒伏,最好设立支架。种株生长期间注意防治病虫害。

④种子收获与脱粒。大白菜从开花到种子成熟需要 35～40 d,当种株主干枝和第一、二侧枝大部分果荚变黄时即可采收。一般于早晨露水未干时用镰刀从地上部割断,一次性收获,将收获后的种株放在晒场上晾晒 2～3 d,然后脱粒。

2. 小株采种法的种子生产

(1)春育苗小株采种法。早春在冷床、阳畦、塑料大棚、塑料小拱棚都可育苗,出苗后应给予一定时间的低温处理,使之通过春化阶段。2～3 片真叶时可移植一次,6～10 片真叶时定植露地,东北地区的定植时间为 4 月份至 5 月份,密度 60 000～75 000 株/hm²。3～5 d 后浇缓苗水,然后中耕松土,提高地温,促进缓苗。开花期应保持土壤湿润状态,当花枝上部种子灌浆结束开始硬化时,要控制浇水。在基肥比较充足情况下不用多追肥,但肥力差的地块,在种株抽薹开花后可能会出现缺肥现象,应立即追施复合肥 225～300 kg/hm²,盛花期叶面喷施0.2%磷酸二氢钾 1～2 次、0.1%硼砂 2～3 次效果更好。春育苗小株采种法下种子的成熟期比大株采种法晚 10～15 d,其他同大株采种法。

(2)春直播小株采种法。早春化冻后进行顶浆播种,东北地区为 3 月下旬至 4 月份,播种量 3.75 kg/hm²,间苗 2 次,其他同春育苗小株采种法。

(3)春化直播小株采种法。东北中北部及内蒙古部分地区,由于无霜期短,秋白菜的播种期早,为保证当年采收的种子能赶上秋播,常采用此方法。即在最佳播种期前 17～25 d 将白菜种子用 45 ℃温水浸泡 2 h 后,置于 25 ℃条件下催芽。经 20～40 h 种子萌动后,将种子装入纱布袋置于 0～5 ℃冰箱中,处理 25～30 d。每天检查温度,3 d 检查一次湿度。播种后的抽薹率可达 95%以上。

(二)大白菜杂交品种的种子生产

目前,大白菜杂交品种的种子生产主要利用雄性不育系和自交不亲和系两种方法。

1. 利用雄性不育系的制种技术

(1)雄性不育系的亲本繁殖。大白菜的雄性不育系是由甲型"两用系"不育株与乙型"两用系"的可育株杂交而成。因此在亲本繁殖时每年需设三个隔离区,即一个甲型"两用系"繁殖区,一个乙型"两用系"可育株系繁殖区和雄性不育系繁殖区。它们都为亲本原种,为保持品种纯度和种子质量,应采用大株采种法,隔离区周围 2 000 m 内不能种植与之杂交的十字花科植物。这样,在甲型"两用系"繁殖区内的能育株给不育株授粉,在不育株上收获的种子仍然是甲型"两用系";在乙型"两用系"可育株系繁殖区内经自由授粉收获的种子,仍然是乙型"两用系"可育株系;在雄性不育系繁殖区内利用乙型"两用系"可育株花粉给甲型"两用系"不育株授粉,在不育株上收获的种子即雄性不育系亲本原种。应该注意,甲型"两用系"的可育株要及早拔除,如果不拔除就应该做好标记,采种时严格收获不育株上的种子,才能保证雄性不育系原种的纯度。

(2)利用雄性不育系制种。采用春育苗小株采种法。一般在冷床、阳畦、塑料大棚等设施里播种,东北地区播种时间为 2 月份至 3 月份,母本的用种量是父本的 3～4 倍。苗期的温度管理应使之通过春化阶段,0~10 ℃、10~20 d即可通过低温春化。3~4叶期移植一次,6~8片叶时定植于露地,日历苗龄60 d左右。东北地区定植时间为3月下旬至5月上旬,株行距(50~60) cm×(25~30) cm,保苗60 000~75 000株/hm²,定植时父母本比例为1:(3~4),制种区周围隔离距离为1 000 m。开花后利用父本花粉给不育系授粉,在不育系上收获的种子即杂交种。

2. 利用自交不亲和系的制种技术

(1)自交不亲和系的亲本繁殖。大白菜自交不亲和系的亲本繁殖应采用大株采种法,可以在网室、大棚或露地进行,露地繁殖的隔离距离应为2 000 m以上。自交不亲和系亲本繁殖的关键技术是蕾期自交授粉,当种株进入开花期后应选择健壮的一、二级分枝中部合适的花蕾,以开花前2~4 d的花蕾授粉最好,一般以开花以上第九个花蕾为最佳状态。用镊子或剥蕾器将花蕾顶部剥去,露出柱头,取当天或前一天开放的系内各株的混合花粉授在柱头上。注意:授粉工作要精心细致,严防混杂,更换系统时要用酒精消毒,严防昆虫飞入温室或纱网内。用蕾期授粉的方法繁殖自交不亲和系原种,用工多,成本高。近年来有单位试验,在花期喷2%~3%的食盐水可克服自交不亲和性,提高自交结实率,也可使用CO_2气体处理,打破自交不亲和性。

(2)利用自交不亲和系制种。利用自交不亲和系生产大白菜杂交种大多在露地进行,一般采用春育苗小株采种法。即将父母本的种子按比例播种在温室的冷床中或阳畦内,出苗后使之通过春化阶段,2~3叶期移苗一次,6~10片叶时定植到露地,定植时父母本比例为1:1或1:2。开花后任其父本的花粉给自交不亲和系授粉,在自交不亲和系上收获的种子即杂交种。需注意的是:要调节好父母本的花期,使之相遇;空间的隔离距离应1 000 m以上;每1 000 m²可放一箱蜂辅助传粉。其他同前。

二、甘蓝种子生产技术

甘蓝是结球甘蓝的简称,俗称洋白菜、卷心菜、包心菜、大头菜等。在我国,除了南方炎热的夏季、北方寒冷的冬季外,其他季节均可种植,在蔬菜生产和供应中占有十分重要的地位。

(一)甘蓝常规品种的种子生产

甘蓝常规品种的种子生产基本与大白菜相似,原种生产采用成株采种法,大田用种生产采用半成株采种法。

1. 成株采种法生产原种技术

秋季选择种株培育田,早熟品种稍晚播,以防叶球在收获前开裂。晚熟品种稍提前播种,使叶球充实便于选择。田间管理措施同商品菜生产。在叶球成熟期和定植期分两次选择,选择符合原品种典型特征、结球紧实的植株。在我国华南、西南和长江流域,植株露地越冬或移植越冬;在东北、华北和西北地区,植株带根贮藏或定植于冷床越冬,翌春定植前,将球顶切十字以利花薹抽出。植株栽植密度依品种而异,一般45 000~52 500株/hm²。前期多中耕松土,以提高地温,促进根系生长;开花初期要保证供水充足,盛花后控水;种荚开始变黄时及时收获,晾晒2~3 d后脱粒。

2. 半成株采种法生产大田用种技术

此法采用秋季晚播,到冬前长成松散的叶球,要求早熟品种茎粗0.6 cm以上,最大叶宽6 cm以上,具有7片真叶以上;中晚熟品种茎粗0.8~1 cm及以上,最大叶宽7 cm以上,具有

10～15 片真叶及以上。冬前收获叶球贮藏或定植于冷床越冬。其他管理工作同成株采种法。

(二)甘蓝杂交品种的种子生产

甘蓝具自交不亲和性,所以目前配制甘蓝杂交种主要利用自交不亲和系做亲本。由于自交不亲和系经过多代自交后抗逆性较差,生产上一般采用半成株采种法生产自交不亲和系种子和杂交制种。

(1)自交不亲和系的种子生产。自交不亲和系的种子生产需在严格隔离的条件下,用人工蕾期授粉或花期喷盐水法进行。

(2)甘蓝杂交种子生产。目前,甘蓝的杂交种子主要用自交不亲和系杂交配制。由于自交不亲和系的抗逆性较差,宜采用半成株法制种。

项目二　根菜类种子生产技术

凡以肥大的肉质直根为产品的蔬菜都属根菜类,其中以萝卜、胡萝卜、根用芥菜栽培面积最大。这类蔬菜生长期短、适应性强、产量高、病虫少、耐贮运、营养丰富、吃法多样,是腌制加工的主要原料。

一、萝卜种子生产技术

萝卜属十字花科萝卜属,以肥大的肉质根为产品,生食熟食皆宜,亦可加工,多汁味美,且富含碳水化合物、维生素,以及磷、铁、硫等无机营养元素,在我国南北方均广泛栽培。

(一)常规品种的种子生产技术

1. 原种生产

秋冬萝卜一般采用成株采种法生产原种。秋季播种期比生产田迟 10～15 d,可适当加大种植密度。秋季采种田的栽培管理与生产田基本相同。立冬前后收获,严格去杂去劣,然后切除种株叶丛,摊晾 1～2 d 后,栽于种子生产田,露地越冬或将种株窖藏,待翌春在不受冻害的前提下尽早栽植。定植距离因品种而异:一般小型品种行距 40～50 cm,株距 10～15 cm;中型品种行距 40～50 cm,株距 15～25 cm;大型品种行距 50～60 cm,株距 25～40 cm。栽植时须压紧土壤,使肉质根与土壤紧密结合。肥水管理与下述生产用种的繁殖基本一致。种子生产中应与其他萝卜品种隔离 1 600～2 000 m。

春萝卜原种可用经过选择的优质纯种子进行春播,用半成株采种法生产。1 月下旬至 2 月初阳畦播种,田间管理同大田栽培。4 月上旬将种株拔出,经去杂去劣后,剪叶定植于隔离条件良好的种子生产田内,开花后任其自然授粉,混合采收。隔离要求同上。

2. 大田用种生产

(1)气候及土壤条件。气候条件:萝卜发芽的适宜温度为 20～25 ℃,肉质根生长适宜温度为 18～20 ℃。温度低于 6 ℃,植株生长微弱;温度低于 -2 ℃,肉质根即会受冻害。每天 10 h 左右的短日照适宜其营养生长,生殖生长期则要求长日照条件。土壤条件:萝卜对土壤的适应性较强,但以土层深厚、疏松、通气良好的沙壤土最为适宜。土壤中性或微酸性均可,pH 以

5.8～7.0 最适。

(2)隔离条件。种子生产田须与其他萝卜品种隔离 1 000 m 左右。

(3)种子生产方法。成株采种法、半成株采种法及小株采种法均可采用。

①成株采种法。在采收萝卜时,于生产田内选择具有本品种特征的优良种株留种;也可设专门的种子生产田培育种株。入选种株去掉叶丛后直接栽入种子生产田越冬,或将种株窖藏,在翌春不受冻害的前提下尽早栽植。定植距离等同前述原种生产。

②半成株采种法。中小型萝卜或秋冬萝卜的大型品种,在 8 月上旬至 9 月上中旬播种(比成株采种法晚播 10～15 d),冬前长成半成株,于 10 月上旬至 11 月下旬收获,株选后留种。其余处理同成株采种法。

③小株采种法。长江流域及以南地区在 2 月下旬至 3 月下旬播种;北方可采用早春保护地育苗或露地直播。在定苗前注意选择具有本品种特征的种株,淘汰杂、劣、病株。此法易于管理、成本低,但不能有效地进行选择,故种子只能作为生产用种。

(4)种子生产技术要点。以成株采种法为例介绍。

①播种。播种期比菜田略晚。如秋冬萝卜可于 8 月下旬播种,春萝卜可于 9 月上中旬播种。播种量一般为 5.3～6 kg/hm²。

②肥水管理。萝卜喜肥,需要氮、钾肥较多。为保证肉质根充分发育以利选择,需底施厩肥 45 000～75 000 kg/hm²,过磷酸钙 225～300 kg/hm²。在定苗及莲座期追施尿素 150 kg/hm² 左右,莲座期加施过磷酸钙 150 kg/hm²。

播种前后要保持土壤湿润,以利出苗。定苗后需水量渐增,应及时浇水。肉质根膨大期需水量急增,应加大灌水量。

③种株选择。在苗期、莲座期、成熟期和采收期选择符合本品种典型特征且无病虫害者为种株,严格去杂去劣。尤其在采收期,应选择肉质根大而叶簇相对较小、表皮光滑、色泽好、根痕小、根尾细者做种株。

④种根的窖藏管理。在寒冷地区,立冬前后将种根入窖,贮藏最适温度为 1 ℃左右。若窖温高于 3 ℃,应及时倒堆降温。

⑤种株管理。种子生产田宜选地势较高、排灌方便、土层深厚、土质肥沃的地块。种株可于 3 月中下旬定植,方法同原种生产。待种株发芽,扒去壅土,浇以清粪水;待花薹抽至 10～13 cm 时再浇稀粪水一次。从植株抽薹现蕾开始,每 5～7 d 灌水一次,至始花期浇稀粪水 7 500～15 000 kg/hm²,并追施钾肥 225～300 kg/hm²。终花期后,严格控制灌水量,以促进种子成熟。

⑥收获与脱粒。正常情况下,南方在 5 月下旬,北方在 7 月上中旬种子即可成熟。萝卜果荚不易开裂,故可待种子完熟后一次性收获。种株晒干后打落种子,将种子晒至标准含水量后装袋贮藏。

(二)杂交种子生产技术

萝卜雌雄同花,花器小,人工杂交去雄困难。目前,生产上主要采用雄性不育系制种,以利用杂种优势。

1. 亲本的繁殖与保持

利用雄性不育系制种必须有不育系(F_1 的母本)、保持系(繁殖不育系的父本)和恢复系(F_1 的父本)三系配套。以上三系都需用成株采种法繁殖原种。

在三系原种的繁殖过程中须严格选择,以保证不育株率的稳定性和优良性状的典型性。三系的繁殖最好分别设立隔离的繁殖圃,隔离条件及种子生产方法基本同前述原种生产。

2. 杂种一代制种

F_1 种子可用半成株采种法及小株采种法生产。制种区内,按(4~5):1 的行比种植不育系和恢复系,不育系上收获的种子即 F_1 杂种种子;恢复系上收获的种子也可用作下一代制种的恢复系。

抽薹或初花期要特别注意拔除不育系中出现的个别能育株,以及父母本中的杂劣病株。制种中的隔离条件及种株管理等同前述大田用种生产。

二、胡萝卜种子生产技术

胡萝卜又名红萝卜、黄萝卜等,是伞形科胡萝卜属二年生草本蔬菜作物。胡萝卜原产于中亚西亚一带,现在我国分布很广,南北各地均有栽培。胡萝卜根据长度可分为长根种和短根种两类;根据根形又可分为圆柱形、长圆形、长圆锥形和短圆锥形四类。

(一)常规品种的种子生产技术

胡萝卜种子生产方法有两种,即成株种子生产法和半成株种子生产法。

1. 成株种子生产法

成株种子生产法是第一年秋季培育种根,第二年春季将种根定植于露地的种子生产方法。该法在种根收获时能根据品种典型性状进行选择和淘汰,故能保持品种的优良性状,原种生产必须采用此法。

(1)种根的培育。培育种根的胡萝卜,一般于 7 月份播种。播前要进行种子处理,以提高发芽率。播种时要精细整地,使土壤细而润,覆土要适当,达到苗齐苗壮。可撒播或条播,播种量 $15.0\sim22.5\ kg/hm^2$。

胡萝卜苗期生长缓慢,要注意及时中耕除草,增温保墒。其他管理措施与大田栽培基本相同。

(2)种根的选择和贮藏。收获时要选择叶色正,叶片少,不倒伏,肉质根表面光滑、根顶小、色泽鲜艳、不分杈、不裂口、须根少,具本品种特征特性的种根留种。入选种株切去叶片,只留 1~2 cm 长的叶柄待藏。在贮藏期间和出窖前,进行复选,除去伤热和冻害引起腐烂及感病的种株。

种株入窖前可用浅沟假植,当气温降至 4~5 ℃时入窖。窖内多采用砂层堆积方式,即一层干净的细砂土,一层胡萝卜,如此堆至 10 m 高左右。冬季贮藏适温为 1~3 ℃。

(3)种株定植及管理。在冬暖地区,将选取的种根保留 10~15 cm 长的叶柄,摊晾 1~2 d 后,直接栽于种子生产田。在寒冷地区,于土温上升至 8~10 ℃时栽植。栽植前再进行一次选择,淘汰不符合品种典型性状的种株。最好假植一段时间后再定植。定植时将肉质根斜插入土壤中,栽深以顶部与地面平或稍高为宜。行距 50~60 cm,株距 25~33 cm。制种区应隔离 1 000 m 以上。

胡萝卜花期长,除施基肥外,要追肥 1~2 次,且保持花期不干旱。为了使种子充实饱满和成熟一致,每株只留主枝和 4~5 个健壮的一级分枝。

(4)种子采收。胡萝卜花期长,各花序的种子成熟期不一致,因此最好分批采收。当花序由绿变褐,外缘向内翻卷时,可带茎剪下,20多枝捆成一束,放在通风处风干,即可脱粒,或只剪成熟的花序,摊晒后脱粒。

2. 半成株种子生产法

半成株种子生产法的特点是播期延迟1个月左右,使肉质根在冬前得不到充分发育,肉质根直径不小于2.0 cm时收获,贮藏越冬,次春定植。南方可采用直播疏苗,次春定苗。

半成株种子生产法的栽植密度大于成株种子生产法,其种子生产量也略高于成株种子生产法。但由于播期迟、肉质根小,不利于依据品种典型性进行选择,该法主要用于繁殖生产用种。

(二)杂交种制种技术

胡萝卜花小,单花形成的种子少,因此配制 F_1 代杂种,以利用雄性不育系为好。目前发现的雄性不育花有两种类型:一种是瓣化型,即雄蕊变形似花瓣,瓣色红或绿;另一种是褐药型,即花药在开放前已萎缩,黄褐色,不开裂,花开后花丝不伸长。在不育程度方面,雄性不育花可以分为完全不育和嵌合不育两类。

胡萝卜配制 F_1 代杂种,主要采用半成株法和春育苗法,其主要技术如下。

1. 半成株法杂交制种

杂种一代亲本系的播期、田间管理、冬季贮藏及春季的栽培管理与半成株法繁殖亲本系原种相同。不同之处为当母本为雄性不育系、父本为自交系时,双亲的用种量为3:1,春季可按4:1的行比进行定植。盛花期过后,将父本行拔除,可获得纯度为100%的杂交种。

2. 春育苗法杂交制种

育苗阳畦于冬前做好。播前将畦内浇足底墒水,待水渗后,在畦面上划成4~5 cm见方的小方格,在方格中央点播1~2粒种子,播后覆土1~1.5 cm,盖严塑料薄膜,傍晚加盖草苫。利用雄性不育系为母本、自交系为父本制种时,双亲的用种量为3:1。播种后要尽量提高畦温,促进出苗。当幼苗长到5~6片真叶时,要进行低温锻炼。土壤解冻后,选好隔离区及时定植。不育系与父本系可按4:1的行比栽植,要带土坨定植,以利缓苗。定植后及时浇水,中耕松土,以增温保墒。其他管理同一般采种田。盛花期过后,将父本行拔除,可获得纯度为100%的杂交种。

项目三 茄果类种子生产技术

茄果类蔬菜主要有番茄、茄子和辣椒,是我国人民最喜爱的果菜类之一,属于茄科植物。番茄和辣椒起源于中、南美洲,茄子起源于印度。茄果类蔬菜的杂种优势利用在美国、日本等发达国家已十分普遍,我国生产上杂交种的应用面积也逐年扩大,番茄已达90%以上,辣椒、茄子也已达60%以上。

一、番茄种子生产技术

(一)常规品种的种子生产技术

1. 采种田的选择

番茄种子生产应选择土层深厚、排水良好、富含有机质的肥沃壤土,原种的隔离距离

300～500 m,生产用种应隔离 50～100 m。

2.去杂去劣及选优

在番茄整个生长期间都要对植株进行严格的选择,苗期可根据叶形、叶色、初花节位进行选苗,合格者定植。生长期间应进行田间的去杂去劣去病工作,拔除生长势弱、主要性状不符合本品种特性和花序着生节位高的植株。果实采收时应选择坐果率高的植株,在其上选果形、果色和果实大小整齐一致,没有裂果、果脐小的果实进行采种。

3.果穗选择及疏果

番茄整枝方式一般为单干整枝,采种时第一穗果不留,选留第二、第三、第四穗果。每穗留果个数依品种而异,大型果 2～3 个,中型果 4～5 个,小型果 8～10 个。每一果穗果数多时要进行疏果,即淘汰畸形果、小型果,选留大型、端正、发育良好的果实。

4.果实的采收及取种

早熟品种从开花到果实生理成熟期需 45～55 d,中晚熟品种则需 55～60 d。当果实达生理成熟期(即完熟期)后应及时采收,采收前应淘汰病虫危害、裂果、果型不正、不具本品种典型特征的果实。采收后果实需后熟 1～2 d,然后再进行取种。

取种时用小刀横切果顶或用手掰开果实,将种子连同汁液倒入非金属容器中(量大时用脱粒机将果实捣碎),放在自然温度下发酵 1～2 d,每天搅拌 2～3 次。当表面有白色菌膜出现,种子没有黏滑感时,表明已发酵完好,应及时用水清洗干净,然后用洗衣机甩干,摊开晾晒。当种子含水量达 8% 以下时可装袋贮藏。

取种也可把种子浸没在浓度为 1% 的稀盐酸溶液中,时间保持 15 min,其间要不断进行搅动,种子取出后在清水中晃动漂洗干净,然后脱水、晾晒。

(二)杂交种品种的种子生产技术

番茄杂交种品种种子生产的方法有人工杂交制种和利用雄性不育系杂交制种等,其中人工杂交生产的种子纯度高、质量好,为主要的制种方法。东北地区多采用露地制种的方法。

1.亲本准备

(1)培育壮苗。整个育苗技术与常规育苗方法相同。杂交制种通常先播父本,后播母本,父母本播期相差时间的长短依父母本花期早晚而定。为避免父母本错乱,最好不要播在一个苗床内,应分床播种。

(2)定植。定植时间为晚霜过后 5～10 d,东北地区为 5 月份至 6 月份。定植时父母本比例为 1∶(4～6)。

2.制种技术

(1)备好杂交器具。番茄的杂交器具一般有镊子、授粉器、干燥器、150 目网筛、小玻璃瓶、棉球、75% 酒精、冰箱、采粉器等。

(2)制取花粉。采集花粉的方法主要有两种:一种是用手持电动采粉器采粉;另一种是用干制筛取法采粉。干制筛取法,即到父本田将盛开的花朵摘下,取出花药,摊于干净的纸上晾干;放入筒中摆在生石灰的表面或干燥器内,把盖盖严,第二天花药便开裂,散出花粉;放在150 目筛中,边筛边搓,使花粉落下,收集装入贮粉瓶中待用。除此之外,也可用灯泡干燥法和烘箱干燥法。在 4～5 ℃条件下,花粉的生活力可保持一个月以上,常温下可保持 3～4 d。

(3)去雄。从母本第二穗花开始去雄,去雄前摘掉已开放的花和已结的果。去雄一般选择次日将要开放的花蕾,这时花冠已露出,雄蕊变成黄绿色,花瓣展开 30°。去雄时以左手托花蕾,右手持镊子从花药筒基部伸进,将花药一一摘除。注意要干净、彻底,不要碰伤其他花器,尤其要保护好雌蕊。

(4)授粉。将采集的花粉装入特制的玻璃管授粉器中,以左手拿花,右手持授粉器,把去雄后花的柱头插入授粉器内,使柱头沾满花粉即完成授粉工作。授粉一般是在去雄后 1～2 d 进行,母本花必须是盛开之时;如遇雨天,应进行重复授粉;授粉完毕,应将花撕下两枚萼片作为杂交完毕的标志。

3. 果实成熟和收获

果实成熟后应及时分批分期采收,凡撕下两枚萼片的为杂交果实,其他的果实淘汰,取种方法同前。

二、茄子种子生产技术

(一)茄子常规品种的生产技术

1. 茄子常规品种的原种生产

茄子的天然杂交率一般在 5%以下,但也有的高达 7%～8%。因此,原种生产应采取严格的隔离措施。原种生产一般安排在春季进行,主要技术如下。

(1)培育壮苗。

①播前准备。

a. 确定播期。播期的确定可用当地的定植期及苗龄向前推算。中早熟品种在当地定植前 2 个月播种育苗,晚熟品种在定植前 3 个月播种育苗。

b. 育苗床。每公顷种子田需 15 m² 的育苗床,375 m² 的分苗床。苗床一般设在温室内,做成 1～1.2 m 宽的南北向苗床,铺 7～10 cm 厚的营养土。分苗床铺 12～15 cm 厚的营养土,营养土用 60%的未种过茄科作物的田园土和 40%的腐熟有机肥过筛后混合而成。

c. 浸种催芽。原种田的用种量为 750～1 125 g/hm²。茄子催芽较慢,可采用变温法催芽:先将种子在 55 ℃的热水中浸泡,并充分搅拌;待水温降至常温时再泡 24 h,清洗后将种子捞出稍晾,用湿布包好;白天保持 30 ℃,夜间 20～25 ℃,每天翻动 3～4 次;3～4 d 后,当 60%以上种子露白时即可播种。

②播种及育苗期管理。

a. 播种。播种当天浇足底墒水,水渗后撒一层营养土,然后均匀撒播种子。播后覆盖 1 cm 厚的营养土,再盖一层地膜提温保湿。撒上杀鼠毒饵后起小拱,扣严薄膜,夜间加盖草苫。

b. 播种至齐苗阶段。主要是增温保湿,草苫要晚揭早盖,用电热温床育苗的应昼夜通电。当幼苗顶土时,及时揭除地膜,断电,并覆 0.5 cm 的脱帽土。出苗 70%～80%时,可渐渐揭去小拱上薄膜。

c. 齐苗至分苗阶段。齐苗后要适当降温,防苗徒长,最适气温白天为 20～25 ℃,夜间为 15～20 ℃。同时,适当间苗,增强光照。干旱时喷水,兼喷施 0.2%尿素与 0.2%磷酸二氢钾混合液,为花芽分化提供足够的营养。

③分苗及分苗床管理。

a. 分苗。在 2～3 片真叶时选择晴天的上午分苗,分苗前 1 周要降温炼苗。分苗床营养土下要垫 0.5 cm 厚的细砂或炉灰,以便于起苗。分苗前喷透水,按 8～10 cm 见方的距离起苗。随分苗随盖薄膜和草苫,以防日晒萎蔫。

b. 分苗至缓苗阶段。主要是增温管理,不放风,白天 25～28 ℃,夜间 15～20 ℃,晴天的上午 10 时至下午 3 时回苫遮阴,以防日晒萎蔫。

c. 缓苗至定植阶段。随气温回升,应逐渐放风,畦内温度控制在 20～25 ℃。如苗床显干,在 4～5 片叶时可浇一次小水并中耕。定植前 7～10 d 浇一次大水,放风渐至最大量以炼苗,直至全揭膜。待浇水后 3～4 d 苗床干湿适中时,进行切苗、起苗、囤苗 3～5 d,终霜过后方可定植。

（2）定植及田间管理。

①原种田的选择及做畦。选择的原种田与周围其他茄子空间隔离 500 m 以上。

②定植。茄子耐寒力较弱,定植应选择在当地终霜过后,10 cm 地温稳定在 16 ℃ 以上时进行。定植密度为 43 500 株/hm² 左右,定植深度以露土坨为准。因早春地温低,宜采用暗水定植。

③田间管理。

a. 追肥浇水与中耕除草。定植后及时中耕,以提高地温,促进发根。苗期应进行蹲苗。一般在门茄"瞪眼"时结束蹲苗,追一次催果肥;对茄和四门斗茄迅速膨大时,对肥水的要求达到高峰,可追施尿素与磷酸二铵 1:1 混合肥 375 kg/hm²。

b. 整枝打杈。一般茄子留种节位为对茄和四门斗,以四门斗种子产量最高。四门斗以上留 2～3 个叶片后打尖。对育苗晚的原种田,为防雨季烂果,可留门茄和对茄。保证大果型品种留种果 2～3 个,中小型品种留种果 3～5 个,要选择果型周正、脐部较小、颜色均匀一致的果实做种果。

c. 去杂去劣。在定植时根据株型、叶型、叶色,去除不符合原品种典型性状的杂、劣、病株;在开花坐果期和种果采收前,根据果型、果色、花色、株型拔除不符合原品种典型性的杂、劣、病株。

（3）采收与采种。种果在授粉后 50～60 d,当果实黄褐色、果皮发硬时可分批采收,采收后于通风干燥处后熟 1～2 周,使种子饱满并与果肉分离。

采种量少时可将果实装入网袋或编织袋中,用木棍敲打搓揉种果,使每个心室内的种子与果肉分离,最后将种果敲裂,放入水中,剥离出种子。采种量大时,可用经改造的玉米脱粒机打碎果实,用水淘洗,将沉在水底的饱满种子捞出,放在通风的纱网上晾晒,晒干后装袋贮藏。经室内检验,符合国家规定的原种标准的种子即原种。

2. 茄子常规品种的大田用种生产

茄子常规品种的大田用种生产,空间隔离距离为 100 m。大田用种生产要用原种种子育苗,在分苗、定植、开花结果期及收获前严格剔除不符合原品种特征特性的杂、劣、病株。其他各项技术可参照原种的种子生产。

（二）茄子杂种一代的种子生产技术

因为茄子的花器较大,人工去雄较容易,所以茄子杂交制种一般采用人工去雄授粉。茄子的人工去雄杂交制种技术与番茄相近。

项目四　瓜类种子生产技术

瓜类为果菜,属葫芦科。我国栽培的瓜类果菜共有十余种,主要有黄瓜、西葫芦、西瓜、甜瓜、南瓜、苦瓜和冬瓜等。现以黄瓜和西葫芦为例,介绍瓜类果菜种子生产技术。

一、黄瓜种子生产技术

黄瓜是我国蔬菜生产中种植面积较大的果菜种类之一,全国各地均有栽培,保护地和露地均可生产。因此,各地对黄瓜品种及种子质量的要求较高。

黄瓜为雌雄同株、由昆虫传粉的异花植物。黄瓜的雌花在授粉不良时仍能结果,但果实内无种子或种子极少,这种习性称为单性结实现象。因此,种子生产必须做好人工辅助授粉工作。黄瓜授粉后 50~60 d 果实达到生理成熟。一般单瓜可结 80~200 粒种子,多的达 400~500 粒种子,千粒重 16~30 g。

(一)常规品种的种子生产技术

黄瓜种子的生产根据栽培方式的不同分为春露地采种法、春季保护地采种法和夏秋露地采种法三种。

1. 春露地采种法

(1)采种田的选择。黄瓜根系较浅,但却喜肥,所以应该选择肥沃、富含有机质、通气性良好、灌水排水方便的砂质壤土,pH 5.5~7.5。瓜类植物有共同的病虫害,且能在土壤中潜伏多年,所以应与其他瓜类植物轮作 5 年以上。为保持品种纯度,原种空间隔离距离为 1 000 m以上,生产用种 500 m 以上。

(2)选优去杂。原种生产需要进行选优,选优一般分 3 次进行:第一次在第一雌花开放前,根据第一雌花节位、雌花间隔节位、花蕾形态、植株叶片形状、抗病性等选择符合品种特性的植株进行人工隔离,株间授粉;第二次应在大部分授粉瓜达商品成熟时进行,根据种瓜的性状、雌花数量、节间长度、分枝性、结果性、抗病性等淘汰不符合要求的所选植株;第三次应在采收前,进一步淘汰不符合品种特征特性的植株。选择时一般以第二个雌花结的瓜来鉴定是否符合本品种瓜的特性。生产用种的繁殖可进行去杂去劣,在第二、第三次优选时进行,淘汰一些性状不典型、生长势弱、病虫害严重的植株及种瓜。

(3)人工辅助授粉。为提高黄瓜的采种量,人工授粉是必需的技术措施,其方法是:每天上午 7—9 时,当雄花开放散粉后,连同花柄将雄花摘下来,然后将雄花的雄蕊对准选定的雌花柱头涂抹或用手指弹雄花的花柄,使花粉自然落到柱头上,通常要求株间授粉,最好不要单株自交。每株留 2~3 条种瓜,应授粉 3~4 朵雌花,其余瓜条全部摘除,20 节左右及时摘心。

(4)种瓜收获与采种。种瓜一般从开花到生理成熟期需 35~45 d,当瓜皮变黄或黄褐色时即可采收。放到阴凉通风处后熟一周,然后纵剖种瓜,取出籽和瓤放入缸内或非金属容器中发酵 1~2 d,使黏性物质与种子脱离。当种子下沉缸底、手摸无滑感时,将浮在上面的秕籽、瓜瓤、发酵物一起倒掉。清洗饱满种子,放在苇席或纱网上晾晒 1~2 d,切忌放在水泥地上暴晒。当含水量达到 8% 以下时,可装袋贮藏。

少量采种,可不用发酵直接洗籽。方法是将种子和瓜瓢放入纱布中,在盛水的盆中搓洗,使种子脱离瓜瓢,然后清洗种子,种子沉入底层,瓜瓢和秕籽浮在上面,将浮物倒掉,得到干净种子。这种方法比发酵法洗出的种子更为洁白有光泽,发芽率高。

2. 春季保护地采种法

凡适合于保护地栽培的品种,都应该在保护地条件下进行采种,至少原种应该如此。保护地采种多利用日光温室或塑料大棚。日光温室采种应于1月末至2月份播种育苗,3月份至4月份定植,株行距100 cm×20 cm,6月份至7月份种瓜生理成熟。大棚采种播种定植时间应比菜用栽培晚7～10 d,其管理技术同生产。春季保护地采种病虫害发生较严重,注意防治。由于早春温度低,昆虫性器官发育不完善,数量又少,授粉受精不良,必须进行人工辅助授粉,并将第一、第二朵雌花早点摘除,从第三朵雌花开始授粉,每株授3～4朵雌花,选留1～2条种瓜采种。

3. 夏秋露地采种法

适合于夏秋季露地生产的黄瓜品种,采种时最好采用夏秋露地采种法。

夏秋露地采种法一般在晚霜到来之前采收种瓜,向前推90～100 d就是播种时间。播种时正是高温雨季,幼苗生长势弱,易形成高脚苗,所以应及时间苗、定苗、选苗,加强肥水管理。秋黄瓜苗期处于高温、长日照时期,雌花分化少,第一雌花节位上移,因此选择雌花节位相对较低的优株采种十分重要。高温多雨、阴天潮湿的天气影响传粉昆虫的活动,为提高结实率,增加采种量,人工辅助授粉是非常必要的。秋黄瓜采种一般在第二条瓜以上留1～3条种瓜,采种量150～225 kg/hm²。

(二)杂交种品种的种子生产技术

黄瓜杂交种品种种子的生产方法有人工杂交制种、利用雌性系制种和化学去雄制种。

1. 人工杂交制种

(1)亲本培育。

①注意父母本的花期相遇,原则上父本雄花应比母本雌花早开放,在这个前提下,应从播期上加以调节,一般父本比母本提前5～7 d播种。

②黄瓜的性型分化与苗期温度、光照条件有密切关系。低夜温、短日照有利于雌花的分化,相反则有利于雄花的分化。所以育苗期对父本应适当给予较高温度条件,以诱导父本雄花发生早,多发生,满足杂交授粉时对父本花粉的需要。

③定植时父母本比例应为1：(3～6),父母本可以隔行栽,也可以分两处栽。

(2)杂交授粉。在进行杂交制种之前,首先要对亲本进行选择,要求具有本品种典型性状、生长健壮、无病虫害的植株。母本要选第二、第三个以上的雌花,其余的雄花、雄蕾、已开的雌花和根瓜全部摘除。授粉前一天下午,在母本植株上选择花冠已变黄色的雌花蕾,父本选雄花蕾,用铅丝或塑料夹封扎花冠,勿使开裂。第二天上午6—8时,首先取下隔离雄花,去掉花瓣,露出雄蕊;然后解下母本雌花的隔离物,使花瓣自然开裂,用雄花与雌花直接对花,再隔离;最后在花柄上套金属环做标记。每朵雄花可授3～4朵雌花。当种瓜坐住后,其余的花、瓜全部疏掉,20节后摘心,每株留2～3条种瓜,授粉3～4朵雌花。

(3)种瓜收获与采种。当杂交的种瓜开始变黄或黄褐色时,即可采收。采收时应按照标记逐株采收,切勿与父本株上结的瓜混杂。其他同常规品种的种子生产。

2. 利用雌性系制种

雌性系是只长雌花而无雄花的品系。中农 5 号、中农 1101 号都是利用雌性系生产的。

(1)雌性系繁殖。雌性系只生雌花不长雄花,必须进行人工诱导产生雄花繁殖后代。方法是用硝酸银诱雄,当雌性系幼苗生长到能辨别性型时,将出现雄花的非纯雌株拔除,对 1/4 的纯雌株喷硝酸银,浓度为 300～500 mg/kg,间隔 5 d 喷一次,共喷 3～4 次。定植时喷药与不喷药按 1∶3 配比种植,喷药株应提前 10 d 播种,以保证二者花期相遇。这样用诱导的雄花给其他纯雌株授粉,在纯雌株上收获的种子长成的后代仍然是雌性系。也可用两性花黄瓜品系作为雌性系的保持系。

(2)利用雌性系制种。以雌性系为母本,与父本系按 3∶1 的比例种植在制种区内。开花前应摘除个别母本株上出现的雄花蕾。利用父本的花粉给雌性系授粉,在雌性系上收获的种子即杂交种。要求制种区周围 1 000 m 内不能种植其他黄瓜品种。为提高杂交率和种子产量,可以人工辅助授粉。雌性系单株坐瓜很多,为保证种子质量,应在授粉期过后于植株中下部选留发育良好的果实为种瓜,其余全部疏去。

3. 化学去雄制种

化学去雄制种是利用化学去雄剂处理母本植株,使其不形成雄花,依靠自然授粉而生产杂交种子的方法。化学去雄剂生产上主要应用乙烯利(2-氯乙基磷酸)。喷药时间及浓度,不同地区、不同品种、不同气候条件下各异。早熟品种第一片真叶展开时喷第一次,浓度 250 mg/kg;3～4 片叶时喷第二次,浓度 150 mg/kg;4～5 d 后喷第三次,浓度为 100 mg/kg。中熟品种可在 2 叶 1 心时喷第一次,4～5 d 后喷第二次,共喷 3～4 次药,浓度 250 mg/kg。经处理后的母本苗以父母本比例 1∶(2～4)定植在制种田里。这样母本 20 节以下基本不长雄花,只长雌花,任其父本的花粉给母本授粉,在母本植株上收获的种子即杂交种。

二、西葫芦种子生产技术

西葫芦又称白瓜、番瓜、角瓜、美洲南瓜等,是葫芦科南瓜属南瓜种,原产于美洲南部。目前,西葫芦是我国保护地瓜类中仅次于黄瓜的一大类果菜。

(一)西葫芦常规品种的种子生产技术

1. 西葫芦常规品种的原种生产

一般采用早春育苗移栽采种法,此法可使种瓜成熟前避开高温引起的病毒病。

(1)培育壮苗。

①确定播期。播种期为当地春季定植期(一般在晚霜过后)向前推 30 d。

②播前准备。西葫芦的育苗方法大致与黄瓜相同,但营养面积须保证在 10～12 cm 见方。可在阳畦或大棚内用营养钵或纸筒育苗,播前装好营养钵并排放整齐。营养土的配方同黄瓜种子生产。

③播种。播前浇透底墒水,喷洒杀虫剂和杀菌剂,然后在每个营养钵的中心按一小坑,平放一粒发芽种子,种子上覆土 2 cm 厚。然后盖好地膜、阳畦上的塑料膜及草苫。

④育苗期管理。播种后至出苗前保持温度 25～28 ℃,出苗后白天降到 20～25 ℃,夜间 10～15 ℃,昼夜温差大和低夜温有利于雌花的形成和防止徒长。在苗龄 30～35 d、3～4 片真叶时定植,定植前 10 d 开始逐渐揭膜降温炼苗,定植前 3～5 d 起苗、囤苗。其他技术可参考黄瓜育苗。

（2）定植。

①原种田的选择。选择 3～5 年内没有种过葫芦科作物、土壤肥沃的沙壤土，与其他西葫芦和南瓜空间隔离 1 000 m 以上。施入腐熟有机肥 75 000 kg/hm²、磷酸二铵 25 kg/hm²、硫酸钾 15 kg/hm² 做基肥。做成高 15 cm 的小高畦，2 个小高畦间距 60～65 cm。也可做 1.3 m 宽的平畦。

②定植。晚霜过后、10 cm 地温稳定在 10 ℃ 以上时即可定植。为提高地温，应采用暗水定植。在小高畦上单行定植，定植深度以土坨与地面相平为宜，定植密度为 30 000～33 000 株/hm²。定植时要尽量减少对根的伤害。

（3）定植后田间管理。定植后，前期以提高地温、蹲苗、促进根系发育为主，结瓜后以调节好营养生长和生殖生长的关系为主。

①中耕与蹲苗。定植后的次日浅中耕一次，待缓苗后结合追肥浇水一次，然后及时中耕，进入蹲苗。直到第二个种瓜坐住后，结束蹲苗。

②水肥管理。第一种瓜坐住后施硫酸铵或复合肥 150～225 kg/hm²，然后浇水一次，以后每隔 5～7 d 浇一次水，保持土壤湿润。每浇一次水，追一次肥，每次追施尿素 105～150 kg/hm²。果实收获前叶面喷施 0.2％～0.3％ 的磷酸二氢钾和少量尿素 2～3 次，以增加种子产量。

③整枝留瓜。为了减少养分损耗，应打掉蔓上多余的侧枝，当第二种瓜坐住后，及时去掉第一雌花的根瓜，留第二至第四雌花结的瓜作种。

（4）选优提纯。为了提高原种纯度，要进行选优提纯，方法是：在第一雌花开后第二雌花开前，拔除不符合原品种特征的植株，剩余植株在隔离条件下任昆虫自然授粉。对隔离条件较差的地块可采用人工隔离，人工授粉，即每天下午将第二天要开放的雌花和雄花的大花蕾用线或花夹子扎或夹住，次日上午 6—8 时将隔离的雄花的花粉涂抹到隔离的雌花的柱头上，授粉后扎或夹住雌花的花冠，并在其花柄上用棉线或铁丝拴上标记。若遇雨天，要重新授粉。

（5）种瓜的收获及取种。西葫芦授粉后约 50 d 种子成熟。分批带瓜柄采收，不要碰伤瓜柄，注意轻拿轻放。采收后，于阴凉处后熟 10～15 d，以提高种子的饱满度和发芽率。

取种：将种瓜纵剖，把种子从瓜瓤中挤出，在水中搓洗干净，放到架空的席上晒干。严禁将种子直接放在水泥地或金属器皿于强光下暴晒。

2. 西葫芦常规品种的大田用种生产

大田用种生产常用田间隔离下的自然授粉法，即播种原种的种子，种子田与其他西葫芦或南瓜隔离 1 000 m 以上。授粉前彻底拔除病、杂、劣株，然后在种子田放养蜜蜂授粉。选留第二、三雌花留种，其余雌花及时打掉。种瓜成熟后，再进行一次去杂，最后收获的种瓜混合取种。其他栽培管理技术同原种生产。

（二）西葫芦杂种一代的种子生产技术

目前，西葫芦生产上大部分种植杂交种。因为西葫芦花大，易操作，所以西葫芦杂交种子主要采用自交系进行人工杂交制种。

1. 杂交亲本的种子生产

杂交亲本的原种和大田用种生产分别同常规品种的原种和大田用种生产。

2. 杂交种一代的种子生产

（1）培育壮苗。西葫芦杂交制种的双亲育苗技术同原种生产，但是要根据双亲的始花期调节好播种期,为了增加前期授粉时的父本花粉供应,父本应比母本早播 10～12 d。父母本的用种量为 1∶4。

(2)定植。制种田的选择同原种生产,采用田间隔离或网棚隔离,品种间田间隔离 500 m 以上。定植时父母本按 1∶(3～4)的行比定植,父本早定植 5～10 d。定植方法、密度及田间管理同原种生产。

(3)人工扎花隔离、授粉。

①人工扎花隔离。采用田间隔离的,在开花期,每天下午将第二天要开放的父本雄花和母本第二节以上的雌花的花冠用棉线或花夹子扎夹隔离,同时去除母本上的所有雄花花蕾。如果遇阴雨天,需将父本的雄花大花蕾摘下,放在塑料袋中或放入湿润毛巾的容器内保存,防止花粉遇雨吸水胀破死亡。

②授粉。上午 6—8 时,取父本隔离的雄花,去掉花冠,同时打开隔离的母本雌花,用父本的雄蕊轻轻涂抹母本雌蕊的柱头,授完粉后将母本的花冠扎夹隔离,并在花柄上绑绳或挂牌做标记。网棚隔离制种可直接选用当天开放的父本花粉给当天开放的母本授粉,在花柄上做好杂交标记。

扎花授粉的部位是第二节以上的雌花,扎花时随时打掉畸形瓜和节位太低的瓜,同时打掉所有的侧枝,每株扎花授粉 4～5 朵花,当已有 2～3 朵花坐果后,即可掐尖,以保证种瓜种子的养分供应。

(4)种瓜的收获与取种。种瓜的收获及取种同原种生产,但注意只收有杂交标记的种瓜,无标记或标记不清、不典型、畸形瓜不收。

【模块小结】

本模块共设置 4 个项目,分别是掌握叶菜类、根菜类、茄果类及瓜类这四类常见蔬菜的常规种子生产技术和杂交种子生产技术。要求学生能够掌握四类常见蔬菜的常规品种原种的繁殖和大田用种的生产技术,掌握杂交种的人工去雄和授粉、不育系制种、自交不亲和系制种、化学去雄等不同生产方法。

国产种子和
进口种子的比较

【模块技能】

技能一 茄果类蔬菜的人工去雄杂交技术

一、技能目的

了解茄果类蔬菜的花器构造与开花习性,掌握茄果类蔬菜的人工去雄杂交技术。

二、技能材料及用具

正在开花期的番茄(或茄子、辣椒);镊子、70%酒精、授粉管等。

三、技能方法与步骤

1. 番茄的花器构造

番茄的花为两性花,由花柄、花萼、花冠、雄蕊、雌蕊组成。花萼 5～6 枚;花冠基部联合,呈喇叭形,先端分裂成 5～6 枚;雄蕊 5～6 枚,雄蕊的花丝较短,花药聚合成筒状包围着雌蕊,所以极易自交,属自花授粉作物。但也有少数花朵的花柱较长,露在花药筒的外面,易接受外来花粉。

2. 番茄的开花结果习性

番茄的开花顺序是基部的花先开,依次向上有序开放。通常是第一花序的花尚未开完,第二花序基部的花已开放。

番茄在花冠展开 180° 时为开花。此时,雄蕊成熟,花药纵裂,花粉自然散出;雌蕊柱头上有大量黏液,是授粉的最佳时期。雌蕊虽然在开花前 2 d 至开花后 2 d 均可授粉结实,但以开花当天授粉的结实率最高。番茄的花在一天当中不定时开放,但晴天比阴天多,上午比下午多。从授粉到果实成熟为 40～50 d。种子在果实变色时发育成熟,一般每个果实内有 100～300 粒种子。

3. 母本人工去雄

(1)母本去雄花蕾的选择。在每天的清晨或下午 5:00 以后的高湿低温阶段,选择花冠刚伸出萼片、要开而未开,花冠乳白色或黄白色,花药黄绿色的花蕾。花药黄绿色为主要选蕾标准。若花药呈全绿色,说明花蕾小,授粉后坐果率低;若花药呈黄色,说明花蕾大,易夹破花药造成自花授粉。

(2)去雄方法。左手夹扶花蕾,右手用镊尖将花冠轻轻拨开,露出花药筒,再将镊尖伸入花药筒基部,将花药筒从两侧划裂分成两部分,然后夹住每一部分的中上部,向侧上方提,即可将花药从基部摘除。

(3)去雄时的注意事项。不要碰伤子房、碰掉花柱、碰裂花药;要严格将花药去净;保留花冠,以利于坐果;若碰裂花药,则将该花去掉,并将镊子用酒精消毒;去掉具有 8 个以上花瓣的畸形花。

4. 父本花粉的采集与制取

每天上午 8:00—10:00,在父本田摘取花冠半开放、花冠鲜黄色、花药金黄色、花粉未散出的花朵,去掉花冠,保留花药,直接用于授粉即可(因时间的关系,可省略掉花药的干燥及花粉的筛取与贮存部分内容)。

5. 人工授粉

在每天上午露水干后的 8:00—11:00 或下午 2:00—5:00 进行,上午授粉效果最好。授粉时选择前一天已去雄、花冠鲜黄色并全开放、柱头鲜绿色并有黏液的花朵。首先检查花药是否去净,摘除去雄不彻底的花朵;然后撕去相邻的 2 片花萼作为杂交标记;最后将雌蕊的柱头插入授粉管内,使柱头蘸满花粉。为了提高结实率,也可采用两次授粉,每次撕去一片花萼作为一次授粉的标记。

授粉注意事项:授粉后 5 h 内遇雨重授;授粉的翌日柱头仍鲜绿色的重授;上午 11:00 后气温高于 28 ℃时和有露水时不授粉;在高温干燥及有风时,应在清晨授粉;尽量用新鲜的花粉,在花粉不足时,可掺入不超过 50% 的贮备花粉;杂交标志要明显。

四、技能要求

(1)每个学生分别进行练习,杂交 10 朵花以上。

(2)逐人进行技能考核,分母本花蕾的选择、母本去雄、父本花蕾的选择、人工授粉与标记 4 步考核,每步 25 分。

▶▶ 技能二　常见蔬菜的采种技术 ◀◀

一、技能目的

了解和掌握各类常见蔬菜的收获与采种技术。

二、技能材料及用具

番茄、茄子、黄瓜、冬瓜等常见蔬菜;瓷盘、塑料桶、小刀。

三、技能方法与步骤

蔬菜的分类有多种,不同蔬菜种子生产的收获与采种技术不同。

(一)叶菜类

多为二年生草本植物,只有先通过春化阶段后才抽薹开花结实。

十字花科蔬菜,如白菜、甘蓝、萝卜等,待第一、第二侧枝的大部分角果和荚果成熟时,于清晨一次性割下,放到塑料布上包好,运至晒场,后熟晾晒 2~3 d 后,脱粒。待种子含水量降到 9% 以下时,方可装袋。

(二)茄果类

1. 番茄

(1)收获。待果实全着色,果肉变软时分批收回,于阴凉处后熟 2~3 d。收获时坚持凡是无杂交标志、落地、枯死、腐烂、不完全着色的果实不收。

(2)采种。

①种果横切,挤出种子于非金属容器内(量大时用脱粒机捣碎),装八成满,不能进水,不能暴晒,否则发芽变黑。

②发酵 1~3 d,当液面呈一层白色菌膜时说明发酵好了(若出现绿色、灰色、黑色菌膜,说明进水了或发酵过度);或用棍搅拌后观察,上层污物中没有种子,说明种子已与果胶分离并沉淀,也证明发酵好了。

③用棍搅拌,待种子沉淀后,倒去上层污物,捞出种子,用水清洗干净。

④放在架起的细纱网上晾晒,至含水量降到 8% 以下时方可装袋。注意事项:不能放在金属器皿及水泥台上晾晒,以防烫伤种子;中午阳光太强时回收;将种子团搓开,以促进脱水,防止种子团内部长期不干而发芽。

2. 茄子

(1)收获。黄褐色,果皮发硬时分批收获,于通风干燥处后熟 1~2 周。

（2）采种。数量少时,装网袋中敲打揉搓,使种子与果肉分离,最后将果实敲裂放入水中淘洗。马上将沉在底下的饱满种子捞出,同番茄一样晾晒干燥。数量大时用脱粒机打碎。

(三)瓜类

（1）收获。白刺种的瓜皮变成黄白色或褐色,黑刺种的瓜皮变成黄褐色,网纹明显,果肉稍软时分批收获,于阴凉通风处后熟7~10 d。

（2）采种。

①发酵法。种瓜纵切,将瓜瓤挖出,于非金属容器内发酵1~5 d,发酵方法同番茄。每天搅拌至种子分离下沉后,用清水搓洗干净。晾晒至种子含水量降为10%以下时,装袋。

②机械法。用黄瓜脱粒机挤压出种子,但除不净果胶。

③化学处理。1 000 mL果浆中加入35%盐酸5 mL,30 min后用水冲洗干净即可。

四、技能要求

每人每种蔬菜练习1~3个果实,并能简述常见蔬菜种子的收获与采种技术。

【模块巩固】

1. 简述大白菜大株采种法的技术要点。

2. 如何繁殖自交不亲和系和雄性不育系亲本原种?

3. 简述番茄人工杂交制种技术。

4. 简述黄瓜人工授粉杂交制种技术。

5. 怎样繁殖雌性系?

模块六
种子检验

【知识目标】

通过本模块学习,使学生在了解种子检验概念的基础上,熟练掌握种子检验的内容、特点、程序;熟练掌握种子检验的各项检验技术;熟练掌握田间检验具体操作方法;了解种子田划区设点的方法。

【能力目标】

能够正确进行种子批的划分,熟练使用各种分样器,独立正确分取送验样品并对样品进行合理保存;能够按种子检验规程的要求完成种子的各项检验、结果计算与报告,学会相关仪器的操作方法;能够按照田间检验的方法步骤进行真实性和品种纯度的田间检验,学会数据分析和结果计算、填写种子田间检验报告单。

项目一 种子检验的含义和内容

一、种子检验的含义

种子检验是指应用科学、先进和标准的方法对种子样品进行正确的分析测定,判断其质量优劣,评定其种用价值的一门科学技术。种子检验的对象是农业种子,主要包括:植物学上的种子(如大豆、棉花、紫云英、洋葱等),植物学上的果实(如水稻、玉米、小麦等颖果,向日葵等瘦果),植物的营养器官(如马铃薯块茎、甘薯块根、大蒜鳞茎、甘蔗的茎节等)。因此,要根据不同农业种子的质量要求进行检验。

种子质量是由种子不同特性综合而成的一种概念。农业生产上要求种子具有优良的品种特性和种子特性,通常包括品种质量和播种质量两个方面的内容。品种质量是指与遗传特性有关的品质,可用"真、纯"两个字概括。播种质量是指播种后与田间出苗有关的质量,可用"净、壮、饱、健、干、强"6个字概括。

种子检验就是对种子的品种真实性、品种纯度、种子净度、发芽力、生活力、活力、健康状况、水分和千粒重进行分析检验。在种子质量分级标准中,以品种纯度、净度、发芽率和水分4项指标为主,它们是种子检验的必检指标,也是种子收购、种子贸易、种子质量分级和定价的依据。

二、种子检验的目的

农业上最大的威胁之一是播下的种子没有生产潜力,不能使所栽培的品种获得丰收。开展种子检验工作是为了在播种前评定种子质量,使这种风险降到最低程度。种子检验的目的就是保证农业生产使用符合质量标准的种子,减少甚至杜绝种子质量低劣所造成的缺苗减产的风险,降低盲目性和冒险性,控制并减少有害杂草的蔓延和危害,充分发挥栽培品种的丰产特性,为农业丰收奠定基础,确保农业用种安全。

三、种子检验的内容和程序

(一)种子检验的内容

种子检验就是对种子质量的检验,其技术内容主要包括5个方面。

(1)物理质量的检测。包括7个检测项目,即净度分析、其他植物种子数目测定、质量测定、水分测定、小型清选测试、种子批异质性测定、X射线测定。

(2)生理质量的检测。包括发芽试验、生活力测定、活力测定等。

(3)遗传质量的检测。包括品种真实性和品种纯度的测定。

(4)卫生质量的检测。即种子健康测定。

(5)种子质量若干特性的检测。包括称量重复测定、包衣种子检验等。

虽然种子质量特性较多,但我国开展最普遍的检测项目是净度分析、水分测定、发芽试验和品种纯度测定,这些项目是必检项目,其他项目是非必检项目。

(二)种子检验的程序

种子检验必须按规定的程序进行操作,不能随意改变。无论田间检验还是室内检验,都要按规定的检验程序进行,也都遵循"扦样(取样)→检测→结果报告"这一步骤。

扦样(取样)是种子检验的第一步,由于种子检验是破坏性检验,不可能将整批种子(田)全部进行检验,只能从种子批中随机抽取相当数量的有代表性的供检验用的样品。检测就是从具有代表性的供检样品中分取试样,按照规定的程序对净度、发芽率、品种纯度、水分等种子质量特性进行测定。结果报告是将已检测质量特性的测定结果汇总、填报和签发。我国种子检验程序如图6-1所示。

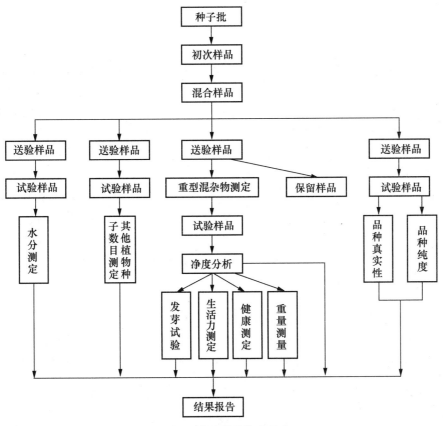

图 6-1　我国种子检验程序

注：①本图中送验样品的重量各不相同，参见 GB/T 3543.2 中的第 5.5.1 条和 6.1 条；

②健康测定根据测定要求的不同，有时是用净种子，有时是用送验样品的一部分；

③若同时进行其他植物种子的数目测定和净度分析，可用同一份送验样品，先做净度分析，再测定其他植物种子的数目。

项目二　扦样

一、扦样的定义和原则

(一)扦样的有关定义

1. 扦样

扦样是从大量的种子中，随机取得一个重量适当、有代表性的供检样品。

扦样是种子检验工作的第一步，是做好种子检验工作的基础和首要环节。扦样是否正确，扦取的样品是否有代表性，直接影响到检验结果的准确性。因此，必须高度重视，认真取样。

2. 种子批

种子批是指同一来源、同一品种、同一年度、同一时期收获和质量基本一致、在规定数量之内的种子。

种子批有两个基本特征：一个是在规定数量之内；一个是外观或质量一致，即均匀性。一批种子如果数量过大，就很难取得一个有代表性的样品。根据不同种子的千粒重，我们可以大概估计出一个种子批所包含的种子粒数。种子批还要求尽可能地达到均匀一致，只有这样才有可能按照检验规程所规定的方法扦得有代表性的样品。一批种子不得超过 GB/T 3543.2—1995 中农作物种子批的最大重量和样品最小重量表所规定的重量，其允许差距为 5%，若超过时须分成若干个种子批，分别给以批号。

3. 样品定义

种子扦样是一个过程，由一系列步骤组成。首先从种子批中取得若干个初次样品，然后将全部初次样品混合为混合样品，再从混合样品中分取送验样品，最后从送验样品中分取供某一检验项目测定的试验样品。扦样过程涉及一系列的样品，有关样品的定义和相互关系说明如下。

(1)初次样品。是指从种子批的一个扦样点上所扦取的一小部分种子。

(2)混合样品。是指由种子批内所扦取的全部初次样品合并混合而成的样品。

(3)次级样品。是指通过分样所获得的部分样品。

(4)送验样品。送到种子检验机构或检验室供检验用的样品，其数量必须满足规定的最低标准(表 6-1)。该样品可以是整个混合样品，或是从其中分取的一个次级样品。送验样品可再分成由不同包装材料包装以满足特定检验(如水分或种子健康)需要的次级样品。

(5)备份样品。是指从相同的混合样品中获得的用于送验的另外一个样品，标识为"备份样品"。

(6)试验样品(简称试样)。是指不低于检验规程中所规定重量的、供测定某一检验项目之用的样品。它可以是整个送验样品，或是从其中分取的一个次级样品。

(7)封缄。把种子装在容器内，封好后如不启封，无法把种子取出。如果容器本身不具备密封性能，每一容器加正式封印，或不易擦洗掉的标记，或不能撕去重贴的封条。

(二)扦样的目的和原则

1. 扦样的目的

扦样的目的是要获得一个大小适合于种子检验的送验样品，要求样品对于种子批具有真实无偏的代表性。因此，扦样的最基本原则就是扦取的样品要有代表性，即要求送验样品具有与种子批相同的组分，并且这些组分的比例与种子批中组分比例一致。若扦取的样品无代表性，即使分析检验技术再正确，其结果也不能反映该批种子的真实质量状况，由此导致对种子质量做出错误的评价，给种子生产者、经营者和用种者造成经济损失。所以对待扦样工作必须高度重视、严肃认真，扦样员必须受过专门训练，以保证获得有充分代表性的样品，为正确评价种子质量奠定基础。但是样品的代表性受到诸多因素的影响，除扦样人员的自身素质外，还受到种子自动分级和种子贮藏期间仓内温湿度等因素影响。种子堆放时的自动分级特点使轻重不同的种子和杂质容易分开；贮藏保管期间仓内不同部位的种子所处的条件也不同，造成各部位的种子质量存在差异。在扦样时必须考虑这些因素，严格遵循扦样的原则，认真执行规定的扦样方法。

表6-1 农作物种子批的最大重量和样品最小重量及发芽试验技术规定

种(变种)名	种子批的最大重量/kg	样品最小重量/g			发芽床	温度/℃	初/末次计数天数/d	附加说明,包括破除休眠的建议
		送验样品	其他植物种子计数试样	净度分析试样				
1. 洋葱	10 000	80	80	8	TP;BP;S	20;15	6/12	预先冷冻
2. 葱	10 000	50	50	5	TP;BP;S	20;15	6/12	预先冷冻
3. 韭葱	10 000	70	70	7	TP;BP;S	20;15	6/14	预先冷冻
4. 细香葱	10 000	30	30	3	TP;BP;S	20;15	6/14	预先冷冻
5. 韭菜	10 000	100	100	10	TP	20~30;20	6/14	预先冷冻
6. 苋菜	5 000	10	10	2	TP	20~30;20	4~5/14	预先冷冻;KNO$_3$
7. 芹菜	10 000	25	10	1	TP	15~25;20;15	10/21	预先冷冻;KNO$_3$
8. 根芹菜	10 000	25	10	1	TP	15~25;20;15	10/21	预先冷冻;KNO$_3$
9. 花生	25 000	1 000	1 000	1 000	BP;S	20~30;25	5/10	去壳;预先加温(40 ℃)
10. 牛蒡	10 000	50	50	5	TP;BP	20~30;20	14/35	预先冷冻;四唑染色
11. 石刁柏	20 000	1 000	1 000	100	TP;BP;S	20~30;25	10/28	机械去皮
12. 紫云英	10 000	70	70	7	TP;BP	20	6/12	机械去皮
13. 裸燕麦(莜麦)	25 000	1 000	1 000	120	BP;S	20	5/10	预先加温(30~35 ℃);预先冷冻
14. 普通燕麦	25 000	1 000	1 000	120	BP;S	20	5/10	预先洗涤;机械去皮
15. 落葵	10 000	200	200	60	TP;BP	30	10/28	预先洗涤
16. 冬瓜	10 000	200	200	100	TP;BP	20~30;30	7/14	
17. 节瓜	10 000	200	200	100	TP;BP	20~30;30	7/14	
18. 甜菜	20 000	500	500	50	TP;BP;S	20~30;15~25;20	4/14	预先洗涤(复胚2 h,单胚4 h),再在25 ℃下干燥后发芽
19. 叶甜菜	20 000	500	500	50	TP;BP;S	20~30;15~25;20	4/14	
20. 根甜菜	20 000	500	500	50	TP;BP;S	20~30;15~25;20	4/14	
21. 白菜型油菜	10 000	100	100	10	TP	15~25;20	5/7	预先冷冻

续表6-1

种（变种）名	种子批的最大重量/kg	样品最小重量/g			发芽床	温度/℃	初/末次计数天数/d	附加说明，包括破除休眠的建议
		送验样品	其他植物种子计数试样	净度分析试样				
22. 不结球白菜（包括白菜、乌塌菜、紫菜薹、蔓菜、菜薹）	10 000	100	100	10	TP	15~25;20	5/7	预先冷冻
23. 芥菜型油菜	10 000	40	40	4	TP	15~25;20	5/7	预先冷冻;KNO_3
24. 根用芥菜	10 000	100	100	10	TP	15~25;20	5/7	预先冷冻;GA_3
25. 叶用芥菜	10 000	40	40	4	TP	15~25;20	5/7	预先冷冻;GA_3;KNO_3
26. 茎用芥菜	10 000	40	40	4	TP	15~25;20	5/7	预先冷冻;GA_3;KNO_3
27. 甘蓝型油菜	10 000	100	100	10	TP	15~25;20	5/7	预先冷冻
28. 芥蓝	10 000	100	100	10	TP	15~25;20	5/7	预先冷冻;KNO_3
29. 结球甘蓝	10 000	100	100	10	TP	15~25;20	5/7	预先冷冻;KNO_3
30. 球茎甘蓝（苤蓝）	10 000	100	100	10	TP	15~25;20	5/7	预先冷冻;KNO_3
31. 花椰菜	10 000	100	100	10	TP	15~25;20	5/7	预先冷冻;KNO_3
32. 抱子甘蓝	10 000	100	100	10	TP	15~25;20	5/7	预先冷冻;KNO_3
33. 青花菜	10 000	100	100	10	TP	15~25;20	5/7	预先冷冻;KNO_3
34. 结球白菜	10 000	100	40	4	TP	15~25;20	5/7	预先冷冻;GA_3
35. 芜菁	10 000	70	70	7	TP	15~25;20	5/7	预先冷冻
36. 芜菁甘蓝	10 000	70	70	7	TP	15~25;20	5/14	预先冷冻;KNO_3
37. 木豆	20 000	1 000	1 000	300	BP;S	20~30;25	4/10	
38. 大刀豆	20 000	1 000	1 000	1 000	BP;S	20	5/8	
39. 大麻	10 000	600	600	60	TP;BP	20~30;20	3/7	
40. 辣椒	10 000	150	150	15	TP;BP;S	20~30;30	7/14	KNO_3

续表 6-1

种（变种）名	种子批的最大重量/kg	样品最小重量/g			发芽床	温度/℃	初/末次计数天数/d	附加说明，包括破除休眠的建议
		送验样品	其他植物种子计数试样	净度分析试样				
41. 甜椒	10 000	150	150	15	TP;BP;S	20~30;30	7/14	KNO₃
42. 红花	25 000	900	900	90	TP;BP;S	20~30;25	4/14	
43. 茼蒿	5 000	30	30	8	TP;BP	20~30;15	4~7/21	
44. 西瓜	20 000	1 000	1 000	250	BP;S	20~30;30;25	5/14	预先加温(40 ℃,4~6 h);预先冷冻;光照
45. 薏苡	5 000	600	600	150	BP	20~30	7~10/21	
46. 圆果黄麻	10 000	150	150	15	TP;BP	30	3/5	
47. 长果黄麻	10 000	150	150	15	TP;BP	30	3/5	
48. 芫荽	10 000	400	400	40	TP;BP	20~30;20	7/21	
49. 栓麻	10 000	700	700	70	BP;S	20~30	4/10	
50. 甜瓜	10 000	150	150	70	BP;S	20~30;25	4/8	
51. 越瓜	10 000	150	150	70	BP;S	20~30;25	4/8	
52. 菜瓜	10 000	150	150	70	BP;S	20~30;25	4/8	
53. 黄瓜	10 000	150	150	70	TP;BP;S	20~30;25	4/8	
54. 笋瓜（印度南瓜）	20 000	1 000	1 000	700	BP;S	20~30;25	4/8	
55. 南瓜（中国南瓜）	10 000	350	350	180	BP;S	20~30;25	4/8	
56. 西葫芦（美洲南瓜）	20 000	1 000	1 000	700	BP;S	20~30;25	4/8	
57. 瓜尔豆	20 000	1 000	1 000	100	BP	20~30	5/14	
58. 胡萝卜	10 000	30	30	3	TP;BP	20~30;20	7/14	
59. 扁豆	20 000	1 000	1 000	600	BP;S	20~30;20;25	4/10	

续表 6-1

种（变种）名	种子批的最大重量/kg	样品最小重量/g			发芽床	温度/℃	初/末次计数天数/d	附加说明，包括破除休眠的建议
		送验样品	其他植物种子计数试样	净度分析试样				
60. 龙爪稷	10 000	60	60	6	TP	20~30	4/8	
61. 甜荞	10 000	600	600	60	TP;BP	20~30;20	4/7	
62. 苦荞	10 000	500	500	50	TP;BP	20~30;20	4/7	
63. 茴香	10 000	180	180	18	TP;BP;TS	20~30;20	7/14	
64. 大豆	25 000	1 000	1 000	500	BP;S	20~30;20	5/8	
65. 棉花	25 000	1 000	1 000	350	BP;S	20~30;30;25	4/12	
66. 向日葵	25 000	1 000	1 000	200	BP;S	20~30;25;20	4/10	预先冷冻；预先加温
67. 红麻	10 000	700	700	70	BP;S	20~30;25	4/8	
68. 黄秋葵	20 000	1 000	1 000	140	TP;BP;S	20~30	4/21	
69. 大麦	25 000	1 000	1 000	120	BP;S	20	4/7	预先加温(30~35 ℃)；预先冷冻；GA$_3$
70. 蕹菜	20 000	1 000	1 000	100	BP;S	30	4/10	
71. 莴苣	10 000	30	30	3	TP;BP	20	4/7	
72. 氯瓜	20 000	1 000	1 000	500	BP;S	20~30	4/14	
73. 兵豆（小扁豆）	10 000	600	600	60	BP;S	20	5/10	预先冷冻
74. 亚麻	10 000	150	150	15	TP;BP	20~30;20	3/7	预先冷冻
75. 棱角丝瓜	20 000	1 000	1 000	400	BP;S	30	4/14	
76. 普通丝瓜	20 000	1 000	1 000	250	BP;S	20~30;30	4/14	
77. 番茄	10 000	15	15	7	TP;BP;S	20~30;25	5/14	KNO$_3$
78. 金花菜	10 000	70	70	7	TP;BP	20	4/14	
79. 紫花苜蓿	10 000	50	50	5	TP;BP	20	4/10	预先冷冻
80. 白香草木樨	10 000	50	50	5	TP;BP	20	4/7	预先冷冻
81. 黄香草木樨	10 000	50	50	5	TP;BP	20	4/7	预先冷冻

续表 6-1

| 种（变种）名 | 种子批的最大重量/kg | 样品最小重量/g | | | 发芽床 | 温度/℃ | 初/末次计数天数/d | 附加说明，包括破除休眠的建议 |
		送验样品	其他植物种子计数试样	净度分析试样				
82. 苦瓜	20 000	1 000	1 000	450	BP;S	20~30;30	4/14	
83. 豆瓣菜	10 000	25	5	0.5	TP;BP	20~30	4/14	
84. 烟草	10 000	25	5	0.5	TP	20~30	7/16	KNO₃
85. 罗勒	10 000	40	40	4	TP;BP	20~30;20	4/14	KNO₃
86. 稻	25 000	400	400	40	TP;BP;S	20~30;30	5/14	预先加温(50 ℃)；在水中或 HNO₃ 中浸渍 24 h
87. 豆薯	20 000	1 000	1 000	250	BP;S	20~30;30	7/14	
88. 秦（藜子）	10 000	150	150	15	TP;BP	20~30;25	3/7	
89. 美洲防风	10 000	100	100	10	TP;BP	20~30	6/28	
90. 香芹	10 000	40	40	4	TP;BP	20~30	10/28	
91. 多花菜豆	20 000	1 000	1 000	1 000	BP;S	20~30;20	5/9	
92. 利马豆（莱豆）	20 000	1 000	1 000	1 000	BP;S	20~30;25;20	5/9	
93. 菜豆	25 000	1 000	1 000	700	BP;S	20~30;25;20	5/9	
94. 酸浆	10 000	25	20	2	TP	20~30	7/28	KNO₃
95. 茴芹	10 000	70	70	7	TP;BP	20~30	7/21	
96. 豌豆	25 000	1 000	1 000	900	BP;S	20	5/8	
97. 马齿苋	10 000	25	5	0.5	TP;BP	20~30;30	5/14	预先冷冻
98. 四棱豆	25 000	1 000	1 000	1 000	BP;S	20~30;30	4/14	预先冷冻
99. 萝卜	10 000	300	300	30	TP;BP;S	20~30;20	4/10	预先冷冻
100. 食用大黄	10 000	450	450	45	TP	20~30	7/21	
101. 菌麻	20 000	1 000	1 000	500	BP;S	20~30	7/14	
102. 鸡葱	10 000	300	300	30	TP;BP;S	20~30;20	4/8	预先冷冻

续表 6-1

种（变种）名	种子批的最大重量/kg	样品最小重量/g			发芽床	温度/℃	初、末次计数天数/d	附加说明，包括破除休眠的建议
		送验样品	其他植物种子计数试样	净度分析试样				
103. 黑麦	25 000	1 000	1 000	120	TP;BP;S	20	4/7	预先冷冻；GA₃
104. 佛手瓜	20 000	1 000	1 000	1 000	BP;S	20~30;20	5/10	
105. 芝麻	10 000	70	70	7	TP	20~30	3/6	
106. 田菁	10 000	90	90	9	TP;BP	20~30;25	5/7	
107. 粟	10 000	90	90	9	TP;BP	20~30	4/10	
108. 茄子	10 000	150	150	15	TP;BP;S	20~30;30	7/14	
109. 高粱	10 000	900	900	90	TP;BP	20~30;25	4/10	预先冷冻
110. 菠菜	10 000	250	250	25	TP;BP	15;10	7/21	预先冷冻
111. 黎豆	20 000	1 000	1 000	250	BP;S	20~30;20	5/7	
112. 番杏	20 000	1 000	1 000	200	BP;S	20~30;20	7/35	除去果肉；预先洗涤
113. 婆罗门参	10 000	400	400	40	TP;BP	20	5/10	预先冷冻
114. 小黑麦	25 000	1 000	1 000	120	TP;BP;S	20	4/8	预先冷冻；GA₃
115. 小麦	25 000	1 000	1 000	120	TP;BP;S	20	4/8	预先加温（30~35 ℃）；预先冷冻；GA₃
116. 蚕豆	25 000	1 000	1 000	1 000	BP;S	20	4/14	预先冷冻
117. 箭舌豌豆	25 000	1 000	1 000	140	BP;S	20	5/14	预先冷冻
118. 毛叶苕子	20 000	1 080	1 080	140	BP;S	20	5/14	预先冷冻
119. 赤豆	20 000	1 000	1 000	250	BP;S	20~30	4/10	预先冷冻
120. 绿豆	20 000	1 000	1 000	120	BP;S	20~30;25	5/7	
121. 饭豆	20 000	1 000	1 000	250	BP;S	20~30;25	5/7	
122. 长豇豆	20 000	1 000	1 000	400	BP;S	20~30;25	5/8	
123. 矮豇豆	20 000	1 000	1 000	400	BP;S	20~30;25	5/8	
124. 玉米	40 000	1 000	1 000	900	BP;S	20~30;25;20	4/7	

注：①TP—纸上，BP—纸间，S—砂，TS—砂上。

②引自《农作物种子检验规程 扦样》（GB/T 3543.2—1995）和《农作物种子检验规程 发芽试验》（GB/T 3543.4—1995）。

2. 扦样的原则

为了扦取有代表性的样品,扦样工作应遵循以下原则。

(1)被扦种子批要均匀一致,不能存在异质性。

(2)按照预定的扦样方案采取适宜的扦样器具和扦样技术扦取样品。扦样方案的三要素:扦样频率、扦样点分布、各个扦样点扦取相等种子数量。扦样点在种子批各个部位的分布要均匀,每个扦样点所扦取的初次样品数量要基本一致,不能有很大差别。

(3)按照对分递减或随机抽取的原则分取样品。

(4)保证样品的可溯性和原始性。

(5)合格扦样员扦样。扦样只能由受过专门扦样训练、具有实践经验的扦样员担任,以确保按照扦样程序扦取有代表性的样品。

二、扦样的方法步骤

(一)扦样前的准备工作

1. 准备扦样工具

根据被扦作物种类,准备好各种扦样必需的仪器用品,如扦样器、样品盛放容器、送验样品袋、供水分测定的样品容器、扦样单、封口蜡、标签、封条、天平等。根据被扦样品的种类、籽粒大小和包装方式选用扦样器。袋装种子用单管扦样器或双管扦样器;散装种子用长柄短筒圆锥形扦样器、双管扦样器、圆锥形扦样器等。此外还可以徒手扦样,适用于带稃壳种子或不易自由流动的种子。种子扦样器种类如图6-2所示。

2. 检查种子批

在扦样前,扦样员应向被扦单位了解种子批的基本情况,并对被扦的种子批进行检查,确定种子批是否符合《农作物种子检验规程》的规定。具体包括:①种子的来源、产地、品种、繁育次数、田间纯度、有无检疫性病虫及杂草种子;②种子贮藏期间的仓库管理情况,如入库前处理,入库后是否熏蒸、翻仓、受潮、受冻等,同时还要观察仓库环境,库房建设,虫、鼠以及种子堆放和品质情况,供划分种子批时参考。

(1)种子批大小。一批种子数量越大,其均匀程度就越差,要取得一个有代表性的送验样品就越难,因此种子批有数量方面的限制。

检查种子批的袋数和每袋的重量,从而确定其总重量,再与表6-1所规定的重量进行比较,每一批种子不得超过表中规定的重量,其容许差距为5%。如果种子批重量超过规定要求,就必须分成两个或若干个种子批,并分别扦样。

如水稻种子,其种子批的最大重量是25 000 kg,样品最小重量规定为:送验样品400 g,净度分析试样40 g,其他植物种子计数试样400 g。若超过重量时,必须分成几个种子批,分别扦样。

(2)种子批均匀度。扦样时要求种子批尽可能一致,但实际上是不可能完全均匀一致的。因此,被扦的种子批应在扦样前进行适当混合、掺匀和机械加工处理,尽可能达到均匀一致,不能有异质性的文件记录或迹象,从而设计可行的扦样技术扦取有代表性的种子批样品。如对种子批的均匀度发生怀疑,可按规定的异质性测定方法进行测定。

(3)种子袋封缄与标识。所有的种子袋都必须封缄(封口),并有统一编号的批号或其他标识,有了标识,才能保证样品能溯源到种子批。此标识必须记录在扦样单或样品袋上,否则检验结果只能代表样品,不能代表种子批。

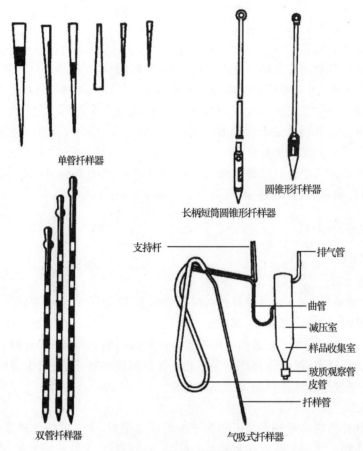

单管扦样器

圆锥形扦样器

长柄短筒圆锥形扦样器

支持杆　　　　　　　　　排气管

曲管

减压室

样品收集室

玻质观察管

皮管

扦样管

双管扦样器

气吸式扦样器

图 6-2　种子扦样器种类

资料来源：(霍志军,尹春,2012)。

（4）种子批处于易扦取状态。种子批应进行适当的排列,处于易扦取状态,使扦样员至少能接触到种子批的两个面。否则,必须移动,使其处于易扦取状态。

(二)扦取初次样品的方法

种子批划分以后,根据种子批大小及堆放形式决定扦样的点数和扦样部位。样点在种子批中的分布要符合随机、均匀的原则,根据送验样品所需数量和扦样点数计算出每点至少应扦取的样品数量。每个初次样品要单独放置在一个容器中。由于种子的种类和堆放方式不同,扦样的方法各不相同。

1. 袋装种子扦样法

袋装种子是指在一定量值范围内的定量包装种子,其质量的量值范围规定为 15～100 kg。对于袋装种子,可依据种子批袋数的多少确定扦样袋数(表 6-2),表中规定的扦样频率是最低要求。扦样前先了解被扦种子批的总袋数,然后按表 6-2 规定来确定至少应扦取的袋数。袋装(或容器)种子堆垛存放时,应随机选定取样的袋,从上、中、下各部位均匀设立扦样点,每个容器只需扦取一个部位。不是堆垛存放时,可平均分配,间隔一定袋数扦样。在各个扦样点取相等的种子数量。

用合适的扦样器,根据扦样要求扦取初次样品。单管扦样器适用于扦取中小粒种子样品,扦样时先用扦样器的尖端拔开包装物的线孔,扦样器凹槽向下,自袋角处与水平成 30°向上倾斜地插入袋内,直至到达袋的中心,然后将扦样器旋转 180°,使凹槽反转向上,慢慢拔出扦样器,将样品装入容器中。双管扦样器适用于较大粒种子,使用时须对角插入袋内或容器中,扦样器插入前应关闭孔口,插入后打开孔口,转动两次或轻轻摇动,使扦样器完全装满种子,再关闭孔口,抽出袋外,将样品装入容器中。

表 6-2　袋装的扦样袋(容器)数

种子批的袋数(容器数)	应扦取的最低袋数(容器数)
1~5	每袋都扦取,至少扦取 5 个初次样品
6~14	不少于 5 袋
15~30	每 3 袋至少扦取 1 袋
31~49	不少于 10 袋
50~400	每 5 袋至少扦取 1 袋
401~560	不少于 80 袋
561 以上	每 7 袋至少扦取 1 袋

资料来源:《农作物种子检验规程　扦样》(GB/T 3543.2—1995)。

对于扦样所造成的孔洞,可用扦样器尖端对着孔洞相对方向拨几下,使麻线合并在一起。若属塑料编织袋,可用胶布将洞孔粘贴好。

棉花、花生等种子可采用倒包徒手扦样,其方法是:拆开袋缝线,两手掀起袋底两角,袋身倾斜 45°,徐徐后退 1 m,将全部种子倒在清洁的塑料布或帆布上,使种子保持原袋中的层次,然后在上、中、下三点徒手扦取初次样品。对于装在小型或防潮容器中的种子,应在种子装入容器前扦取,否则应把规定数量的容器打开或穿孔取得初次样品。

2. 小包装种子扦样法

小包装种子是指在一定量值范围内装在小容器(如金属罐、纸盒)中的定量包装种子,其规定的重量范围应等于或小于 15 kg。小包装种子扦样以 100 kg 重量的种子作为扦样的基本单位,小容器合并组成基本单位,其总重量不超过 100 kg,如 6 个 15 kg 小容器、20 个 5 kg 小容器。将每个基本单位视为一"袋装"种子,再按表 6-2 规定扦取初次样品。如有一种子批共有 500 个小容器,每一小容器盛装 5 kg 种子,据此可推算共有 25 个基本单位,因此至少应扦取 9 个初次样品。

具有密封性的小包装(如蔬菜种子)重量只有 50 g、100 g、200 g,可直接取一小包装袋作为初次样品。

3. 散装种子扦样法

散装种子是指大于 100 kg 容器的种子批(如集装箱)或正在装入容器的种子流。对于散装种子批或种子流,应根据散装种子数量确定扦样点数,并随机从种子批不同部位及深度扦取初次样品。每个部位扦取的种子数量应大体相等。表 6-3 为散装的扦样点数,表中规定的散装种子扦样点数是最低标准。

根据扦样点既要有水平分布又要有垂直分布的原则,将这些扦样点均匀地设在种子堆的不同部位(注意顶层 10~15 cm、底层 10~15 cm 不扦,扦样点距离墙壁应 30~50 cm)。按照扦样点的位置和层次逐点逐层进行,先扦上层,次扦中层,后扦下层。这样可避免先扦下层时使上层种子混入下层,影响扦样的正确性。

表 6-3　散装的扦样点数

种子批大小/kg	扦样点数
50 以下	不少于 3 点
51～1 500	不少于 5 点
1 501～3 000	每 300 kg 至少扦取 1 点
3 001～5 000	不少于 10 点
5 001～20 000	每 500 kg 至少扦取 1 点
20 001～28 000	不少于 40 点
28 001～40 000	每 700 kg 至少扦取 1 点

资料来源:《农作物种子检验规程　扦样》(GB/T 3543.2—1995)。

长柄短筒圆锥形扦样器由长柄与扦样筒组成。扦样筒由圆锥体、套筒、进种门、活动塞、定位销等部分构成。使用时先将扦样器清理干净,旋紧螺丝,关闭进种门,再以 30°的斜度插入种子堆内,到达一定深度后,用力向上一拉,使活动塞离开进谷门,略微振动,使种子掉入,最后抽出扦样器。扦取水稻种子时,每次大约 25 g,麦类约 30 g。这种扦样器的优点是:扦头小,容易插入,省力,同时因柄长,可扦取深层的种子。

圆锥形扦样器垂直或略微倾斜插入种子堆中,压紧铁轴,使套筒盖盖住套筒,达到一定深度后,拉上铁轴,使套筒盖升起,略微振动,使种子掉入套筒内,然后抽出扦样器。这种扦样器适用于玉米、稻、麦等大中粒散装种子的扦样,每次扦取水稻约 100 g,小麦约 150 g。这种扦样器的优点是每次扦样的数量比较多。

三、样品的配制与处理

(一)混合样品的配制

将扦取的初次样品放入样品盛放器中组成混合样品。在将初次样品混合之前,先将它们分别倒在样品布上或样品盘内,仔细观察,比较这些初次样品在形态、颜色、光泽、水分及其他品质方面有无显著差异,无显著差异的初次样品才能合并成混合样品。若发现有些初次样品的品质有显著差异,应把这部分种子从该批种子中分出,作为另一个种子批单独扦取混合样品;如不能将品质有差异的种子从这一批种子中分出,则需要把整批种子经过必要的处理(如清选、干燥或翻仓等)后扦样。

(二)送验样品的配制与处理

1. 送验样品的配制

送验样品是在混合样品的基础上配制而成的。当混合样品的数量与送验样品规定的数量相等时,即可将混合样品作为送验样品。当混合样品数量较多时,需从中分出规定数量的送验样品。

针对不同的检验项目,送验样品的数量不同,在农业物种子检验规程中规定了以下 3 种情况下的送验样品的最低重量。

(1)水分测定时,需磨碎的种类送验样品不得低于 100 g,不需要磨碎的种类为 50 g。

(2)品种纯度测定的送验样品重量按照表 6-4 的规定。

表 6-4 品种纯度测定的送验样品重量   g

种类	限于实验室测定	田间小区及实验室测定
豌豆属、菜豆属、蚕豆属、玉米属、大豆属及种子大小类似的其他属	1 000	2 000
水稻属、大麦属、燕麦属、小麦属、黑麦属及种子大小类似的其他属	500	1 000
甜菜属及种子大小类似的其他属	250	500
所有其他属	100	250

资料来源:《农作物种子检验规程 真实性和品种纯度鉴定》(GB/T 3543.5—1995)。

(3)所有的其他项目测定,按表 6-1 送验样品规定的最小重量。但大田作物和蔬菜种子特殊品种、杂交种等的种子批允许用较小的送验样品数量。如果不进行其他植物种子的数目测定,送验样品至少达到表 6-1 净度分析所规定的试验样品的重量,并在结果报告单上加以说明。

2.送验样品的分取

当混合样品数量较多时,应使用分样器或分样板,经多次对分法或抽取递减法分取供各项测定用的试验样品,其重量必须与规定重量一致。对重复样品须独立分取,在分取第一份试样后,第二份试样或半试样须在送验样品一分为二的另一部分中分取。常见分样器有钟鼎式分样器、横格式分样器和离心式分样器等(图 6-3)。

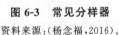

图 6-3 常见分样器

资料来源:(杨念福,2016)。

使用钟鼎式分样器分样时,应先将分样器清理干净,关好活门,将样品倒入漏斗内并摊平,出口处正对盛接器。用手很快拨开漏斗下面的活门,使样品迅速下落,再将两个盛样器的样品同时倒入漏斗,继续混合 2~3 次。然后取其中一个盛样器按上述方法继续分取,直到达到规定重量为止。

使用横格式分样器分样时,先将盛接槽、倾倒槽等清理干净,并将其放在合适的位置。分样时先将种子倒入倾倒盘内并摊平,迅速翻转倾倒槽,使种子落入漏斗内,经过两组格子分两路落入盛接器,即将样品一分为二。

离心式分样器应用离心力混合散布种子在分离面上。在这种分样器中,种子向下流动,经过漏斗到达浅橡皮杯或旋转器内,由马达带动旋转器,种子即被离心力抛出落下。种子落下的圆周或面积由固定的隔板分成相等的两部分,因此大约一半种子流到一出口,其余一半流到另一出口。

利用四分法分样时,将样品倒在光滑的桌上或玻璃板上,用分样板将样品先纵向混合,再横向混合,重复混合 4～5 次,然后将种子摊平成四方形(厚度:小粒种子不超过 1 cm,大粒种子不超过 5 cm)。用分样板划两条对角线,使样品分成 4 个三角形,再取两个对顶三角形内的样品继续按上述方法分取,直到两个三角形内的样品接近两份试验样品的重量为止。

3. 送验样品的处理

为防止样品在运输过程中损坏,必须包装好。样品必须由扦样员(检验员)尽快送到种子检验机构,不得延误。在下列两种情况下,样品应装入防湿容器内:一是供水分测定用的送验样品;二是种子批水分较低,并已装入防湿容器内。在其他情况下,与发芽试验有关的送验样品不应装入密闭防湿容器内,可用布袋或纸袋包装。经过化学处理的种子,须将处理药剂的名称写清,送交种子检验机构。每个送验样品须有记号,并附有种子扦样证明书(表 6-5)。

表 6-5　种子扦样证明书

受检单位名称	名　称		
	地　址		
	电　话		
生产单位			
种子存放地点			
作物种类		种子批号	
品种名称		批重	
种子级别		批件数	
种子存放方式		送验样品编号	
扦样日期		送验样品重量	
收获年份			
检验项目			
备注或说明			

扦样人员:　　　　　　　　　　　　　　　　保管员:
检验部门(盖章)　　　　　　　　　　　　　受检单位(盖章)

所有送验样品包装袋都必须严格封缄以防止调换,并给予特别的标识或编号,以能清楚地表明样品与其所代表的种子批之间的对应关系。同时,送验样品还附有其他必要的信息,包括扦样者和被扦者名称、种子批号、扦样日期、植物种和品种名称、种子批重量和容器数目、待检验项目,以及其他与扦样有关的情况说明。

送验样品送到检验室后,首先要进行验收,检查样品包装、封缄是否完整,重量是否符合标准等。验收合格后进行登记。

(三)样品的保存

收到样品后,应从速进行检验。因为在实验室条件下,样品种子含水量可能会随着室内温湿度的变化而发生改变;另外,贮藏也可能引起种子休眠特性发生变化。如果不能及时检验,须将样品保存在凉爽和通风良好的样品储藏室内,尽量使种子质量的变化降到最低限度。为了便于复检,检验后的样品应当在能控制温湿度的专用房间存放一段时间,通常是 1 年。

项目三 种子室内检验

一、净度分析

(一)净度分析的目的

种子净度是指种子清洁干净的程度,即种子样品中除去杂质和其他植物种子后,留下的本作物净种子重量占分析样品总重量的百分率。种子净度是衡量种子质量的一项重要指标。

净度分析的目的是通过对样品中净种子、其他植物种子和杂质的分析,了解种子批中洁净可利用种子的真实质量,以及其他植物种子、杂质的种类和含量,为种子精选、质量分级提供依据。同时,分离出的净种子为种子质量的进一步分析提供样品。

(二)净度分析标准

种子净度分析将样品区分为净种子、其他植物种子和杂质,具体标准如下。

1. 净种子

净种子是指送验者所叙述的种,包括该种的全部植物学变种和栽培品种,符合净种子定义要求的种子单位或构造。

下列构造凡能明确地鉴别出它们是属于所分析的种,即使是未成熟的、瘦小的、皱缩的、带病的或发过芽的种子单位,都应作为净种子(已变成菌核、黑穗病孢子团或线虫瘿的除外)。

(1)完整的种子单位。种子单位即通常所见的传播单位,包括真种子、瘦果、类似的果实、分果和小花。各个属或种按表 6-6 中净种子标准(定义)来确定。禾本科中复粒种子单位如果是小花,则需带有一个明显含有胚乳的颖果和裸粒颖果(缺乏内外稃)。

(2)大于原来种子大小一半的破损种子单位。

(3)特殊情况。根据上述原则,在个别的属或种中有某些例外,如下面几种情况。

①豆科、十字花科,其种皮完全脱落的种子单位应列为杂质。

②对于豆科种子的分离子叶,即使有胚芽和胚根,并带有超过原来大小一半附属的种皮,也列为杂质。

③甜菜属复胚种子,超过一定大小的种子单位(即用规定筛孔筛选 1 min 留在筛上的种子单位)才列为净种子,但单胚品种除外。

④在燕麦属、高粱属中,附着的不育小花不必除去而列为净种子。

2. 其他植物种子

其他植物种子是指除净种子以外的任何植物种类的种子单位,包括杂草种子和其他植物种子。其鉴别标准与净种子的标准基本相同。但甜菜属种子单位作为其他植物种子时不必筛选,可用遗传单胚的净种子定义。

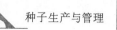

表 6-6　主要作物的净种子鉴定标准(定义)

序号	属名	净种子标准(定义)
1	大麻属、茴蒿属、菠菜属	(1)瘦果,但明显没有种子的除外。 (2)超过原来大小一半的破损瘦果,但明显没有种子的除外。 (3)果皮/种皮部分或全部脱落的种子。 (4)超过原来大小一半,果皮/种皮部分或全部脱落的破损种子
2	荞麦属、大黄属	(1)有或无花被的瘦果,但明显没有种子的除外。 (2)超过原来大小一半的破损瘦果,但明显没有种子的除外。 (3)果皮/种皮部分或全部脱落的种子。 (4)超过原来大小一半,果皮/种皮部分或全部脱落的破损种子
3	红花属、向日葵属、莴苣属、鸦葱属、婆罗门参属	(1)有或无喙的瘦果,但明显没有种子的除外。 (2)超过原来大小一半的破损瘦果,但明显没有种子的除外。 (3)果皮/种皮部分或全部脱落的种子。 (4)超过原来大小一半,果皮/种皮部分或全部脱落的破损种子
4	葱属、苋属、花生属、石刁柏属、黄芪属(紫云英属)、冬瓜属、芸薹属、木豆属、刀豆属、辣椒属、西瓜属、黄麻属、猪屎豆属、甜瓜属、南瓜属、扁豆属、大豆属、木槿属、甘薯属、葫芦属、亚麻属、丝瓜属、番茄属、苜蓿属、草木樨属、苦瓜属、豆瓣菜属、烟草属、菜豆属、酸浆属、豌豆属、马齿苋属、萝卜属、芝麻属、田菁属、茄属、巢菜属、豇豆属	(1)有或无种皮的种子。 (2)超过原来大小一半,有或无种皮的破损种子。 (3)豆科、十字花科,其种皮完全脱落的种子单位应列为杂质。 (4)即使有胚中轴、超过原来大小一半以上的附属种皮,豆科种子单位的分离子叶也列为杂质
5	棉属	(1)有或无种皮、有或无绒毛的种子。 (2)超过原来大小一半,有或无种皮的破损种子
6	蓖麻属	(1)有或无种皮、有或无种阜的种子。 (2)超过原来大小一半,有或无种皮的破损种子
7	芹属、芫荽属、胡萝卜属、茴香属、欧防风属、欧芹属、茴芹属	(1)有或无花梗的分果/分果片,但明显没有种子的除外。 (2)超过原来大小一半的破损分果片,但明显没有种子的除外。 (3)果皮部分或全部脱落的种子。 (4)超过原来大小一半,果皮部分或全部脱落的破损种子
8	大麦属	(1)有内外稃包着颖果的小花,当芒长超过小花长度时,须将芒除去。 (2)超过原来大小一半,含有颖果的破损小花。 (3)颖果。 (4)超过原来大小一半的破损颖果

续表 6-6

序号	属名	净种子标准(定义)
9	黍属、狗尾草属	(1)有颖片、内外稃包着颖果的小穗,并附有不孕外稃。 (2)有内外稃包着颖果的小花。 (3)颖果。 (4)超过原来大小一半的破损颖果
10	稻属	(1)有颖片、内外稃包着颖果的小穗,当芒长超过小花长度时,须将芒除去。 (2)有或无不孕外稃,有内外稃包着颖果的小花,当芒长超过小花长度时,须将芒除去。 (3)有内外稃包着颖果的小花,当芒长超过小花长度时,须将芒除去。 (4)颖果。 (5)超过原来大小一半的破损颖果
11	黑麦属、小麦属、小黑麦属、玉米属	(1)颖果。 (2)超过原来大小一半的破损颖果
12	高粱属	(1)有颖片、透明状的外稃或内稃(内外稃也可缺乏)包着颖果的小穗,有穗轴节片、花梗、芒,附有不育或可育小花。 (2)有内外稃的小花,有或无芒。 (3)颖果。 (4)超过原来大小一半的破损颖果

资料来源:《农作物种子检验规程　净度分析》(GB/T 3543.3—1995)。

3. 杂质

杂质是指除净种子和其他植物种子以外的所有种子单位、其他物质及构造。其标准为:

(1)明显不含真种子的种子单位。

(2)甜菜属复胚种子单位大小未达到净种子定义规定的最低大小的。

(3)小于或等于原来大小一半的破裂或受损伤种子单位的碎片。

(4)按净种子定义,不将这些附属物作为净种子部分或定义中未提及的附属物。

(5)种皮完全脱落的豆科、十字花科、柏科、松科、紫杉科和杉科的种子。

(6)脆而易碎,呈灰白、乳白色的菟丝子种子。

(7)脱下的不育小花、空的颖片、内稃、外稃、稃壳、茎、叶、球果、鳞片、果翅、树皮、碎片、花、线虫瘿、真菌体(如麦角、菌核、黑穗病孢子团)、泥土、砂粒、石砾及所有其他非种子物质。

(三)净度分析程序与方法

净度分析大体分为重型混杂物的检验、试样分取、试样分析和称重、计算与报告 4 大步骤。

1. 重型混杂物的检验

在送验样品(至少是净度分析试样重量的 10 倍)中,若有与供检种子在大小或重量上明显不同且严重影响结果的混杂物,如小石块、土块或小粒种子中混有大粒种子等,应先挑出这些重型混杂物并称重,再将重型混杂物分离为其他植物种子和杂质后分别称重。

2. 试样分取

净度分析试验样品应按规定方法从送验样品挑出重型杂质后的样品中分取。试验样品应至少含有2 500粒种子单位的重量或不少于规定的重量(表6-1)。净度分析可用规定重量的1份试样或2份"半试样"(试样重量的一半)进行分析。试验样品必须称重,以"g"表示,精确至表6-7所规定的小数位数,以满足计算各成分百分率达到1位小数的要求。

表6-7　称重与小数位数

试样或半试样及其成分重量/g	称量精度至下列小数位数
1.000 0 以下	4
1.000～9.999	3
10.00～99.99	2
100.0～999.9	1
1 000 或 1 000 以上	0

资料来源:《农作物种子检验规程　净度分析》(GB/T 3543.3—1995)。

注:此表适于试样各组分的称重。

3. 试样分析和称重

试验样品称重后,按净度分析标准,将样品分为净种子、其他植物种子和杂质三种成分。分离时可借助放大镜、筛子、吹风机等器具,也可用镊子施压,在不损伤发芽力的基础上进行检查。放大镜和双目解剖镜可用于鉴定和分离小粒种子单位和碎片;反射光可用于禾本科可育小花和不育小花的分离,以及线虫瘿和真菌体的检查;筛子可用于分离试样中的茎叶碎片、土壤及其他细小颗粒;种子吹风机可用于从较重的种子中分离出较轻的杂质,如皮壳及禾本科牧草的空小花。

按净种子的定义对样品仔细分析,将净种子、其他植物种子和杂质分别放入相应的容器。当不同植物种之间区别困难或不能区别时,则填报属名,该属的全部种子均为净种子,并附加说明。对于损伤种子,如果没有明显地伤及种皮或果皮,则不管是空瘪还是充实,均作为净种子或其他植物种子;若种皮或果皮有一个裂口,须判断留下的种子单位部分是否超过原来大小的一半,如不能迅速地做出决定,则将种子单位列为净种子或其他植物种子。

分离后各成分分别称重,要以"g"表示,精确至表6-7所规定的小数位数。

4. 计算与报告

(1)结果计算。分析结束后将净种子、其他植物种子和杂质分别称重,精确度与试样称量时相同。

①核查分析过程中试样的重量增失。将各成分重量之和与原试样重量进行比较,核对分析期间物质有无增失,如增失超过原试样重量的5%,必须重做;如增失小于原试样重量的5%,则计算各成分百分率。

②计算各成分的重量百分率。计算时应注意两点。一是各成分百分率的计算应以分析后各种成分的重量之和为分母,而不以试样原来的重量为分母。二是若分析的是全试样,各成分重量百分率应计算到1位小数;若分析的是半试样,应对每一份半试样所有成分分别进行计算,各成分的重量百分率应计算到2位小数,并计算各成分的平均百分率。

③有重型混杂物时的结果换算。送验样品中有重型混杂物时,最后净度分析结果按如下公式计算。

净种子:
$$P_2 = P_1 \times \frac{M-m}{M} \times 100\%$$

其他植物种子：
$$OS_2 = OS_1 \times \frac{M-m}{M} + \frac{m_1}{M} \times 100\%$$

杂质：
$$I_2 = I_1 \times \frac{M-m}{M} + \frac{m_2}{M} \times 100\%$$

式中：M 为送验样品的重量，g；m 为重型混杂物的重量，g；m_1 为重型混杂物中的其他植物种子重量，g；m_2 为重型混杂物中的杂质重量，g；P_1 为除去重型混杂物后的净种子重量百分率，%；OS_1 为除去重型混杂物后的其他植物种子重量百分率，%；I_1 为除去重型混杂物后的杂质重量百分率，%。

最后应检查：$P_2 + OS_2 + I_2 = 100\%$

（2）容许差距。

①半试样。如果分析两份"半试样"，分析后任一组分的相差不得超过表 6-8 所示的重复分析间的容许差距。若所有成分的实际差距都在容许范围内，则计算每一成分的平均值。如果实际差距超过容许范围，则按下列程序进行：

a. 再重新分析成对样品，直到 1 对数值在容许范围内为止（但全部分析不必超过 4 对）。

b. 凡 1 对数值间的差值超过容许差距 2 倍时，均略去不计。

c. 各种成分百分率的最后记录，应用全部保留的几对加权平均数计算。

表 6-8　同一实验室内同一送验样品净度分析的容许差距

（5%显著水平的两尾测定）

两次分析结果平均		不同测定之间的容许差距			
		半试样		试样	
50%以上	50%以下	无稃壳种子	有稃壳种子	无稃壳种子	有稃壳种子
99.95～100.00	0.00～0.04	0.20	0.23	0.1	0.2
99.90～99.94	0.05～0.09	0.33	0.34	0.2	0.2
99.85～99.89	0.10～0.14	0.40	0.42	0.3	0.3
99.80～99.84	0.15～0.19	0.47	0.49	0.3	0.4
99.75～99.79	0.20～0.24	0.51	0.55	0.4	0.4
99.70～99.74	0.25～0.29	0.55	0.59	0.4	0.4
99.65～99.69	0.30～0.34	0.61	0.65	0.4	0.5
99.60～99.64	0.35～0.39	0.65	0.69	0.5	0.5
99.55～99.59	0.40～0.44	0.68	0.74	0.5	0.5
99.50～99.54	0.45～0.49	0.72	0.76	0.5	0.5
99.40～99.49	0.50～0.59	0.76	0.80	0.5	0.6
99.30～99.39	0.60～0.69	0.83	0.89	0.6	0.6
99.20～99.29	0.70～0.79	0.89	0.95	0.6	0.7
99.10～99.19	0.80～0.89	0.95	1.00	0.7	0.7
99.00～99.09	0.90～0.99	1.00	1.06	0.7	0.8
98.75～98.99	1.00～1.24	1.07	1.15	0.8	0.8
98.50～98.74	1.25～1.49	1.19	1.26	0.8	0.9
98.25～98.49	1.50～1.74	1.29	1.37	0.9	1.0
98.00～98.24	1.75～1.99	1.37	1.47	1.0	1.0
97.75～97.99	2.00～2.24	1.44	1.54	1.0	1.1

续表 6-8

两次分析结果平均		不同测定之间的容许差距			
		半试样		试样	
50%以上	50%以下	无稃壳种子	有稃壳种子	无稃壳种子	有稃壳种子
97.50～97.74	2.25～2.49	1.53	1.63	1.1	1.2
97.25～97.49	2.50～2.74	1.60	1.70	1.1	1.2
97.00～97.24	2.75～2.99	1.67	1.78	1.2	1.3
96.50～96.99	3.00～3.49	1.77	1.88	1.3	1.3
96.00～96.49	3.50～3.99	1.88	1.99	1.3	1.4
95.50～95.99	4.00～4.49	1.99	2.12	1.4	1.5
95.00～95.49	4.50～4.99	2.09	2.22	1.5	1.6
94.00～94.99	5.00～5.99	2.25	2.38	1.6	1.7
93.00～93.99	6.00～6.99	2.43	2.56	1.7	1.8
92.00～92.99	7.00～7.99	2.59	2.73	1.8	1.9
91.00～91.99	8.00～8.99	2.74	2.90	1.9	2.1
90.00～90.99	9.00～9.99	2.88	3.04	2.0	2.2
88.00～89.99	10.00～11.99	3.08	3.25	2.2	2.3
86.00～87.99	12.00～13.99	3.31	3.49	2.3	2.5
84.00～85.99	14.00～15.99	3.52	3.71	2.5	2.6
82.00～83.99	16.00～17.99	3.69	3.90	2.6	2.8
80.00～81.99	18.00～19.99	3.86	4.07	2.7	2.9
78.00～79.99	20.00～21.99	4.00	4.23	2.8	3.0
76.00～77.99	22.00～23.99	4.14	4.37	2.9	3.1
74.00～75.99	24.00～25.99	4.26	4.50	3.0	3.2
72.00～73.99	26.00～27.99	4.37	4.61	3.1	3.3
70.00～71.99	28.00～29.99	4.47	4.71	3.2	3.3
65.00～69.99	30.00～34.99	4.61	7.86	3.3	3.4
60.00～64.99	35.00～39.99	4.77	5.02	3.4	3.6
50.00～59.99	40.00～49.99	4.89	5.16	3.5	3.7

②全试样。如果在某种情况下有必要分析第 2 份试样时,那么两份试样各成分实际的差距不得超过表 6-8 中所示的容许差距。若所有成分都在容许范围内,则取其平均值;若超过,则再分析 1 份试样;若分析后的最高值和最低值差异没有大于容许误差 2 倍时,则填报 3 者的平均值。如果其中的 1 次或几次显然是由于差错造成的,需将不准确的结果除去。

③最终结果的修正。各种成分的最终填报结果应保留一位小数,其和应为 100%,否则应在最大的百分率上加上或减去不足或超过的数(修正值),使最终各成分之和为 100%。如果其和是 99.9% 或 100.1%,则从最大值(通常是净种子部分)增减 0.1%。如果修约值大于 0.1%,则应检查计算有无差错。

(3)结果报告。净种子、其他植物种子和杂质的百分率必须填在检验证书规定的空格内。若一种成分的结果为零,必须在相应的空格内用"—0.0—"表示。若其中一种成分少于 0.05%,则填报"微量"。最终结果要在表 6-8 规定的容许差距内。

举例说明:

对某批小麦种子 1 000 g 送验样品净度分析数据如下:重型杂质 3.5 g,重型其他植物种子 2.0 g,试样 120.1 g,净种子 118.1 g,杂质 1.2 g,其他植物种子 0.7 g,试计算各成分的百分率。

将各成分相加为 118.1＋1.2＋0.7＝120(g),与原 120.1 g 相比在 5％的误差内,根据计算公式:

$$P_2 = P_1 \times \frac{M-m}{M} \times 100\% = \frac{118.1}{120} \times \frac{1\ 000 - 5.5}{1\ 000} \times 100\% = 97.88\%$$

$$OS_2 = OS_1 \times \frac{M-m}{M} + \frac{m_1}{M} \times 100\% = \frac{1\ 000 - 5.5}{1\ 000} \times \frac{0.7}{120} + \frac{2.0}{1\ 000} \times 100\% = 0.78\%$$

$$I_2 = I_1 \times \frac{M-m}{M} + \frac{m_2}{M} \times 100\% = \frac{1\ 000 - 5.5}{1\ 000} \times \frac{1.2}{120} \times 100\% = 1.34\%$$

$P_2 + I_2 + OS_2 = 97.88\% + 1.34\% + 0.78\% = 100\%$

三种成分之和恰好为 100％,不需要修正,即该样品净度分析的最终结果为:净种子为 97.88％,杂质 1.34％,其他植物种子 0.78％。

(四)其他植物种子数目测定

1. 测定目的

其他植物种子是指样品中除去净种子以外的任何植物种类的种子单位,包括杂草和异作物种子两类。测定的目的是估测送验人所提出的其他植物种子数,包括泛指的种(如所有的其他植物的种)、专指某一类(如在一个国家里列为有害种)、特定的植物种(如匍匐冰草)。在国际贸易中这项分析主要用于测定有害或不受欢迎种子存在的情况。

根据送验者的不同要求,其他植物种子数目测定可分为完全检验、有限检验、简化检验、简化有限检验等。完全检验是指从整个试验样品中找出所有其他植物种子的测定方法。有限检验是指从整个试验样品中只限于找出送验者指定种的测定方法。简化检验是指用规定重量较小的部分样品的试验样品检验全部种类的测定方法。而简化有限检验是指用规定重量较小的部分样品的试验样品检验指定种的测定方法。样品最少为规定试验样品重量的 1/5。

2. 测定方法

(1)试样重量。供测定其他植物种子的试样通常为净度分析试样重量的 10 倍,即约 25 000 粒种子的重量,或与送验样品重量相同。但当送验者所指定的种较难鉴定时,可减少至规定试样重量的 1/5。

(2)分析测定。分析时可借助扩大镜和光照设备。根据送验人的要求对试样逐粒观察,挑出所有其他植物的种子或某些指定种的种子,并数出每个种的种子数。当发现有的种子不能准确确定所属种时,可鉴定到属。如为有限检验,则只需找到与送验人要求相符合的一个或全部指定种的种子后,即可停止分析。

(3)结果计算。结果用实际测定试样重量中所发现的种子数表示。但通常折算为样品单位重量(每千克)所含的其他植物种子数,以便比较。

$$其他植物种子含量(粒/kg) = \frac{其他植物种子数(粒)}{试验样品重量(g)} \times 1\ 000$$

二、种子水分测定

种子水分对种子的生命活动起着重要的作用，是种子生理代谢的介质。种子水分含量多少直接影响种子的寿命和安全贮藏。因此，种子水分是种子检验的必检项目之一。

(一)种子水分概念

种子水分也称种子含水量，是指按规定程序把种子样品烘干所失去水分的重量占供验样品原始重量的百分率。

种子中的水分按其特性可分为自由水和束缚水两种。种子水分也指种子内自由水和束缚水的重量占种子原始重量的百分率。

1. 自由水

自由水也叫游离水，存在于种子表面和细胞间隙中，具有一般水的性质，可作为溶剂，100 ℃沸点，0 ℃结冰，易受外界环境条件的影响，容易蒸发。所以，在种子水分测定前或水分测定操作过程中，要尽量防止这部分水的丧失，否则会使测定结果偏低，尤其对高水分种子应特别注意。

2. 束缚水

束缚水是被种子中的淀粉、蛋白质等亲水胶体吸附的水分。该部分水不具备一般水的性质，较难从种子中蒸发出去，因此用烘干法测定水分时，需适当提高温度或延长烘干时间，才能把这种水分蒸发出来。

在高温烘干时，必须严格掌握规定的温度和时间，否则，易造成种子内有机物质分解变质，样品变色，烘干失重增加，使水分测定结果偏高。有些植物种子含有易挥发的物质，如芳香油等，其汽化点比较低，当温度过高时，就会汽化而蒸发出来，使烘干失重增加，测得的水分结果就会偏高。因此，对这类种子应采用低恒温烘干法测定其水分。

(二)仪器设备

1. 干燥箱

干燥箱有电热恒温干燥箱和真空干燥箱。目前常用的是电热恒温干燥箱，它主要由箱体（保温部分）、加热部分和恒温控制部分组成。用于测水分的电烘箱，应是绝缘性能良好，箱内各部位温度均匀一致，能保持规定的温度，加温效果良好，即在预热至所需温度后，放入样品，可在5~10 min回升到所需温度。

2. 电动粉碎机

电动粉碎机用于磨碎样品，常用的有滚刀式和磨盘式两种。要求粉碎机结构密闭，粉碎样品时尽量避免室内空气的影响，转速均匀，不致使磨碎样品时发热而引起水分丧失，可将样品磨至规定细度。

3. 分析天平

称量快速，感量达到0.001 g。

4. 样品盒

常用的是铝盒，盒与盖标有相同的号码，紧凑合适。分为两种规格：一种是小型样品盒，直径4.6 cm，高2~2.5 cm，盛样品4.5~5 g；另一种是中型样品盒，直径等于或大于8 cm，一般用于高水分种子预先烘干，烘干时可达到样品在烘盒内的厚度每平方厘米不超过0.3 g的要求。烘盒使用前需洗净、烘干,放入干燥器中备用。

5. 干燥器

用于冷却经过烘干的样品或样品盒,防止回潮,一般为玻璃制品。干燥器内放置的干燥剂一般使用变色硅胶干燥剂,在未吸湿前呈蓝色,吸湿后呈粉红色,因此极易区分其是否仍有吸湿能力。吸湿后的干燥剂经烘干后可恢复其吸湿性能。

另外,还需要有洗净烘干的磨口瓶、称量匙、粗纱线手套、毛笔、坩埚等。

(三)烘干法水分测定程序

目前常用的种子水分测定方法是烘干法和电子水分仪速测法。其中烘干法是标准的种子水分测定方法。在正式检验报告和质量标签中应采用烘干法测定种子水分,而在种子收购、调运、干燥加工等过程中可以采用电子水分仪速测法测定种子水分。

1. 低恒温烘干法

低恒温烘干法是将样品放置在(103±2)℃的烘箱内一次性烘干 8 h。此法适用于大豆、萝卜、花生、棉属、亚麻、向日葵、芝麻、茄子等种子的烘干,但必须在相对湿度70%以下的室内进行,若室内相对湿度过高,水分烘干后散发不出去,会使测定结果偏低。

(1)样品盒预先烘干。在水分测定之前,将待用铝盒(含盒盖)洗净后,在 130 ℃的条件下烘干 1 h,取出后置于干燥器内冷却称重,再继续烘干 30 min,取出后冷却称重。当两次烘干结果误差小于或等于 0.002 g 时,取两次重量平均值;否则,继续烘干至恒重。

(2)预调烘箱温度。按规定要求调好所需温度,使其稳定在(103±2)℃。如果环境温度较低,也可适当预置稍高的温度(110~115 ℃),防止打开箱门放置样品时温度下降过多,回升时间变长。

(3)样品处理。送验样品需磨碎的种类不得低于 100 g,不需要磨碎的种类为 50 g。

用于水分测定的送验样品必须装在密封防湿容器中,并尽可能排除容器中的空气。取样时先将密封容器内的样品充分混匀。方法是取一个与送验样品容器相同的空样品瓶,瓶口与送验样品的瓶口对准,把种子在两个容器间往返倾倒或是用匙在样品瓶内搅拌,使样品充分混合。从中分别取出两个独立的试验样品15~25 g,立即放入另一磨口瓶中,并密封备用。取样时不能直接用手触摸种子,而应用勺或铲子。需磨碎的样品按照表 6-9 的要求进行处理后立即装入瓶中备用,最好立即称样,以减少样品水分变化。不能马上称量的应立即装入磨口瓶中备用。剩余的送验样品应继续存放在密封的容器内,以备复检。

表 6-9　必须磨碎的种子种类及磨碎细度

种子种类	磨碎细度
燕麦属、水稻、甜荞、苦荞、黑麦、高粱属、小麦属、玉米	至少有50%的磨碎成分通过 0.5 mm 筛孔的金属丝筛,而留在 1.0 mm 筛孔的金属丝筛子上不超过10%
大豆、菜豆属、豌豆、西瓜、野豌豆属	需要粗磨,至少有50%的磨碎成分通过 4.0 mm 筛孔
棉属、花生、蓖麻	磨碎或切成薄片

进行测定须取两个重复的独立试验样品,必须使样品在样品盒的分布为每平方厘米不超过 0.3 g。

(4)称样烘干。将处理好的样品在磨口瓶内充分混合,用感量 0.001 g 的天平准确称取 4.500~5.000 g 试样两份(磨碎种子应从不同部位取得),分别放入预先烘至恒重的铝盒内,盒盖套于盒底下,分别记录盒号、盒重和样品的实际重量。摊平样品,立即将样品(带盒、盖)放入已调至110~115℃的烘箱内,铝盒距温度计水银球2~2.5 cm,然后关闭箱门。当箱内温度在5~10 min回升至(103±2)℃时开始计时,烘干8 h。取出烘盒,盖好盒盖,放在干燥器中冷却至室温(需30~45 min)后称重。

(5)结果计算。根据烘干后样品减少的重量计算种子含水量,结果保留1位小数。计算公式:

$$种子水分 = \frac{M_2 - M_3}{M_2 - M_1} \times 100\%$$

式中:M_1为样品盒和盖的重量,g;M_2为样品盒和盖及样品的烘前重量,g;M_3为样品盒和盖及样品的烘后重量,g。

2. 高恒温烘干法

高恒温烘干法是将样品放在130~133℃的条件下烘干1 h。此法适用于水稻、玉米、豌豆、甜菜、芹菜、石刁柏、西瓜、胡萝卜、甜荞、苦荞、大麦、莴苣、番茄、烟草等作物。

(1)预调烘箱温度在140~145℃,取样,磨碎,在130~133℃下烘1 h。

(2)在高恒温烘干时,必须严格掌握规定的温度和时间,否则易造成种子内有机物质分解变质,样品变色,烘干失重增加,水分测定结果偏高。

3. 高水分种子预先烘干法

当需磨碎的禾谷类作物种子水分超过18%、豆类和油料作物种子水分超过16%时,必须采用预烘法。因为高水分种子不易在粉碎机上磨至规定细度,若要磨至规定细度,则需时间较长,加上高水分种子自由水含量高,磨碎时水分容易散发,影响种子水分测定结果,所以先将整粒种子做初步烘干,然后进行磨碎或切片,再测定种子水分,具体步骤如下。

(1)第一次烘干。称取整粒种子(25.00±0.02)g,放在直径大于8 cm的样品盒内,两次重复,放入(103±2)℃的烘箱内预烘30 min(油料种子在70℃条件下预烘1 h),取出后放在室温下冷却并称重。

(2)第二次烘干。将预烘过的两个种子样品按照表6-9的规定分别进行处理,然后按低恒温或高恒温烘干法分别进行烘干测定。

(3)计算结果。样品的总水分含量可用第一次烘干和第二次烘干所得的水分结果计算。

$$种子水分 = S_1 + S_2 - \frac{S_1 \times S_2}{100}$$

式中:S_1为第一次整粒种子烘干后失去的水分,%;S_2为第二次磨碎种子烘干后失去的水分,%。

(四)结果报告

若一个样品的两次测定值之间的差距不超过0.2%,其结果可用两次测定值的算术平均数表示。否则,需重做两次测定。结果填报在检验结果报告单的规定空格内,精确度为0.1%。

三、发芽试验

(一)种子发芽的概念

(1)发芽。发芽是指在实验室内幼苗出现和生长达到一定阶段,其幼苗的主要构造表明在田间适宜条件下能进一步生长成为正常的植株。

（2）发芽力。发芽力指种子在适宜条件下发芽并长成正常植株的能力，通常用发芽势和发芽率来表示。

（3）发芽势。发芽势是指在规定的条件下，初次计数时间内长成的全部正常幼苗数占供检种子数的百分率。种子发芽势高，则表示种子活力强，发芽迅速，整齐，出苗一致，增产潜力大。

（4）发芽率。发芽率是指在规定的条件下，末次计数时间内长成的全部正常幼苗数占供检种子数的百分率。种子发芽率高，则表示有生活力的种子多，播种后出苗率高。

（二）发芽试验的目的和意义

发芽试验的目的是测定种子批的最大发芽潜力，据此可以比较不同种子批的质量，也可估测田间播种价值。

发芽试验对种子经营和农业生产具有极为重要的意义。种子收购入库时做好发芽试验，可正确地进行种子分级和定价；种子贮藏期间做好发芽试验，可掌握贮藏期间种子发芽力的变化情况，以便及时改进贮藏条件，确保种子安全贮藏；种子经营时做好发芽试验，可避免销售发芽率低的种子造成经济损失；播种前做好发芽试验，可选用发芽率高的种子播种，保证苗齐、苗壮。

（三）发芽试验的设备及用品

种子萌发需要足够的水分、适宜的温度、充足的氧气，某些植物种子还需要光照或黑暗。为满足种子萌发所需的适宜条件，获得正确可靠的发芽试验结果，实验室必须配备各种标准、先进的发芽试验仪器设备，主要包括发芽床、发芽皿、数种设备、发芽箱和发芽室等。

1. 发芽床

发芽床是用来安放种子并持续供给种子水分和支撑幼苗生长的衬垫物。作物种子检验规程规定的发芽床有纸床、砂床和土壤床等种类，常用的是纸床和砂床。对各种发芽床的基本要求是保水供水性好、通气性良、无毒质、无病菌，具有一定强度，pH 在 6.0～7.5 范围内。

（1）纸床。纸床是种子发芽试验中最常用的一种发芽床。供做发芽床用的纸类有专用发芽纸、滤纸和纸巾等。纸床的使用方法主要有纸上、纸间和褶折纸三种。

①纸上（简称 TP）。是将种子放在一层或多层湿润的纸上发芽，可以将发芽纸放在发芽皿内，也可将发芽纸直接放在"湿型"发芽箱的盘上，还可以放在雅可勃逊发芽器上。

②纸间（简称 BP）。是将种子放在两层湿润的发芽纸中间发芽。有盖纸法和纸卷法。盖纸法是把一层湿润的发芽纸松松地盖在种子上。纸卷法是把种子均匀放置在湿润的发芽纸上，再用另一张同样大小的发芽纸覆盖在种子上，然后卷成纸卷，两端用橡皮筋扣住，竖放。竖放的纸卷使得胚芽朝上生长，胚根朝下生长，有利于幼苗的分离和鉴定，而且还节省空间。建议大、中粒种子采用该法进行发芽试验。该法也常用于幼苗生长测定来评估种子活力。

③褶折纸（简称 PP）。将种子放在类似手风琴的具有褶裥的纸条内，然后放在发芽盒内或直接放在发芽箱内，并用一张较大的纸包在褶折纸的周围，防止干燥或干燥过快。一般折成50 个褶裥，每褶裥放两粒种子。褶折纸一般适用于多胚结构种子。

（2）砂床。砂床也是种子发芽试验中较为常用的一类发芽床。一般加水量为其饱和含水量的 60%～80%。当由于纸床污染，对已有病菌的种子样品鉴定困难时，可用砂床替代纸床。砂床还可用于幼苗鉴定有困难时的重新试验。化学药品处理过的种子样品发芽所用的细砂，不再重复使用。

用作发芽试验的砂粒应选用无任何化学药物污染的细砂,使用前须做如下处理。

①过筛和洗涤。取建筑用砂,将其通过 0.05 mm 和 0.08 mm 孔径的两层筛,取二层筛子之间的砂粒(粒径 0.05~0.08 mm),用清水洗涤以除去污物和有毒物质。

②烘干消毒。将洗涤过的砂子放入铁盘内,在高温(约 130 ℃)下烘 2 h,以杀死病原物。冷凉后使用。

发芽试验时,先将砂粒加水拌匀,一般 1 kg 砂粒加入 0.3 kg 的水,手握能成团,一触即散,且指缝间有水渗出即可。

砂床有两种使用方法:砂上(TS)和砂中(S)。

a. 砂上(简称 TS)。适用于中、小粒种子的发芽试验。将拌好的湿砂装入培养盒中,至 2~3 cm 厚,再将种子压入砂的表层,与砂表面相平。

b. 砂中(简称 S)。适用于大、中粒种子的发芽试验。将拌好的湿砂装入培养盒中,至 2~4 cm 厚,播上种子,然后根据种子的大小加盖 1~2 cm 厚的松散湿砂。

此外,在有些特殊发芽试验中,会用到土壤作发芽床。土壤虽是种子发芽的最适环境,但土壤成分各异,很难做到标准化,因此它不适合常规种子发芽试验,但可将其作为重新试验的发芽基质。用作发芽床的土壤必须疏松,无大颗粒,不含其他植物种子,持水力强,pH 为 6.0~7.5。土壤与砂一样,使用前需高温消毒,一般土壤只能使用 1 次。

除了规程规定使用土壤床外,当纸床或砂床的幼苗出现中毒症状时或对幼苗鉴定有疑问时,可采用土壤床。

2. 发芽皿

用来安放发芽床的容器称为发芽皿。发芽皿在使用前均应洗净,常用的发芽皿是玻璃培养皿、塑料培养皿和搪瓷盘。为正确进行幼苗鉴定,可采用标准的种子发芽盒。

3. 数种设备

常用于发芽试验的数种设备有三种:数粒板、真空数种器和电子自动数粒仪。

(1)数粒板。固定下板和活动上板组成,上层有 50 个或 100 个孔的固定板,孔形和大小与计数种子相似,板的下层衬有一块可活动的无孔薄板。使用时可将种子撒在数种板上稍加颤动,待种子落入种孔,除去多余的种子,将整个数种板放在发芽床上,抽去底板,种子便落在发芽床的相应位置。

(2)真空数种器。多用于形状规则和较为光滑的种子,如禾谷类小粒种子、芸薹属和三叶草属的种子等。真空数种器有三个主要部分,包括真空系统、数种盘(多个)、气流阀门。使用时选择与欲数种子相应的数种盘,在未产生真空前,将种子撒在数种盘上,接通真空,数种盘上的每个孔都各吸一粒种子,去除多余的种子,将数种盘翻转放在发芽床上,再解除真空,种子便落在发芽床的相应位置上。真空数种器因其数粒准确,数种完毕后就可直接置床,使用十分方便,目前应用最为广泛。

(3)电子自动数粒仪。电子自动数粒仪是目前种子数粒的有效工具,可用于千粒重测定、发芽计数和播种粒数等需要的种子数粒,可对各种主要粮食作物,如稻、麦、高粱、玉米等种子进行自动数粒。目前,国内外有各种型号的电子自动数粒仪,国内如 PME 型和 PME-1 型电子自动数粒仪。PME 型适用于大小粒种子,PME-1 型适用于小粒种子。

4. 发芽箱和发芽室

发芽箱和发芽室是为种子发芽提供适宜条件(即温度、湿度、光照)的设备。它们必须满足以下条件。

(1)维持温度变化在±1 ℃范围内,注意不包括开门引起的温度变化。

(2)当变换温度时,一般应能在 30 min 内迅速转换过来。

(3)如果试验的物种需要光照,必须有光控功能。

(4)如果发芽种子没加盖或封起来,应有加湿装置,以保证发芽床的湿润。但在没有加湿装置的情况下,往往进行人工加湿。

发芽室可认为是一种改进的大型发芽箱,其构造原理与发芽箱相似,只不过是空间扩大,中间为走道,两边置有发芽架。

(四)幼苗鉴定标准

1. 正常幼苗鉴定标准

正常幼苗是指在良好的土壤及适宜的水分、温度和光照条件下,具有继续生长发育成正常植株能力的幼苗。我国把正常幼苗分为 3 类,即完整正常幼苗、带有轻微缺陷的幼苗和次生感染的幼苗。凡符合之一者为正常幼苗。

(1)完整正常幼苗。幼苗的主要构造生长良好、完全、匀称和健康。因种不同,应具有下列一些构造。

①具有发育良好的根系。a. 细长的初生根,通常长满根毛,末端细尖。b. 在规定试验时期内产生的次生根。c. 在燕麦属、大麦属、黑麦属、小麦属和小黑麦属中,由数条种子根代替 1 条初生根。

②具有发育良好的幼苗茎轴。a. 子叶出土型发芽的幼苗,应具有 1 个直立、细长并有伸长能力的下胚轴。b. 子叶留土型发芽的幼苗,应具有 1 个发育良好的胚轴。c. 在出土型发芽的一些属(如菜豆属、花生属)中,应同时具有伸长的上胚轴和下胚轴。d. 在禾本科的一些属(如玉米属、高粱属)中,应具有伸长的中胚轴。

③具有特定数目的子叶。a. 单子叶植物具有 1 片子叶,子叶可为绿色和呈圆管状(葱属),或变形而全部或部分遗留在种子内(如石刁柏、禾本科)。b. 双子叶植物具有 2 片子叶,在子叶出土型发芽的幼苗中,子叶为绿色,展开呈叶状;在子叶留土型发芽的幼苗中,子叶为半球形和肉质状,并保留在种皮内。c. 在针叶树中,子叶数目 2～18 枚不定,通常其发育程度因种而不同;子叶呈绿色而狭长。

④具有展开、绿色的初生叶。a. 在互生叶幼苗中有 1 片初生叶,有时先出现少数鳞状叶,如豌豆属、蚕豆属。b. 在对生叶幼苗中有 2 片初生叶,如菜豆属。

⑤具有 1 个顶芽或苗端。在禾本科植物中有 1 个发育良好、直立的芽鞘,其中包着一片绿色初生叶延伸到顶端,最后从芽鞘中伸出。

(2)带有轻微缺陷的幼苗。幼苗的主要构造出现某种轻微缺陷,但在其他方面能均衡生长,并与同一试验中的完整幼苗相当。有下列缺陷者为带有轻微缺陷的幼苗。

①初生根的缺陷。a. 初生根局部损伤,或生长稍迟缓。b. 初生根有缺陷,仅次生根发育良好,特别是豆科中一些大粒种子的属(如菜豆属、豌豆属、巢菜属、花生属、豇豆属和扁豆属),禾本科中的一些属(如玉米属、高粱属和稻属),葫芦科所有属(如甜瓜属、南瓜属和西瓜属)及锦葵科所有属(如棉属)。c. 燕麦属、大麦属、黑麦属、小麦属和小黑麦属中只有 1 条强壮的种

子根。

②下胚轴、上胚轴和中胚轴局部损伤。

③子叶的缺陷。a. 子叶局部损伤,子叶组织总面积的 1/2 或 1/2 以上仍保持着正常的功能,并且幼苗顶端或其周围组织没有明显的损伤或腐烂。b. 双子叶植物仅有 1 片正常子叶,但其幼苗顶端或其周围组织没有明显的损伤或腐烂。c. 具有 3 片子叶而不是 2 片子叶(采用"50%规则")。

④初生叶的缺陷。a. 初生叶局部损伤,但其组织总面积的 1/2 或 1/2 以上仍保持着正常的功能(采用"50%规则")。b. 顶芽没有明显的损伤或腐烂,有 1 片正常的初生叶,如菜豆属。c. 菜豆属的初生叶形状正常,大于正常大小的 1/4。d. 具有 3 片初生叶而不是 2 片,如菜豆属(采用"50%规则")。

⑤芽鞘的缺陷。a. 芽鞘局部损伤。b. 芽鞘从顶端开裂,但其裂缝长度不超过芽鞘的 1/3(对于玉米,如果胚芽鞘有缺陷,但第 1 叶完整或仅有轻微缺陷的幼苗仍可认为是正常幼苗)。c. 受内外稃或果皮的阻挡,芽鞘轻度扭曲或形成环状。d. 芽鞘内的绿叶,虽然没有延伸到芽鞘顶端,但至少要达到胚芽鞘的 1/2。

(3)次生感染的幼苗。由真菌或细菌感染引起,使幼苗主要构造发病和腐烂,但有证据表明病源不是来自种子本身的幼苗。

2. 不正常幼苗鉴定标准

不正常幼苗是指在良好土壤及适宜的水分、温度和光照条件下,不能继续生长成为正常植株的幼苗。

(1)不正常幼苗的种类。我国把不正常幼苗分为 3 类,即受损伤的幼苗、畸形或不匀称的幼苗和腐烂幼苗。

①受损伤的幼苗。由机械处理、加热干燥、冻害、化学处理、昆虫损害等外部因素引起,使构造残缺不全或受到严重损伤,以至于不能够均衡生长的幼苗。

②畸形或不匀称的幼苗。由内部因素引起生理紊乱,生长细弱,或存在生理障碍,或主要构造畸形、不匀称的幼苗。

③腐烂幼苗。由初生感染(病源来自种子本身)引起,使主要构造发病和腐烂,并妨碍其正常生长的幼苗。

(2)不正常幼苗的缺陷。在实际应用中,不正常幼苗只占少数,所以关键是要能够鉴别不正常幼苗,凡带有下列一种或多种缺陷的幼苗均为不正常幼苗。

①初生根和种子根发育不全,如短粗、停滞、残缺、破裂、纵裂、缩缢、蜷缩在种皮内、背地性生长、玻璃状、由初生感染引起腐烂,仅 1 条或缺少种子根等。

②上胚轴、中胚轴或下胚轴的缺陷,如缩短而变粗、深度横裂或破裂、纵向裂缝(开裂)、缩缢、缺失、纤细、水肿状、严重扭曲、过度弯曲、形成环状或螺旋形、由初生感染引起腐烂等。

③子叶(采用"50%规则")的缺陷。除葱属外所有属的子叶缺陷:肿胀卷曲、畸形、断裂或其他损伤、变色、坏死、玻璃状、分离或缺失、由初生感染引起腐烂等。葱属子叶的特有缺陷:缩短变粗、缩缢、纤细、过度弯曲、形成环状或螺旋状、无明显的"膝"等。

④顶芽及其周围组织畸形、损伤、残缺或由初生感染引起腐烂。

⑤禾本科的芽鞘和第一片叶畸形、残缺、损伤,芽鞘过度弯曲或严重扭曲、形成环状或螺旋状、裂缝长度超过从顶端量起的 1/3、基部开裂、纤细、由初生感染引起腐烂,第一片叶延伸长

度不足胚芽鞘的一半、缺失、撕裂或其他畸形。

⑥整个幼苗畸形、断裂、子叶比根先长出、两株幼苗连在一起、黄化或白化、纤细、水肿状、由初生感染引起腐烂等。

⑦初生叶(采用"50%规则")的缺陷,如畸形、变色、损伤、缺失、坏死、由初生感染引起腐烂,虽形状正常,但小于正常叶片大小的1/4。

3. 不发芽种子

在发芽试验末期仍不发芽的种子,可分为以下几种情况。

(1)硬实。由于不能吸水而在试验末期仍保持坚硬的种子。

(2)新鲜不发芽种子。在发芽试验条件下,既不硬实,又不发芽而保持清洁和坚硬,具有生长成为正常幼苗潜力的种子。此类种子的不发芽由生理休眠所引起。

(3)死种子。在试验末期,既不坚硬,又不新鲜,也未产生生长迹象的种子。

(4)其他类型。如空的、无胚或虫蛀的种子。

(五)标准发芽试验方法

1. 数取试验样品

我国《农作物种子检验规程》规定用作发芽试验的种子为净种子。数取试验样品的具体方法是:从充分混合的净种子中,用数种设备或手工随机数取 4×100 粒。一般中、小粒种子以 100 粒为一重复,试验为 4 次重复;大粒种子以 50 粒为一重复,试验为 8 次重复;特大粒种子以 25 粒为一重复,试验为 16 次重复。

复胚种子单位可视为单粒种子进行试验,无须弄破(分开),但芜菁除外。

2. 选用和准备发芽床

按表 6-1 作物种子发芽技术规定,选用其中适宜的发芽床。中、小粒种子可用纸上(TP)发芽床,中粒种子可用纸间(BP)发芽床;大粒种子或对水分敏感的中、小粒种子宜用砂床(一般为砂中 S)发芽。活力较差的种子,也以砂床的效果为好。在选好发芽床后,按不同作物种子和发芽床的特性,调节到适宜的湿度。

3. 种子置床

置床时要求种子均匀地分布在发芽床上,每粒种子之间应留有足够的空间,一般保持种子直径 1~5 倍的间距,以防止种子携带的病菌或污染菌的相互感染并保持足够的生长空间。此外,每粒种子均应良好接触水分,使发芽条件一致。

种子置床后,应在发芽皿或其他容器底盘的侧面或内侧贴上标签,写明样品号码、置床日期、品种名称、重复次数、产地等,并登记在发芽试验记录簿上,然后盖好盖子或套上塑料袋保湿,移至规定条件下发芽培养。

4. 发芽培养

根据表 6-1 选择适宜的发芽温度。虽然各种温度均为有效,但一般而言,新收获的处于休眠状态的种子和陈种子,以选用其中的变温或较低恒温发芽为好。变温发芽即在发芽试验期间一天内较低温度保持 16 h,较高温度保持 8 h,一般先高温后低温。用变温发芽时,要求非休眠种子在 3 h 内完成变温;但对于休眠种子,尤其是牧草种子,温度变化要短于 1 h,或通过调换发芽箱实现突然变温。

此外,对需光型种子(如芹菜和茼蒿种子等),必须有光照促进发芽。需暗型种子在发芽初期应放置在黑暗条件下培养。对于大多数种子,最好加光培养,这样有利于正常幼苗鉴定,区分黄化和白化的不正常幼苗,而且有利于抑制发芽过程中霉菌的生长繁殖。

5. 检查管理

在种子发芽期间,要经常检查水分、温度和霉菌状况等,以保持适宜的发芽条件。

(1)水分管理。发芽床必须始终保持湿润,水分不能过多或过少,更不能断水。

(2)温度管理。发芽温度应保持在所需温度的±1 ℃范围内,防止因控温部件失灵、断电、电器损坏等意外事故造成温度失控。如采用变温发芽,则须按规定变换温度。

(3)霉菌管理。如发现霉菌滋生,应及时取出洗涤除霉,洗净后再将种子放回原处。当发霉种子超过 5%时,应及时更换发芽床,以免霉菌继续感染。如发现腐烂死亡种子,则应立即去除并做好记载。

还应注意通气,避免因缺氧而影响正常发芽。

6. 观察记载

(1)试验持续时间。表 6-1 对每个种的试验持续时间做出了具体规定,其中试验前或试验期间用于破除休眠处理所需时间不计入发芽试验的时间。

如果样品在试验规定时间内只有几粒种子开始发芽,试验时间可延长 7 d 或规定时间的一半。根据试验天数,可增加计数的次数。相反,如果在试验规定时间结束之前可以确定能发芽种子均已发芽,即样品已达到最高发芽率,则可以提前结束试验。

(2)幼苗鉴定和观察记数。幼苗鉴定应在其主要构造已发育到一定时期时进行。每株幼苗都必须按照幼苗鉴定的标准进行鉴定,在初次计数时,应将发育良好的正常幼苗从发芽床中捡出,对可疑或损伤、畸形、生长不均衡的幼苗,通常留到末次计数时再计数。应及时从发芽床中除去严重腐烂的幼苗或发霉的种子,并随时计数。

末次计数时,按正常幼苗、不正常幼苗、硬实、新鲜不发芽种子和死种子的定义,通过鉴定、分类分别计数和记载。

复胚种子单位作为单粒种子计数,试验结果用至少产生一个正常幼苗的种子单位的百分率表示。

7. 结果计算和表示

发芽试验结果以正常幼苗数的百分率表示。计算时,以 100 粒种子为一重复,如果采用 50 粒或 25 粒的副重复,则应将相邻副重复合并成 100 粒的重复。

计算 4 次重复的正常幼苗平均百分率,检查其最大容许差距。当一个试验 4 次重复的最高和最低发芽率之差在最大容许差距范围内(表 6-10),则取其平均数表示该批种子的发芽率。不正常幼苗、硬实、新鲜不发芽种子、死种子的百分率按 4 次重复平均数计算。平均百分率修约到最近似的整数。正常幼苗、不正常幼苗、硬实、新鲜不发芽种子和死种子的百分率之和应为 100%。如果其总和不是 100%,则执行下列程序:在不正常幼苗、硬实、新鲜不发芽种子和死种子中,首先找出百分率中小数部分最大者,修约此数至最大整数,并作为最终结果;然后计算其余成分百分率的整数,获得其总和。如果总和为 100%,修约程序到此结束;如果不是 100%,重复此程序。如果小数部分相同,优先次序为不正常幼苗、硬实、新鲜不发芽种子、死种子。

表 6-10　同一发芽试验 4 次重复间的最大容许差距

（2.5％显著水平的两尾测定）

平均发芽率		最大容许差距	平均发芽率		最大容许差距
50％以上	50％以下		50％以上	50％以下	
99	2	5	87～88	13～14	13
98	3	6	84～86	15～17	14
97	4	7	81～83	18～20	15
96	5	8	78～80	21～23	16
95	6	9	73～77	24～28	17
93～94	7～8	10	67～72	29～34	18
91～92	9～10	11	56～66	35～45	19
89～90	11～12	12	51～55	46～50	20

资料来源：《农作物种子检验规程　发芽试验》(GB/T 3543.4—1995)。

8. 破除种子休眠的方法

当试验结束还存在硬实或新鲜不发芽种子时，可采用下列一种或几种方法进行处理，再重新试验。如预知或怀疑种子有休眠，这些处理方法也可用于初次试验。

(1)破除生理休眠的方法。

①预先冷冻。发芽试验前，将各重复种子放在湿润的发芽床上，在 5～10 ℃下进行预冷处理，如麦类在 5～10 ℃下处理 3 d，然后在规定温度下进行发芽。

②硝酸处理。水稻休眠种子可用 0.1 mol/L 硝酸溶液浸泡 16～24 h，然后置床发芽。

③硝酸钾处理。适用于禾谷类、茄科等许多种子。发芽试验时，发芽床可用 0.2％的硝酸钾溶液湿润。在试验期间，水分不足时可加水湿润。

④赤霉酸(GA₃)处理。燕麦、大麦、黑麦和小麦种子用 0.05％ GA₃ 溶液湿润发芽床。休眠浅的种子用浓度为 0.02％的溶液，休眠深的种子用浓度为 0.1％的溶液。芸薹属可用 0.01％或 0.02％浓度的溶液。

⑤双氧水处理。可用于小麦、大麦和水稻休眠种子的处理。用 29％浓双氧水处理时：小麦浸种 5 min，大麦浸种 10～20 min，水稻浸种 2 h，处理后须马上用吸水纸吸去沾在种子上的双氧水，再置床发芽。用淡双氧水处理时：小麦用 1％浓度，大麦用 1.5％浓度，水稻用 3％浓度，均浸种 24 h。

⑥去稃壳处理。水稻用出糙机脱去稃壳；有稃大麦剥去胚部稃壳(外稃)；菠菜剥去果皮或切破果皮；瓜类磕破种皮。

⑦加热干燥处理。将发芽试验的各重复种子摊成一薄层，放在通风良好的条件下，于 30～40 ℃干燥处理数天。

(2)除去抑制物质的方法。甜菜、菠菜等种子单位的果皮或种皮内有发芽抑制物质时，可把种子浸在温水或流水中预先洗涤。甜菜复胚种子洗涤 2 h，遗传单胚种子洗涤 4 h，菠菜种子洗涤 1～2 h。然后将种子干燥，干燥时最高温度不得超过 25 ℃。

(3)破除硬实的方法。硬实是一种特殊的休眠形式，其休眠的破除在于改变种皮的透水性，因此可采用多种方法损伤种皮，以达到促进萌发的目的，如温度处理(高温、冷冻、变温等处理)。

①开水烫种。适用于棉花和豆类的硬实。发芽试验前用开水烫种 2 min,然后发芽。

②机械损伤。小心地将种皮刺穿、削破、锉伤或用砂纸摩擦。豆科硬实可用针直接刺入子叶部分,也可用刀片切去部分子叶。

9. 重新试验

为确保试验结果的可靠性和正确性,当试验出现下列情况之一时,应重新试验。

(1)发现有较多的新鲜不发芽种子,怀疑种子有休眠,种子发芽潜力还未全部发挥出来,则应破除休眠重新试验,将得到的最佳结果填报,同时注明所用的方法。

(2)由于真菌或细菌的蔓延而使试验结果不一定可靠时,可采用砂床或土壤床进行重新试验。

(3)当正确鉴定幼苗数有困难时,可采用表 6-1 中规定的一种或几种方法在砂床或土壤床上进行重新试验。

(4)当发现试验条件、幼苗鉴定或计数有差错时,应采用同样方法进行重新试验。

(5)当发现不正常幼苗因化学处理中化学试剂或其他毒素为害所致,采用砂床或土壤床重新试验,将得到的最佳结果填报。

(6)当样品事先有标准发芽率,而试验结果低于该值时,送验者往往要求重新试验。

(7)当 100 粒种子重复间的差距超过表 6-10 规定的最大容许差距时,应采用同样的方法进行重新试验。如果第二次试验结果与第一次试验结果的差异不超过表 6-11 所示的容许差距,则将两次试验的平均数填报在结果单上。如果第二次结果与第一次结果不相符合,其差异超过表 6-11 中所示的容许差距,则采用同样的方法进行第三次试验,用第三次的试验结果分别与第一次和第二次的试验结果进行比较,填报符合要求的两次结果的平均数。若第三次试验仍然得不到符合要求的试验结果,则应考虑是否在人员操作(如是否数种设备使用不当,造成试样误差太大等)、发芽设备或其他方面存在重大问题,致使无法得到满意结果。

表 6-11　同一或不同实验室来自相同或不同送验样品间发芽试验的容许差距

(2.5%显著水平的两尾测定)

平均发芽率		最大容许差距	平均发芽率		最大容许差距
50%以上	50%以下		50%以上	50%以下	
98~99	2~3	2	77~84	17~24	6
95~97	4~6	3	60~76	25~41	7
91~94	7~10	4	51~59	42~50	8
85~90	11~16	5			

资料来源:《农作物种子检验规程　发芽试验》(GB/T 3543.4—1995)。

10. 结果报告

填报发芽试验结果时,需填报正常幼苗、不正常幼苗、硬实、新鲜不发芽种子和死种子的平均百分率,若其中有任何一项结果为零,则需填入符号"—0—"。

同时还须填报采用的发芽床、温度、试验持续时间以及种子发芽前的处理方法,以提供评价种子种用价值的全部信息。

四、品种真实性与品种纯度的室内测定

(一)品种的真实性和品种纯度的含义

品种纯度测定包括两方面的内容,即品种的真实性和品种纯度。品种的真实性是指一批种子所属品种、种或属与文件记录是否相符合。如果品种真实性有问题,品种纯度检验就毫无意义了。

品种纯度是指品种个体与个体之间在特征特性方面典型一致的程度,用本品种的种子数(或株、穗数)占供检本作物样品种子数(或株、穗数)的百分率表示。在品种纯度检验时主要鉴别与本品种不同的异型株。

异型株是指一个或多个性状(特征、特性)与原品种育成者所描述的性状明显不同的植株。品种纯度检验的对象可以是种子、幼苗或较成熟的植株。

品种真实性与品种纯度鉴定是保证良种优良遗传特性充分发挥,促进农业生产持续稳产、高产的有效措施;是正确评定种子等级的重要指标;是防止良种混杂退化、提高种子质量和产品质量的必要手段;是种子检验中首要的,也是最重要的环节。

(二)品种纯度测定的方法

品种纯度测定的方法很多,根据所依据的原理不同主要可分为形态鉴定、物理化学法鉴定、生理生化法鉴定、分子生物学方法鉴定和细胞学方法鉴定。在实际应用中,理想的测定方法要达到四个要求:测定结果能重演,方法简单易行,省时快速,成本低廉。品种纯度测定时可根据实际检验目的和要求选择合适的测定方法。

1. 送验样品的重量

品种纯度测定的送验样品的最小重量应符合表 6-4 的规定。

2. 种子形态测定

籽粒形态鉴定特别适合于籽粒形态性状丰富、粒型较大的作物。

(1)数取试样。随机从送验样品中数取 400 粒种子,鉴定时需设重复,每个重复不超过 100 粒种子。根据种子的形态特征,逐粒观察区别本品种、异品种,计数并计算品种纯度。鉴定时根据标准样品或鉴定图片和有关资料,借助扩大镜等仪器逐粒观察种子的形态特征。主要根据种子形态大小、颜色、芒、种脐、茸毛等明显或细微差异。当两个品种无明显差异时,就要用其他方法鉴别。

(2)鉴定依据性状。水稻种子根据谷粒形状、长宽比、大小,稃壳和稃尖色,稃毛长短、稀密,柱头夹持率等进行鉴定。

玉米种子根据粒型、粒色深浅,粒顶部形状、颜色及粉质多少,胚的大小、形状,胚部皱褶的有无、多少,花丝遗迹的位置与明显程度,稃色(白色、浅红、紫红)深浅,籽粒上棱角的有无及明显程度等进行区别。

小麦种子根据粒色深浅,粒形(短柱形、卵圆形、椭圆形、线形),质地,种子背部性状(宽窄、光滑与否),腹沟(宽窄、深浅),茸毛(长短、多少),胚的大小、突出与否,籽粒横切面的模式,籽粒的大小等性状进行区分。

大豆种子可根据种子大小、形状、颜色、光泽、光滑度、蜡粉多少及种脐形状、颜色等特征鉴定;葱类可根据种子大小、形状、颜色、表面构造及脐部特征等鉴定。

3. 幼苗鉴定

从送验样品中随机数取 400 粒种子,设置重复,每重复为 100 粒种子。在培养室或温室中,可以用 100 粒,二次重复。幼苗鉴定可以通过两个主要途径:一种途径是提供给植株以加速发育的条件,当幼苗达到适宜评价的发育阶段时,对全部或部分幼苗进行鉴定;另一种途径是让植株生长在特殊的逆境条件下,通过测定不同品种对逆境的不同反应来鉴别不同品种。

(1)禾谷类。禾谷类作物的芽鞘、中胚轴有紫色与绿色两大类,是受遗传基因控制的。将种子播在沙中(玉米、高粱种子间隔 2.0 cm×4.5 cm,燕麦、小麦种子间隔 2.0 cm×4.0 cm,播种深度 1.0 cm),在 25 ℃恒温下培养,24 h 光照。玉米、高粱每天加水,小麦、燕麦每隔 4 d 施加缺磷的 Hoagland 1 号培养液(在 1 L 蒸馏水中加入 4 mL 1 mol/L 的硝酸钙溶液、2 mL 1 mol/L 的硫酸镁溶液和 6 mL 1 mol/L 的硝酸钾溶液)。在幼苗发育到适宜阶段,高粱、玉米 14 d,小麦 7 d,燕麦 10～14 d,鉴定芽鞘的颜色。

(2)大豆。将种子播于沙中(种子间隔 2.5 cm×2.5 cm,播种深度 2.5 cm),在 25 ℃下培养,24 h 光照,每隔 4 d 施加 Hoagland 1 号培养液(在 1 L 蒸馏水中加入 1 mL 1 mol/L 磷酸二氢钾溶液、5 mL 1 mol/L 硝酸钾溶液、5 mL 1 mol/L 硝酸钙溶液和 2 mL 1 mol/L 硫酸镁溶液)。至幼苗各种特征表现明显时,根据幼苗下胚轴颜色(生长 10～14 d)、茸毛颜色(21 d)、茸毛在胚轴上着生的角度(21 d)、小叶形状(21 d)等进行鉴定。

(3)莴苣。将莴苣种子播在沙中(种子间隔 1.0 cm×4.0 cm,播种深度 1 cm),在 25 ℃恒温下培养,每隔 4 d 施加 Hoagland 1 号培养液,3 周后(长有 3～4 片叶)根据下胚轴颜色、叶色、叶片卷曲程度和子叶形状等进行鉴别。

(4)甜菜。有些栽培品种可根据幼苗颜色(白色、黄色、暗红色或红色)来区别。将种球播在培养皿湿沙上,置于温室的柔和日光下,经 7 d 后,检查幼苗下胚轴的颜色。根据白色与暗红色幼苗的比例,可在一定程度上判断糖用甜菜及白色饲料甜菜栽培品种的真实性。

4. 品种纯度的快速测定

从送验样品中随机数取 400 粒种子进行鉴定,设置重复,每个重复不超过 100 粒种子。

(1)苯酚染色法。该法主要适用于小麦、大麦、燕麦和水稻。

小麦、大麦、燕麦:将种子浸入清水中 18～24 h,用滤纸吸干表面水分,放入垫有 1‰苯酚溶液湿润滤纸的培养皿内(腹沟朝下)。在室温下,小麦保持 4 h,燕麦保持 2 h,大麦保持 24 h 后即可鉴定染色深浅。小麦观察颖果染色情况,大麦、燕麦观察种子内外释染色情况。通常颜色分为五级,即不染色、淡褐色、褐色、深褐色和黑色。把与基本颜色不同的种子取出作为异品种。

水稻:将种子浸入清水中 6 h,倒去清水,注入 1‰苯酚溶液,室温下浸 12 h,取出用清水洗涤,放在湿润的滤纸上,24 h 后观察谷粒或米粒染色程度。谷粒染色分为不染色、淡茶褐色、茶褐色、黑褐色和黑色五级;米粒染色分不染色、淡茶褐色、褐色三级。

(2)愈创木酚比色法。该法是专门用于大豆品种鉴别的方法。愈创木酚比色法的原理是大豆种皮内含有过氧化物酶,能使过氧化氢分解而放出氧,从而使愈创木酚氧化而产生红棕色的 4-邻甲氧基酚。由于不同品种过氧化物酶活性不同,溶液颜色也有深浅之分。

鉴定方法:将每粒大豆种子的种皮剥下,分别放入小试管内,注入 1 mL 蒸馏水,在 30 ℃下浸泡 1 h,再在每支试管中加入 10 滴 0.5‰愈伤木酚溶液,10 min 后,每支试管加入 1 滴

0.1%过氧化氢溶液。1 min后,根据溶液呈现颜色的差异区分本品种和异品种。

使用该方法时应注意,剥种皮时的碎整程度要一致,否则影响染色的深浅,进而影响测定结果。最好使用小的打孔器将种皮打下,这样能克服种皮大小及碎整程度的影响。

(3)种子荧光鉴定法。取净种子400粒,4次重复,分别排在黑板上,放在波长为360 nm的紫外分析灯下照射。试样距灯泡最好为10~15 cm,照射数秒或数分钟后即可观察。根据发出的荧光鉴别品种或类型。例如:蔬菜豌豆发淡蓝或粉红色荧光,谷实豌豆发褐色荧光;无根茎冰草发淡蓝色荧光,伏枝冰草发褐色荧光。十字花科不同种发出荧光不同:白菜为绿色,萝卜为浅蓝绿色,白芥为鲜红色,黑芥为深蓝色,田芥为浅蓝色。

种子其他
项目检验

项目四　种子田间检验与田间小区种植鉴定

一、田间检验

(一)田间检验目的

田间检验是指在种子生产过程中,在田间对品种真实性进行验证,对品种纯度进行鉴定,对作物生长状况、病虫危害、异作物和杂草等情况进行调查,并确定其与特定要求符合性的活动。

同一作物不同品种的种子在外部形态上差别很小,室内检验很难根据种子外形准确地判断品种的真实性及纯度。而在作物生长期间,根据整株植物的特征特性或从亲本上进行识别,就能够做出准确判断。因此,田间检验是保证种子质量和大田生产不受损失的重要措施。田间检验的目的在于判明残余分离、机械混杂、变异、不适宜花粉和其他不可预见因素以及种子本身的生长发育情况对种子质量的影响,做出能否作为种子应用的结论。可见,田间检验是确保种子生产质量的首要环节,没有田间检验,流向生产的种子就不可能从源头上得到质量保证。

(二)田间检验项目

田间检验项目因作物种子生产田的种类不同而异,一般把种子生产田分为常规种子生产田和杂交种子生产田。

1. 常规种子生产田

主要检查前作、隔离条件、品种真实性、杂株百分率、其他植物百分率、种子田其他情况(倒伏、病虫、有害杂草等)。

2. 杂交种子生产田

主要检查隔离条件、杂草、检疫性病虫害、雄性不育程度、杂株率、散粉株率、父母本的真实性、父母本纯度。

(三)田间检验时期

田间纯度检验是在种子田内,在作物生育期间根据品种特征特性进行鉴定。田间检验最好是在作物典型性状表现最明显的时期进行。一般田间检验在苗期、花期、成熟期进行,常规种至少在成熟期检验一次,杂交水稻、杂交玉米、杂交高粱和杂交油菜等杂交种花期必须检验2~3次,蔬菜作物在商品器官成熟期(如叶菜类在叶球成熟期,果荚类在果实成熟期,根茎类在直根、根茎、块茎、鳞茎成熟期)必须检验。主要大田作物品种纯度田间检验时期见表6-12。

表 6-12　主要大田作物品种纯度田间检验时期

作物	田间检验时期			备注
小麦	苗期(出苗1个月内)	抽穗期	蜡熟期	临时约定或复检
水稻	苗期(出苗1个月内)	抽穗期	蜡熟期	临时约定或复检
高粱	苗期(出苗1个月内)	抽穗期	蜡熟期	开花期应检3次
谷子	苗期(出苗1个月内)	抽穗期	蜡熟期	临时约定或复检
玉米	苗期(出苗1个月内)	抽穗期	成熟期	开花期应检3次
大豆	苗期(2~3片叶)	开花期	成熟期	临时约定或复检
马铃薯	苗期(苗高15~20 cm)	开花期	成熟期	开花期应检3次

(四)田间检验程序与方法

田间检验分取样、检验、结果计算与报告三大步骤。

1. 田间取样

(1)了解情况。检验人员必须熟悉和掌握被检品种的特征特性及在当地的表现情况,全面了解生产企业、作物种类、品种名称、种子类别、种子的来源、世代、上代纯度、种子批号、种植面积、前茬作物及栽培管理情况等。

检验人员应绕种子田外周步行一圈,检查隔离情况。若种子田与花粉污染源的隔离距离达不到要求,必须采取措施消灭污染源,或淘汰达不到隔离条件的部分田块。

实地检查不少于100个植株或穗子,比较品种田间的特征特性与品种描述的特征特性,确认品种的真实性与品种描述是否一致。

对于严重倒伏、杂草危害,出现病虫害诱发的矮化和发育不良等情况,种子田不能用于品种纯度评价,而应该被淘汰。对种子田的总体评价要确定是否有必要进行品种纯度的详细检查。

(2)划区设点。同一品种、同一来源、同一繁殖世代、耕作制度和栽培管理相同而又连在一起的地块可划分为一个检验区。一个检验区的最大面积为 33.3 hm²(500 亩)。33.3 hm² 以上的地块,可根据种子田各方面条件的均匀程度,分设检验区,或选3~5块代表田,代表田的面积不少于供检面积的 5%。

田间检验员应制订详细的取样方案,方案应考虑样区的大小(面积)、样区的点数和样区的分布。

设点的数量主要根据作物种类、田块面积而定(表6-13),同时考虑生育情况、品种田间纯度高低酌情增减。一般生长均匀的田块可酌情少设点,纯度高的田块应增加取样点数。

(3)取样方法。取样点数确定后,将取样点均匀分布在田块上。取样点的分布方式与田块形状和大小有关。取样样区的位置应覆盖整个种子田,取样样区分布应是随机和广泛的,不能故意选择比一般水平好或坏的样区。

①对角线取样。在田块的一条或两条对角线上等距离设点,适用于面积较大的正方形或长方形地块。

表 6-13 种子田最低样区频率

面积/hm²	最低样区频率		
	生产常规种	生产杂交种	
		母本	父本
≤2	5	5	3
3	7	7	4
4	10	10	5
5	12	12	6
6	14	14	7
7	16	16	8
8	18	18	9
9~10	20	20	10
>10	在 20 基础上,每公顷递增 2	在 20 基础上,每公顷递增 2	在 10 基础上,每公顷递增 1

②梅花形取样。在田块的中心和四角共设 5 点,适用于较小的正方形或长方形地块。

③棋盘式取样。在田间的纵横方向,每隔一定距离设一取样点,适用于不规则地块。

④大垄(畦)取样。垄(畦)作地块,先数总垄数,再按比例每隔一定的垄(畦)设一点,各垄(畦)的点要错开不在一条直线上。

国际上常用的取样方法见图 6-4。

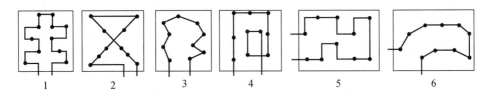

图 6-4 国际上常用的取样方法

注:·为取样点;1—观察 75% 的田块;2—观察 60%~70% 的田块;3—随机观察;4—顺时针路线;
5—观察 85% 的田块;6—观察 60% 的田块。

2. 检验

通常是边设点边检验,直接在田间进行分析鉴定,在熟悉供检品种特征特性的基础上逐株观察鉴定,最好有标准样品做对照。检验时按行长顺序前进,以背光行走为宜,避免在阳光强烈或不良的天气下进行检查。每点分析结果按本品种、异品种、异作物、杂草和感染病虫株(穗)数分别记载。同时注意观察植株田间生长、种子成熟等是否正常。

对于玉米杂交制种田,抽雄前至少要进行两次检验,重点检查隔离条件、种植规格和去杂情况是否符合要求。苗期检验主要依据的性状有叶鞘色、叶形、叶色和长势等。开花期至少要检验三次,检验内容主要有母本去雄情况、父本去杂情况。母本花丝抽出后萎缩前,如果发现植株上出现花药外露的花在 10 个以上时,即定为散粉株,检验的主要性状有株型、叶形、叶色、雄穗形状和分枝多少、护颖颜色、花药颜色和花丝颜色等。

3. 结果计算与报告

检验完毕后,将各点检验结果汇总,计算品种纯度及各项成分的百分率。

公式如下:

$$品种纯度 = \frac{本品种株(穗)数}{供检本作物总株(穗)数} \times 100\%$$

$$异品种率 = \frac{异品种株(穗)数}{供检本作物总株(穗)数} \times 100\%$$

$$异作物率 = \frac{异作物株(穗)数}{供检本作物总株(穗)数 + 杂草株(穗)数} \times 100\%$$

$$病虫感染率 = \frac{感染病虫株(穗)数}{供检本作物总株(穗)数} \times 100\%$$

$$母本散粉株率 = \frac{母本散粉株数}{供检母本总株数} \times 100\%$$

$$父(母)本散粉杂株率 = \frac{父(母)本散粉杂株数}{供检父(母)本总株数} \times 100\%$$

田间检验完成后,田间检验人员应及时填报田间检验结果单(表 6-14 或表 6-15)。根据检验结果提出建议和意见,最后对照国家质量分级标准,确定被检种子田等级和能否作种用。如不符合最低标准,就不应作为种子。

表 6-14 农作物常规品种田间检验结果单

字第　　　　号

繁种单位				
作物名称			品种名称	
繁种面积			隔离情况	
取样点数			取样总株(穗)数	
田间检验结果	品种纯度/%		杂草率/%	
	异品种率/%		病虫感染率/%	
	异作物率/%			
田间检验结果建议或意见				

检验单位(盖章):　　　　　　　　　　　　　　检验员:

检验日期:　　　年　　　月　　　日

表 6-15　杂交种田间检验结果单

字第　　　号

繁种单位				
作物名称			品种名称	
繁种面积			隔离情况	
取样点数			取样总株(穗)数	
田间检验结果	父本杂株率/%		母本杂株率/%	
	母本散粉株率/%		异作物率/%	
	杂草率/%		病虫感染率/%	
田间检验结果建议或意见				

检验单位(盖章):　　　　　　　　　　　　　　检验员:

检验日期:　　年　　月　　日

二、田间小区种植鉴定

田间小区种植鉴定是指对品种真实性和品种纯度进行鉴定。在室内检验难以做出正确判断和结论的情况下,必须进一步做田间小区种植鉴定,即将种子样品播到田间小区中,并以标准品种作为对照,根据田间作物生长期间表现的特征特性鉴定其品种真实性和品种纯度。田间小区种植鉴定是评价品种真实性和品种纯度最为可靠的方法,它适用于国际贸易、省区间调种的仲裁检验,并可作为赔偿损失的依据。

(一)小区种植鉴定的目的

小区种植鉴定的目的:一是鉴定种子样品的真实性与品种描述是否相符;二是鉴定种子样品纯度是否符合国家规定标准或种子标签标注值的要求。

(二)小区种植鉴定的作用

小区种植鉴定主要用于两方面:一是在种子认证过程中,作为种子繁殖过程的前控与后控,监控品种的真实性和品种纯度是否符合种子认证方案的要求;二是在种子检验中,作为目前鉴定品种真实性和测定品种纯度的最可靠、准确的方法。但小区种植鉴定费工、费时,还要求在鉴定的各个阶段与标准样品进行比较。

(三)标准样品的收集

田间小区种植鉴定应有标准样品作为对照。标准样品可提供全面的、系统的品种特征特性的现实描述。要求标准样品最好是育种家种子,或者能充分代表品种原有特征特性的原种。标准样品的数量应足够多,以便能持续使用多年,并在低温干燥条件下贮藏,更换时最好从育种家处获取。

(四)小区种植鉴定的程序

1. 试验地的选择

为使品种特征特性充分表现,鉴定小区要选择气候环境条件适宜、土壤均匀、肥力一致、前茬无同类作物和杂草的田块,并有适宜的栽培管理措施,以保证品种特征特性充分表现。

2. 田间小区的设置

为便于观察,应将同一品种、类似品种及相关种子批的所有样品,连同提供对照的标准样品相邻种植。小区种植鉴定试验设计要便于试验结果的统计分析,以使试验结果达到置信度水平之上。当性状需要测量时,需要一个较正式的试验设计,如随机区组设计,每个样品至少有两个重复。

试验设计种植的株数要根据国家种子质量标准的要求而定。一般来说,如品种纯度为 $X\%$,则种植株数 $N=400/(100-X)$。例如,标准规定纯度为 99%,种植 400 株即可达到要求。小区种植鉴定应有适当的行距和株距,以保证植株生长良好,能表现原品种特征特性。必要时可用点播或点栽。

3. 田间小区管理

田间小区的管理通常与一般大田生产相同,需要注意的是,要保持品种的特征特性和品种的差异。小区种植鉴定只要求观察品种的特征特性,不要求高产,所以土壤肥力应中等。对于易倒伏作物的小区种植鉴定,应尽量少施化肥,有必要时把肥料水平降到最低程度。使用除草剂和植物生长调节剂必须要小心,以免影响植株的特征特性。

4. 鉴定和记载

检验员应拥有丰富的经验,熟悉被检品种的特征特性,能正确判别植株是属于本品种还是变异株。许多种在幼苗期就有可能鉴别出品种真实性和纯度,但成熟期(常规种)、花期(杂交种)和食用器官成熟期(蔬菜种)是品种特征特性表现最明显的时期,必须进行鉴定。仔细检查那些与大部分植株特征特性不同的变异株,通常用标签、塑料牌或红绳等标记在植株上,以便于再次观察时区别对待。

5. 结果计算与表示

品种纯度结果表示有以百分率表示和以变异株数目表示两种方法。

(1)以百分率表示。将所鉴定的本品种、异品种、异作物和杂草等均以所鉴定植株的百分率表示。小区种植鉴定的品种纯度结果可用下式计算。

$$品种纯度 = \frac{本作物的总株数 - 变异株(非典型株)数}{本作物的总株数} \times 100\%$$

品种纯度结果保留 1 位小数。

(2)以变异株数目表示。国家种子质量标准规定纯度要求很高的种子,如育种家种子、原种是否符合要求,可利用淘汰值判定。淘汰值是在考虑种子生产者利益和有较少可能判定失误的基础上,把在一个样本内观察到的变异株数与质量标准比较,再充分考虑做出有风险接受或淘汰该种子批的决定。表 6-16 为不同规定标准与不同样本(株数)大小的淘汰值,错误淘汰种子批的风险为 5%。如果变异株大于或等于规定的淘汰值,就应淘汰种子批。

6. 结果填报

田间小区种植鉴定结果除品种纯度外,可能还须填报所发现的异作物、杂草和其他栽培品种的百分率。我国的田间小区种植鉴定的原始记录统一按表 6-17 的格式填写。

表 6-16　不同规定标准与不同样本(株数)大小的淘汰值

(5%显著水平的两尾测定)

规定标准	不同样本(株数)大小的淘汰值						
/%	4 000	2 000	1 400	1 000	400	300	200
99.9	9	6	5	4	—	—	—
99.7	19	11	9	7	4	—	—
99.0	52	29	21	16	9	7	6

注:下方有"-"的数字或"—"均表示样本的数目太少。

表 6-17　真实性和品种纯度鉴定原始记载表(田间小区种植鉴定)

样品登记号:　　　　　　种植地区:　　　　　　编号:

作物名称	小区号	品种或组合名称	鉴定日期	鉴定生育期	供检株数	本品种株数	杂株种类及株数			品种纯度/%	病虫危害株数	杂草种类	检验员	校核人	审核人
			平均												
检测依据															
备注:															

项目五　种子质量评定与签证

一、种子质量评定与分级

(一)种子质量的评定

1. 品种纯度评定的一般原则

品种纯度的评定应以田间和室内纯度检验结果为依据,当田间和室内纯度检验结果不一致时,应以纯度低的为准。若品种纯度检验结果达不到国家标准,就不能作种用,否则将会给农业生产带来损失。

2. 杂交种品种纯度的评定

杂交种品种纯度受多种因素影响。首先,双亲品种纯度的高低直接影响杂交种种子的纯度;其次,杂交制种过程中的各个环节也影响杂交种种子的纯度,如隔离区、去雄等技术环节。因此,对杂交种种子进行纯度评定时,除察看亲本纯度、制种田的隔离条件是否符合制种要求外,还要看田间杂株(穗)率(父本杂株率、父本杂株散粉株率、母本杂株率和母本散粉株率)是否符合要求。

(二)种子质量分级标准

依据种子检验结果,对照种子质量分级标准将不同质量的种子按等级分开,这是种子质量标准化的要求。种子质量分级标准是衡量种子质量优劣的统一尺度。明确种子质量分级的依据,严格执行分级标准,对发挥品种的优良种性是十分必要的。

《粮食作物种子 第1部分:禾谷类》(GB 4404.1—2008)是以纯度为中心的质量分级制,以纯度分级,净度、发芽率、水分采用最低标准,任何一项指标不符合规定等级的标准都不能作为相应等级的合格种子。分级时将常规品种、亲本种子分为原种和大田用种。我国主要作物种子质量分级标准见表 6-18 和表 6-19。

表 6-18　水稻、小麦、玉米、大豆种子质量分级标准　　　　　　　　　%

作物名称	种子类别		纯度不低于	净度不低于	发芽率不低于	水分不高于
水稻	常规种	原种	99.9	98.0	85	13.0(籼)
		大田用种	99.0			14.5(粳)
	不育系保持系恢复系	原种	99.9	98.0	80	13.0
		大田用种	99.5			
	杂交种	大田用种	96.0	98.0	80	13.0(籼) 14.5(粳)
小麦	常规种	原种	99.9	99.0	85	13.0
		大田用种	99.0			
玉米	常规种	原种	99.9	99.0	85	13.0
		大田用种	97.0			
	自交系	原种	99.9	99.0	80	13.0
		大田用种	99.0			
	单交种	大田用种(非单粒播种)	96.0	99.0	85	13.0
		大田用种(单粒播种)	97.0			
	双交种	大田用种	95.0	99.0	85	13.0
	三交种	大田用种	95.0			
大豆	常规种	原种	99.9	99.0	85	12.0
		大田用种	98.0			

表 6-19　马铃薯、甘薯种子质量分级标准　　　　　　　%

作物名称	种子类别		质量指标		
			纯度 不低于	薯块整齐 度不低于	不完善薯块 不高于
马铃薯	常规种	原种	99.5	85.0	1.0
		大田用种（一级）	98.0	85.0	3.0
		大田用种（二级）	96.0	80.0	5.0
		大田用种（三级）	95.0	75.0	7.0
甘薯	常规种	原种	99.5	85.0	1.0
		大田用种（一级）	98.0	85.0	3.0
		大田用种（二级）	96.0	80.0	5.0
		大田用种（三级）	95.0	75.0	7.0

二、签证

种子质量评定完毕后,需签发检验证书。

(一)国际种子检验证书

国际种子检验证书是由国际种子检验协会印制的,发给其授权的检验站用于填报检验结果的证书,包括种子批证书和种子样品证书。

1. 种子批证书

种子批证书分为橙色证书和绿色证书。橙色证书适用于种子批所在国家的授权种子站扦样、封缄和检验时签发。绿色证书适用于由种子批所在国的授权成员站负责扦样、封缄,送到另一国家的授权检验站检验时签发。

2. 种子样品证书

种子样品证书为蓝色证书,适用于种子批的扦样不在成员站监督下进行,授权成员站只负责对送验样品的检验,不负责样品与种子批的关系时签发。

(二)我国种子检验报告

种子检验报告是指按照种子检验规程进行扦样与检测而获得检验结果的一种证书表格。检验报告的内容通常包括标题、检验机构的名称和地址、用户名称和地址、扦样及封缄单位的名称、报告的唯一识别编号、种子批号及封缄、来样数量及代表数量、扦样时期、接收样品时期、样品编号、检验时期、检验项目和结果、有关检验方法的说明、对检验结论的说

种子质量
认证现状

明、签发人。检测结果要按照规程规定的计算、表示和报告要求进行填报,如果某一项目未检验,填写“—N—”表示“未检验”。若在检验结束前急需了解某一项目的测定结果,可签发临时检验报告,即在检验报告上附有“最后检验报告将在检验结束时签发”的说明。

【模块小结】

种子检验是种子生产和经营过程中的重要环节,是监测和控制种子质量的重要手段。本

模块共设置 5 个项目,主要介绍了种子检验的含义、目的和作用以及种子检验的内容和程序,扦样的相关定义、方法和程序,种子室内检验中的净度分析、种子发芽试验、种子水分测定和品种真实性与品种纯度的室内测定程序与方法,种子田间检验及田间小区种植鉴定,种子质量评定与签证等内容。

【模块技能】

技能一　扦样技术

一、技能目的

能根据种子堆放方式、种子的形状、种子大小正确选用扦样器;能根据种子批大小及堆放方式决定扦样的点数和扦样部位;掌握不同堆放方式种子的扦样技术。

二、技能材料及用具

袋装作物种子,扦样器(单管和双管等)、样品袋、标签、手套等。

三、技能方法与步骤

(一)袋装种子扦样法

扦样点分布要均匀。根据种子的形状、大小选用适宜的扦样器。通常中、小粒种子用单管扦样器。扦样时先用扦样器的尖端拔开包装物的线孔,扦样器凹槽向下,自袋角处与水平成 30°向上倾斜地插入袋内,直至到达袋的中心,然后将扦样器旋转 180°,使凹槽反转向上,慢慢拔出扦样器,将样品装入容器中。将麻袋扦孔拨好复原,如果是塑料编织袋,可用胶布将扦孔贴好。大粒种子用双管扦样器,使用时须对角插入袋内或容器中,扦样器插入前应关闭孔口,插入后打开孔口,转动两次或轻轻摇动,使扦样器完全装满种子,再关闭孔口,抽出袋外,缝好袋口。

(二)小包装种子扦样法

小包装种子是指在一定量值范围内装在小容器(如金属罐、纸盒)中的定量包装种子,其重量的量值范围规定等于或小于 15 kg。

扦样以 100 kg 重量的种子作为基本单位。小容器合并组成基本单位,基本单位总重量不超过 100 kg。将每个基本单位视为一个"袋装",然后按表 6-2 确定扦样频率。

对于装在小型或防潮容器中的种子,应在种子装入容器前扦取,否则应把规定数量的容器打开或穿孔取得初次样品。

对于重量只有 200 g、100 g 和 50 g 或更小的,则可直接取一个小包装作为初次样品,并按表 6-1 确定数量。

(三)散装种子扦样法

随机从种子批各部位及深度扦取初次样品,每个部位扦取的种子数量应大体相等。用长柄短筒圆锥形扦样器扦样,使用前先将扦样器清理干净,旋紧螺丝,关闭进种门,再以 30°的斜度插入种子堆内,到达一定深度后,用力向上一拉,使活动塞离开进谷门,略微振动,使种子掉入,然后抽出扦样器。用双管扦样器时,其操作方法同袋装扦样。

(四)徒手扦样法

合拢手指,紧握种子,以免种子漏掉。棉花、花生等种子可采用倒包徒手扦样,其方法是:拆开袋缝线,两手掀起袋底两角,袋身倾斜45°,徐徐后退 1 m,将全部种子倒在清洁的塑料布或帆布上,使种子保持原袋中的层次,然后在上、中、下三点徒手扦取初次样品。

(五)种子流扦样法

利用自动扦样器可定时从种子流动带的加工线上扦取样品,并可调节数量和间隔时间。其注意事项为:

(1)采用自动扦样器扦样,种子流须是一致的和连续的。

(2)不同种子批的扦样器必须清洁,必要时应重装。

(3)扦样员定期对扦样器进行校准和确认。

手工方法的程序:

(1)从种子流中取得初次样品,放入一个横截面宽于种子流的容器,不允许种子进入扦样器后反弹出来。

(2)确定扦样器和盛样器干净。

(3)在加工时以相同的间隔扦取初次样品,确保种子样品有代表性。不同情况下的最低扦样频率见表 6-20 和表 6-21。

表 6-20 容量为 15～100 kg(含 100 kg)的多容器种子批最低扦样频率

容器数目/个	扦取初次样品的最低数目	容器数目/个	扦取初次样品的最低数目
1～4	每个容器扦取 3 个	16～30	种子批中扦取 15 个
5～8	每个容器扦取 2 个	31～59	种子批中扦取 20 个
9～15	每个容器扦取 1 个	60 及以上	种子批中扦取 30 个

资料来源:(杨念福,2016)。

表 6-21 从大于 100 kg 容器的种子批或正在装入容器的种子流中取样的最低扦样频率

种子批大小/kg	扦取初次样品的数目
500 以下	至少扦取 5 个
501～3 000	每 300 kg 扦取 1 个,但不得少于 5 个
3 001～20 000	每 500 kg 扦取 1 个,但不得少于 10 个
20 001 及以上	每 700 kg 扦取 1 个,但不得少于 40 个

资料来源:(杨念福,2016)。

四、技能要求

(1)分组对某一种子批进行扦样;

(2)填写表 6-5 种子扦样证明书,并完成实训报告。

▶ 技能二　分样技术 ◀

一、技能目的

在明确不同作物试验样品最低重量的基础上,掌握分样器分样技术和徒手分样技术。

二、技能材料及用具

从某一种子批扦取的初次样品,分样器、分样板、样品袋、胶布、磨口瓶(或密封纸袋)、凡士林、标签、手套等。

三、技能方法与步骤

确认所要分样的作物种子试验样品的最低重量。

先比较各初次样品在形态、光泽、水分及其他品质方面有无明显差异,无明显差异则将其混合成混合样品。

(一)分样器分样法

检查分样器是否清理干净、放置是否平稳。把两个盛接器放在合适的位置,关好活门;将混合样品倒入分样器,拨开活门,使种子迅速下落至两个盛接器中;将两个盛接器的样品同时倒入分样器,继续混合 2～3 次;取其中一个盛接器按上述方法继续分取,直到达到规定送验样品的重量为止。

(二)徒手分样法

利用四分法分样时,将样品倒在光滑的桌上或玻璃板上,用分样板将样品先纵向混合,再横向混合,重复混合 4～5 次,然后将种子摊平成四方形(厚度:小粒种子不超过 1 cm,大粒种子不超过 5 cm)。用分样板划两条对角线,使样品分成 4 个三角形,再取 2 个对顶三角形内的样品继续按上述方法分取,直到 2 个三角形内的样品接近 2 份试验样品的重量为止。

将送验样品放入样品袋并封口,正确填写样品袋上的标签和标识信息。

四、技能要求

分组对从某一种子批扦取的初次样品进行正确分样。

▶ 技能三　田间纯度检验 ◀

一、技能目的

明确种子田间检验的意义;掌握田间检验的时期、方法和步骤;学会观察不同品种植株和穗部性状;掌握鉴定品种的主要性状。

二、技能材料及用具

种子田,米尺、铅笔、镊子、放大镜、记录本。

三、技能方法与步骤

1. 田间检验时间

在品种典型性状表现最明显的时期进行,具体时期见表6-12。

2. 田间检验方法

(1)基本情况调查。主要是隔离情况的检查和品种真实性检查。实地检查不少于100个植株或穗子,确认其真实性与品种描述一致。

(2)取样。每个试验小组随机设5个样区,水稻、小麦常规种子田每样区至少调查500株(穗),玉米杂交制种田每样区为行内100株(穗)。

(3)检验。直接在田间进行分析鉴定,在熟悉供检品种主要特征特性的基础上逐株(穗)观察,每点分析结果按本品种、异品种、异作物、杂草、感染病虫株(穗)数分别记载,同时注意观察植株田间生长等是否正常。

(4)结果计算。计算本品种、异品种、异作物、杂草、感染病虫株(穗)数,并计算百分率。

(5)填报检验报告并做出判定。田间检验完成后,应及时填报检验报告。田间检验员应根据检验结果签署鉴定意见。

①如果田间检验的所有要求如隔离条件、品种纯度等都符合生产要求,达到国家标准,则确认被检种子田符合要求。

②如果田间检验所有要求如隔离条件、品种纯度等有一部分不符合生产要求,未达到国家标准,但通过整改措施可以达到生产要求,应签署整改建议。整改后还要复查,确认是否符合要求。

③如果通过整改仍不能符合要求,不能达到国家标准,或完全不能整改,应建议淘汰种子田。

填写结果单(表6-14或表6-15),一式3份。根据检验结果提出建议和意见。

四、技能要求

(1)分小组或单独按照方法步骤完成实训,将每一步的数据及时记载,并完成实训报告。

(2)对实训结果进行分析,找出操作过程中出现的问题并分析其原因。

▶ 技能四 种子净度分析 ◀

一、技能目的

能正确识别净种子、其他植物种子和杂质;通过训练,能掌握种子净度分析技术,掌握净度分析所用仪器的使用方法;练习其他植物种子数目测定方法和结果计算。

二、技能材料及用具

送验样品一份,净度分析工作台、分样器、样品盘、风选机、镊子、培养皿、套筛、电动筛选机、相应的电子天平(感量 0.1 g、0.01 g、0.001 g)、小碟或小盘、小毛刷、放大镜。

三、技能方法与步骤

1. 重型混杂物的检查

(1)将送验样品准确称重,得出送验样品的重量。

(2)将送验样品倒在样品盘中,挑出重型混杂物并称重。将重型混杂物中的其他植物种子和杂质分别检出并称重。

2. 试验样品的分取

用分样器从送验样品中分取试验样品一份或半试样两份,用天平称出试样或半试样的重量。

3. 试样的筛理、分析、分离、称量

(1)筛理。选用筛孔适当的两层套筛,要求小孔筛的孔径小于所分析的种子,而大孔筛的孔径大于所分析的种子。使用时将小孔筛套在大孔筛的下面,再把底盒套在小孔筛的下面,倒入试样或半试样,加盖,置于电动筛选机上筛动 2 min。

(2)分析、分离。筛理后将各层筛及底盒中的分离物分别倒在净度分析工作台上,一般是采用人工分析进行分离和鉴定,也可借助一定的仪器(放大镜、双目解剖镜、种子吹风机等)将试样分为净种子、其他植物种子和杂质,并分别放入相应的容器。

(3)称量。分离后将每份试样或半试样的净种子、其他植物种子和杂质分别称量。

4. 结果计算

核查每一重复各成分的重量之和与样品原来的重量之差是否超过 5%,计算各组分的重量百分率,核对容许差距和百分率的修约。

5. 其他植物种子数目测定

(1)检验。将取出试样或半试样后剩余的送验样品按要求取出相应的数量或全部倒在检验桌上或样品盘内,逐粒进行观察,找出所有的其他植物种子或指定种的种子,并计算每类种的种子数,再加上试样或半试样中相应的种子数。

(2)结果计算。用单位试样重量内所含种子数来表示。

6. 填写净度分析结果报告单

净度分析结果以 3 种成分的重量百分率表示,各种成分的百分率总和必须为 100%,结果精确到 1 位小数。如果一种成分百分率低于 0.05%,则填报"微量";如果一种成分结果为零,则须填报"—0.0—"。

四、技能要求

(1)分小组或单独按照方法步骤完成实训,将每一步的数据及时填入表 6-22,并完成实训报告。

(2)对实训结果进行分析并寻找原因。

表 6-22 种子净度分析记录表

（5%显著水平的一尾测定）

编号：

类别	重复	试样重/g	净种子		其他植物种子		杂质		各成分重量之和/g
样品登记号		作物名称			品种(组合)名称				
送验样品重/g		重型混杂物/g			其他植物种子/g				
					杂质重/g				
类别	重复	试样重/g	重量/g	百分数/%	重量/g	百分数/%	重量/g	百分数/%	各成分重量之和/g
全试样									
半试样	1								
	2								
	平均								
	实际差/%								
	容许误差/%								
其他植物种子名称及个数									
杂质种类									
净度分析结果	净种子/%		其他植物种子/%			杂质/%			
检测依据									
主要仪器及编号									

说明：全试样或半试样只需选择其中一种方法进行检测。

检验员： 日期： 校核人： 日期： 审核人： 日期：

▶ 技能五 种子发芽试验 ◀

一、技能目的

了解发芽的意义，掌握主要作物种子的标准发芽技术规定、发芽方法、幼苗鉴定标准和结果计算方法。

二、技能材料及用具

玉米、水稻、大豆和白菜种子，发芽皿、发芽纸、标签、发芽箱、镊子、数粒仪等。

三、技能方法与步骤

1. 数取试样

在净种子中随机数取，中、小粒种子 100 粒/次，重复 4 次；大粒种子或带有病原菌的种子

25～50 粒/次,重复 8～16 次。

2. 准备发芽床

大粒种子用砂床、纸床;中、小粒种子用纸床;其他宜用土床。

3. 种子置床

纸床:纸间,将滤纸等平铺在发芽皿内,加水至饱和,将种子整齐排列在发芽床上,粒与粒之间保持与种子同样大小的距离,胚朝上,加盖一层湿滤纸,然后盖上培养皿盖。

4. 贴标签

在发芽皿底盘的外侧贴上标签,写明样品号码、置床日期、品种名称、重复次数、产地等,并登记在发芽试验记录簿上,盖好发芽皿盖来保持湿度。

5. 发芽

根据作物种子种类预先将发芽箱调至发芽所需温度,然后将置床的发芽皿放入发芽箱内支架上。为保持箱内湿度,也可在发芽箱内底部放一水盘。

6. 检查管理

每天检查一次,定时定量补水,表面生霉应取出,洗涤后放回,必要时更换发芽床,腐烂的种子及时取出记载。

7. 幼苗鉴定

初期、中间记载时,将符合标准的正常幼苗、腐烂种子取出,并记载。未达标小苗、畸形苗、未发芽种子要继续发芽。末次记载时,正常幼苗、硬实种子、新鲜不发芽的种子、不正常幼苗、腐烂霉变等死种子都如数记载。

8. 结果报告

种子发芽试验结果要以正常幼苗、不正常幼苗、硬实种子、新鲜不发芽种子和死种子的百分率表示。各部分的总和应为 100％且达到容许差距,填写到种子发芽试验记录表(表 6-23)。

四、技能要求

(1)分小组或单独按照方法步骤完成实训,将每一步的数据及时填入表 6-23。

(2)对实训结果进行分析并寻找原因。

表 6-23   种子发芽试验记录表

样品编号					置床日期		
作物名称					品种名称		
发芽前处理					每重复置床种子数		
发芽床			发芽温度		发芽持续时间		
时间		月　日				月　日	
重复	发芽种子数	霉烂种子数	未发芽种子数	正常幼苗数	不正常幼苗数	死种子数	新鲜不发芽种子数	硬实种子数
1							
2							
3							
4							
平均							

续表 6-23

检验结果	正常幼苗/%		不正常幼苗/%		新鲜不发芽
	硬实种子/%		死种子/%		种子/%
正常幼苗重复间的最大差距			最大容许差距		差距判定
备　注					

检测室负责人：　　　　校核人：　　　　检验员：　　　年　月　日

▶▶ 技能六　种子水分测定 ◀◀

一、技能目的

学会正确使用水分测定的各种仪器设备,掌握标准水分测定和快速水分测定的技术方法。

二、技能材料及用具

水稻、大豆、小麦等作物种子,烘干箱、电动粉碎机、样品盒、干燥器、分析天平、广口瓶、小毛刷、手套、磨口瓶、角匙、坩埚钳、快速水分测定仪等。

三、技能方法与步骤

1. 低恒温烘干法[在(103±2)℃烘 8 h,并在空气相对湿度70%以下的室内进行]

(1)把电烘箱的温度调节到 110～115 ℃进行预热,然后让其保持在(103±2)℃。

(2)样品盒预先烘干、称量,记下盒号和重量。

(3)把粉碎机调节到要求的细度,从充分混合的送验样品中分别取出两个独立的试验样品 15～25 g,按规定细度进行磨碎。

(4)称取试样两份,每份 4.5～5.0 g,放于预先烘干的样品盒内加盖称量。

(5)将样品盒盖置于盒底,迅速放入电烘箱内,尽量使样品盒距温度计水银球约 2.5 cm 处,迅速关闭箱门,待 5～10 min 温度回升至(103±2)℃时开始计算时间。

(6)8 h 后,打开箱门,用坩埚钳或戴好手套迅速盖上盒盖(在箱内盖好),立即置于干燥器内冷却,经 30～45 min 取出称量,并记录。

(7)结果计算。若一个样品两次测定之间的容许差距不超过 0.2%,则用两次测定的算术平均数来表示,否则,需重做两次测定。

2. 高恒温烘干法(在 130～133 ℃烘 1 h)

(1)把电烘箱温度调至 140～145 ℃。

(2)样品盒的准备、样品处理、称取样品与低恒温烘干法相同。

(3)将样品盒盖置于盒底,迅速放入烘箱内,关闭箱门,待 5～10 min 温度回升至 130 ℃时开始计时,温度保持 130～133 ℃烘干 1 h。

(4)到达时间后,取出样品盒,放入干燥器内冷却至室温,称量。

(5)结果计算。

3. 高水分种子预先烘干法

(1)从高水分种子(玉米、水稻等种子水分超过 18%,豆类、油料作物种子水分超过 16%)的送验样品中称取两份试样,各(25.00±0.02)g,分别置于直径大于 8 cm 的样品盒中。

(2)把烘箱温度调节至(103±2)℃,将样品放入箱内预烘 30 min(油料种子在 70 ℃预烘 1 h)。

(3)达到规定时间后取出,置室内冷却,然后称量,计算第 1 次烘干失去的水分 S_1。

(4)将预烘过的两份种子磨碎,从每份样品中各称取试样 4.50～5.00 g。

(5)在 130～133 ℃的烘箱内烘干 1 h 或在(103±2)℃温度下烘干 8 h,冷却、称量,计算第 2 次烘干失去的水分 S_2。

(6)计算出总的种子水分(%)。

$$种子水分 = S_1 + S_2 - \frac{S_1 \times S_2}{100}$$

将测定结果填写在表 6-24 中。

表 6-24　种子水分测定结果报告

测定方法	作物	样品	称量盒重/g	试样/g	试样加盒重		烘失水分	
					烘前/g	烘后/g	失重/g	水分/%
低恒温烘干法		1						
		2						
		平均						
高恒温烘干法		1						
		2						
		平均						
高水分种子预先烘干法		样品	整粒样品重量/g	整粒样品烘后重量/g	磨碎试样重量/g	磨碎试样烘后重量/g	水分/%	
		1						
		2						
		平均						

资料来源:(王立军,2021)。

四、技能要求

(1)分小组或单独按照标准流程完成实训,记录数据并填写表格,完成实训报告。

(2)对实训结果进行分析,找出操作过程中出现的问题并分析原因。

🔬【模块巩固】

1. 扦样的意义有哪些?如何才能扦取到有代表性的样品?

2. 袋装种子和散装种子扦样时有哪些异同?

3. 为什么要规定种子批的最大重量?如何进行种子批的划分?

4. 怎样配制混合样品?

5. 如何进行送验样品的分取？

6. 送验样品应怎样包装？

7. 同一种子批的种子应具备什么条件？

8. 为何扦取的样点要随机？

9. 扦样的条件是什么？

10. 水分测定的时间为什么不能过长？

11. 形态鉴定法与快速测定法是如何进行的？各种作物怎么进行幼苗鉴别？

12. 种子田间检验内容是什么？

13. 种子检验程序有哪些？

14. 不同面积的种子田取样设点的标准是什么？

15. 发芽势和发芽率有何区别？

16. 常用的发芽床有几种？如何使用？

17. 如何破除种子的休眠？

18. 在发芽试验中，出现哪些情况应重新试验？

19. 正常幼苗和不正常幼苗各有哪几种类型？

20. 如何做好净度分析中的结果处理和计算工作？

21. 田间检验与小区种植鉴定在职能上有何不同？

22. 如何保证田间检验结果的准确性？

模块七
种子加工与贮藏

【知识目标】

通过本模块学习,使学生了解种子清选、精选和种子干燥的原理,掌握种子干燥的影响因素、影响种子贮藏的环境条件,以及种子发热的原因、部位及预防方法,理解种子包衣和丸化的作用、种子各包装材料的差异及种子贮藏前的具体要求等。

【能力目标】

掌握种子清选加工机械的使用方法,学会针对不同类型的种子使用不同的干燥方法及种子在贮藏过程中水分、温度、发芽率等的检查方法,掌握种子包装材料的选用方法及我国主要农作物种子的贮藏技术等。

项目一　种子加工技术

种子加工是把新收获的种子加工成为商品种子的工艺过程,通过种子清选、精选、干燥、包衣、包装等一系列工序,达到提高种子质量和商品价值,保证种子安全贮藏,促进田间成苗及提高产量的目的。

一、种子清选与精选

(一)种子清选、精选目的

种子清选主要是清除混入种子中的茎、叶、穗,以及损伤种子的碎片、异作物种子、杂草种子、泥沙、石块、空瘪种子等掺杂物,以提高种子净度,并为种子干燥、包装、安全贮藏做好准备。

种子精选主要是剔除混入的异作物或异品种种子,不饱满、虫蛀或劣变的种子,以提高种子的净度、利用率、纯度、发芽率和种子活力。

(二)种子清选、精选原理

种子清选、精选主要根据种子间及种子与杂质在尺寸大小、空气动力学特性、表面特性、种子密度、种子弹性等方面的差异进行,达到使农用种子净、纯、发芽率高、发芽势强的目的。

1. 根据种子大小进行分离

各种种子和杂质都有长、宽、厚3个基本外形参数(图7-1)。在清选中,可根据种子和杂物的参数大小不同,用不同的方法把它们分离开。

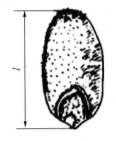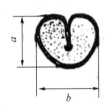

图 7-1　小麦种子

资料来源:(颜启传,2001)。

(1)依长度分离。可用圆窝眼筒将长短不同的种子分离。其方法如将一些长度不同的种子,放在钻有窝眼的平板上(图7-2),窝眼的直径要大于短粒种子的长度而小于长粒种子的长度,这样可使短粒种子落入窝眼内,长粒种子则不能。然后逐渐使平板的一端提高,长粒种子的重心随着发生位移,由于重力作用而下落,而短粒种子则下落较迟。圆窝眼筒实际上就是将平板制成圆筒,筒内壁制成 U 形窝眼,筒内装有出种槽(图7-3)。工作时,将需要进行分离的种子置于筒内,并使圆筒做回转运动。落入窝眼中的短粒种子,靠窝筒的旋转被带到一定高度后,由于本身重力而坠入出种槽内。长粒种子则直接从窝眼筒流到另一出口而与短粒种子分开。

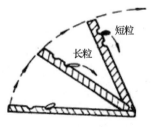

图 7-2　种子依长度
分离的原理

1—转动方向;2—长谷粒流动方向;3—短谷粒流动方向。

图 7-3　圆窝眼筒工作原理

(2)依宽度分离。可用圆孔筛将宽度不同的种子与杂物进行分离,但是种子必须在直立状态下才能通过(图7-4)。

(3)依厚度分离。一般采用长方形孔筛将厚宽度不同的种子与杂物进行分离。孔径长度应大大超过种子长度,而孔径宽度应小于种子的宽度,这样才能保证厚度适宜的种子通过筛孔(图7-5)。

图 7-4　圆孔筛

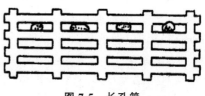

图 7-5　长孔筛

2. 根据空气动力学原理进行分离

种子和各种杂物在气流中的飘浮特性是不同的,其影响因素主要是种子的重量及其迎风面积的大小。根据这一原理,可以采取多种方式进行种子清选,目前使用的带式扬场机就属于种子清选机械(图 7-6)。

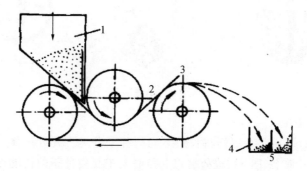

1—喂料斗;2—滚洞;3—皮带;4—轻的种子;5—重的种子。

图 7-6　带式扬场机工作示意图

资料来源:(颜启传,2001)。

3. 根据种子表面结构进行分离

利用种子与混杂物的表面形状和光滑程度不同及在斜面上的摩擦阻力不同进行分选。目前最常用的种子表面特性分离机具是帆布滚筒(图 7-7)。

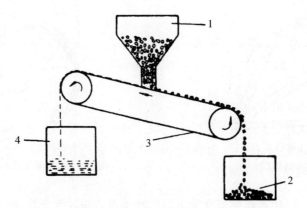

1—种子漏斗;2—圆的或光滑种子;3—粗帆布;4—扁平的或粗糙种子。

图 7-7　帆布滚筒工作示意图

4. 根据种子色泽进行分离

根据种子色泽进行分离是根据种子颜色明亮或灰暗的特征分离的。要分离的种子在通过一段照明的光亮区域时,每粒种子的反射光与事先在背景上选择好的标准光色进行比较。当种子的反射光不同于标准光色时,即产生信号,这粒种子就从混合群体中被排斥,落入另一个管道而分离。

各种类型的颜色分离器在某些机械性能上有不同,但基本原理是相同的。有的分离机械输送种子进入光照区域的方式不同,可以由真空管带入或用引力流导入种子,由快速气流吹出种子。在引力流导入的类型中,种子从圆锥体的四周落下(图7-8)。另一种是在管道中,种子在平面槽中鱼贯地移动,经过光照区域,若有不同颜色的种子,即被快速气流吹出。在几乎所有的情况下,种子都是被一个或多个光电管的光束单独鉴别的,不至于直接影响邻近的种子。这类分离方法多半用于豆类作物中因病害而变色的种子和其他异色种子。

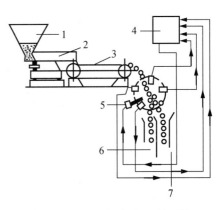

1—种子漏斗;2—振动器;3—输送器;
4—放大器;5—气流喷口;
6—优良种子;7—废物。

图7-8　电色种子分离仪图解

资料来源:国际种子检验协会会刊。

5. 根据种子的比重进行分离

种子的比重因作物种类、饱满度、含水量以及受病虫害程度的不同而有差异,比重差异越大,其分离效果越显著。

利用种子在液体中的浮力不同进行分离。当种子的比重大于液体的比重时,种子就下沉,反之则浮起,然后将浮起部分捞去,即可将轻、重不同的种子分离开。一般用的液体可以是水、盐水、黄泥水等。

用液体进行分离出来的种子,如果生产上不是立即用来播种,则应洗净、干燥,否则容易造成发热变质。

综上所述,种子可根据其本身的各种物理性质,采用不同的机械进行清选和分级。

(三)常用的种子清选、精选机械

1. 空气筛式清选机

空气筛式清选机(图7-9)是将空气流和筛子组合在一起的种子清选装置,利用种子的空气动力学特性和种子尺寸特性进行分离。空气筛式清选机有多种构造、尺寸和式样,有小型的、一个风扇的、单筛的机子,也有大型的、多个风扇的、6或8个筛子并有几个气室的机子。

2.5XZ-6.0型重力式种子精选机

5XZ-6.0型重力式种子精选机(图7-10)主要用于种子外形尺寸相同而其密度不同的各类种子的清选分级。它由配套吸风机、上料装置和重力精选机主体三部分组成。该机以流化床分层原理使物料中不同密度的颗粒在设备运行中逐渐分层。分层是由台面在偏心电机驱动下产生的振动和风机产生的上行气垫的综合运动效果下产生的。物料中轻重不同的颗粒按密度不同逐渐分开向末端运行。利用气流和振动摩擦对物料产生的综合作用,密度较大的物料沉降到底层,贴着筛面向高处移动,密度较小的物料则悬浮在料层表面向低处流动,以达到比重分离的目的,从而实现按密度不同分选物料颗粒。

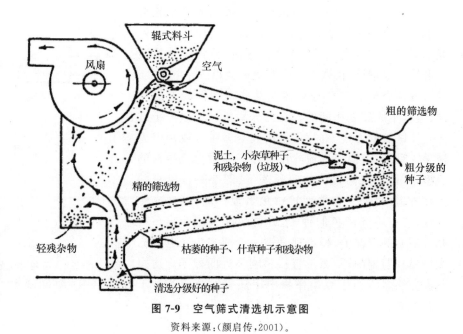

我国种子加工
机械发展史

图 7-9　空气筛式清选机示意图

资料来源:(颜启传,2001)。

3.5XF-1.3A 型种子复式精选机

该机(图 7-11)是由按宽度和厚度分离的各种筛子、按长度分离的圆窝眼筒和按重量及空气动力学特性分离的风机等部分组成。该机筛选采用的筛片为冲孔筛,孔型及位置都较精确,精选种子效果好。窝眼筒的窝眼直径为 5.6 mm。风选是采用垂直气流的作用,气流与筛子配合,当种子从喂入口落下时由气流输送到筛面。在筛面下滑时,受到气流的作用,较轻的种子和夹杂物,由于临界速度低于气流的速度,就随气流向上,重量较大的种子沿筛面下滑。气道的上端断面扩大而气流速度降低,被吸上的轻杂物和轻种子落入沉积室内。灰尘等从出口处排出。

图 7-10　5XZ-6.0 型重力式种子精选机

图 7-11　5XF-1.3A 型种子复式精选机

二、种子干燥

一般新收获的种子水分高达 25%～45%,这么高水分的种子,呼吸强度大,放出的热量和水分多,种子易发热霉变,或者很快耗尽种子堆中的氧气而由缺氧呼吸产生的酒精致死,或者遇到零下低温受冻害而死亡。因此,必须及时将种子干燥,把其水分降低到安全包装和安全贮藏的水分,以保持种子旺盛的生命力和活力,提高种子质量,使种子能安全经过从收获到播种的贮藏期。种子干燥的主要方法有自然干燥、机械通风干燥、加热干燥、除湿干燥、冷冻干燥、辐射式干燥、真空干燥。

(一)自然干燥

自然干燥是利用日光、风力等自然条件降低种子含水量,使其达到或接近种子安全贮藏水分标准。其优点是节约能源,经济安全,一般情况下种子不易丧失生活力,且日光中紫外线还可起到杀菌杀虫作用。其缺点是易受天气和场地条件的限制,劳动强度大,特别是气候湿润、雨水较多的地区,干燥效果易受影响。

自然干燥分脱粒前干燥和脱粒后干燥。脱粒前干燥可在田间或收后搭凉棚架,以挂藏等方法干燥。脱粒后干燥多在土晒场或水泥场上进行。在晒场上干燥时应注意以下几点。

(1)选择天气。应选择晴朗天气,气温较高,空气相对湿度低,才能收到最佳干燥效果。

(2)清场预热。清理好场地,然后预晒场面,即"晒种先晒场"。出晒时间在上午 9:00 以后,过早易造成地面的种子结露,影响干燥效果。

(3)薄摊勤翻。摊晒不宜太厚,一般小粒种子可摊 5～10 cm 厚,中粒种子可摊 10～15 cm 厚,大粒种子可摊 15～20 cm 厚,最好摊成垄行,增大晾晒面积。此外,在晒种时要适当翻动几次,使种子上下层干燥均匀。

(4)适时入仓。除需热进仓的种子外,暴晒后的种子需冷却后入仓,否则热时入仓,遇冷地板后易发生底部结露,不利于种子贮藏。

(二)机械通风干燥

对新收获的水分含量较高的种子,在遇到阴雨天气或没有热空气干燥机械时,可利用送风机将外界凉冷干燥的空气吹入种子堆中,以达到不断吹走种子堆间隙水汽和热量,使种子变干和降温的目的。这是一种暂时防止潮湿种子发热变质、抑制微生物生长的干燥方法。

通风干燥是利用外界的空气作为干燥介质,因此,种子水分蒸发散失的速度受外界空气相对湿度的影响。一般只有当外界空气相对湿度低于 70% 时,采用通风干燥才是最为经济和有效的方法。

(三)加热干燥

加热干燥法是利用加热空气作为干燥介质直接通过种子层,使种子水分汽化从而干燥种子的方法。在温暖潮湿的热带、亚热带地区,特别是大规模生产的种子或长期贮藏的种子,需利用加热干燥的方法。

加热干燥根据加热程度和作业快慢可分为低温慢速干燥法和高温快速干燥法。

1. 低温慢速干燥法

所用的气流温度一般仅比大气温度高 8 ℃左右,采用较小的气体流量,一般 1 m³ 种子可采用 6 m³/min 以下的流量。干燥时间较长,多用于仓内干燥。

2. 高温快速干燥法

用较高的温度和较大的气体流量对种子进行干燥,可分为加热气体对静止的种子层干燥和对移动的种子层干燥两种。

加热干燥对操作技术要求严格,因为如果操作不当,容易使种子生活力降低。因此,应注意:①干燥前种子要清选,保证烘干均匀;②切忌种子与加热器直接接触,以免种子被烤焦、灼伤而影响生活力;③严格控制种温,如水稻种子水分含量在 17％ 以上时,种温掌握在 43～44 ℃,小麦种子温度一般不宜超过 46 ℃,大多数作物种子烘干温度掌握在 43 ℃,并且随种子水分含量的下降可适当提高烘干温度;④经烘干后的种子需冷却到常温后才能入仓。

(四)除湿干燥

除湿干燥是利用常温或高于常温 3～5 ℃、相对湿度很低(通常达到 15％)的空气作为干燥介质进行干燥的方法。根据除湿方式的不同,可分为吸附除湿干燥和热泵种子干燥两种方式。

(1)吸附除湿干燥。又称干燥剂干燥,是将通过干燥剂的空气通入种子层进行干燥,直至达到平衡水分为止的干燥方法。当前使用的干燥剂主要有氯化锂、硅胶、氯化钙、生石灰等。用干燥剂干燥种子比较安全,不会使种子发生老化,可使种子水分降到相当于空气相对湿度 25％ 以下的平衡含水量。此法特别适于少量种子或种质资源保存。

(2)热泵种子干燥。又称机械除湿干燥,热泵干燥系统由热泵系统和湿空气循环系统(干燥系统)两部分组成。其原理是从干燥室排出的湿空气经蒸发器降温后达到露点并析出水分,再进入冷凝器加热,高温低湿空气成为需要的干燥介质,这些干燥介质又由风机送入干燥室,与湿种子进行湿热交换,温度降低,湿度增加,从干燥室出来的湿空气再次经过蒸发器重新开始下一次循环。热泵干燥相比传统电加热干燥,具有节能、干燥效率高、连续性好、温度范围宽、干燥后种子发芽率高等优点,被广泛用于种子干燥领域。

(五)冷冻干燥

冷冻干燥也称冰冻干燥,这一方法是使种子在冰点以下的温度发生冻结,通过升华作用除去水分以达到干燥的目的。

冷冻干燥通常有以下两种方法。

1.常规冷冻干燥法

将种子放在涂有聚四氟乙烯的铝盒内,铝盒体积为 254 mm×38 mm×25 mm。然后将置有种子的铝盒放在预冷到 −20～−10 ℃ 的冷冻架上,达到使种子干燥的目的。

2.快速冷冻干燥法

首先将种子放在液态氮中冷冻,再放在盘中,置于温度为 −20～−10 ℃ 的架上,接着将架子放在压强降至 40 Pa 左右的箱内,然后将架子温度升高至 25～30 ℃ 给种子微微加热,由于压强减小,种子内部的冰通过升华作用慢慢减少。

(六)辐射式干燥

辐射式干燥是靠辐射元件或不可见的射线将能量传送到湿种子上,湿种子吸收辐射能后将辐射能转化成热量,使种温上升,种子内的水分汽化而逸出,达到干燥种子的目的。

1.太阳能干燥技术

该技术利用太阳能集热器吸收太阳辐射产生热能传递给空气,并将热空气引入低温干燥设备进行通风干燥。太阳能干燥技术具有节能、生产成本低和干燥质量好的优点,但其设备投资较大,占地面积也较大,因而目前应用不多,发展的速度也不快。

2. 远红外干燥技术

远红外干燥是利用由发射器发出的波长为 $5.6\sim1\,000\,\mu m$ 的远红外不可见光波对种子进行照射,使种子的水分子发生剧烈的振动而升温,从而达到干燥的目的。该技术具有干燥速度快、干燥质量好的优点,但由于以电能供热,其干燥成本较高。

3. 高频与微波干燥技术

高频干燥机与微波干燥机工作原理基本相同,分别利用频率为几兆赫的高频电场和几亿赫兹的微波电场所产生的电磁波对种子进行照射,高频电磁波或微波电磁波使种子中的水分产生快速极性交换从而产生热效应,使种子水分发散以达到干燥的目的。微波干燥法在种子干燥上应用,不仅干燥迅速、均匀,而且可以抑制仓虫的生长繁殖。这类干燥机都有干燥速度快和干燥质量好的优点,但以电能供热,干燥成本较高。

(七)真空干燥

真空干燥即根据真空条件可以大幅度降低水的沸点的原理,采用机械手段,用真空泵将干燥室空气抽出形成低压空间,使水分的沸点温度低于烘干种子的极限温度,在种子本身生活力不受影响的前提下,内部水分因达到沸点迅速汽化,迅速而有效地干燥种子。

三、种子包衣

种子包衣是利用黏着剂或成膜剂,将杀菌剂、杀虫剂、微肥、植物生长调节剂、着色剂或填充剂等非种子物质包裹在种子表面,使种子呈球形或基本保持原有形状,从而提高抗逆性、抗病性,加快发芽,促进成苗,增加产量,提高质量的一项种子加工新技术。进行种子包衣,可以推迟喷施农药的时间、减少用药次数,从而在使作物丰产的前提下有效地降低对环境的污染。

(一)种子包衣方法分类

1. 种子包膜

种子包膜是指利用成膜剂,将杀菌剂、杀虫剂、微肥、着色剂等非种子物质包裹在种子外面,形成一层薄膜。种子经包膜后,形成与原种子形状相似的种子单位,但其体积和重量因包裹种衣剂有所增加,一般只增加原来重量的 $1\%\sim10\%$。这种包衣方法适用于大粒或中粒种子。

2. 种子包壳和丸粒化

种子包壳和丸粒化是指利用黏着剂,将杀菌剂、杀虫剂、着色剂、填充剂等非种子物质黏着在种子表面,形成在大小和形状上没有明显差异的圆形或椭圆形单粒种子单位。因为这种包衣方法在包衣时都加入了填充剂(如滑石粉)等惰性材料,所以种子的重量根据需要可以增加 $1\sim50$ 倍,种子表面平滑,使其更加适宜机械播种。这种包衣处理方式主要适用于油菜、烟草、胡萝卜、葱类、白菜、甘蓝和甜菜等小粒作物种子。

包壳和丸粒化处理虽然没有严格的界限,但是也有一定的区别。包壳处理重量增加少,一般是 $1\sim5$ 倍;丸粒化处理一般增重 10 倍以上。包壳处理主要是使外形不规则的种子通过处理达到大小规则的标准尺寸,以利于播种,对种子外观改变大,但对尺寸改变不大;丸粒化处理通常使种子成为椭圆形,表面平滑,种子外观尺寸变化大。

(二)种衣剂的类型及其性能

种衣剂含有的活性成分主要有精甲霜灵、嘧菌酯、噻菌灵、咯菌腈、氟唑环菌胺等,具有杀菌谱广、防病效果好、低毒等特点；非活性成分即配套助剂，主要包括成膜剂、乳化湿润悬浮剂、抗冻剂、缓释剂、填充物等。种衣剂按组成成分和性能不同可分为以下几类。

1. 农药型

这类种衣剂主要用于防治种子和土壤传播的病害，种衣剂中主要成分是农药。大量应用这类种衣剂会污染土壤和造成人畜中毒，因此，应尽可能选用高效低毒的农药加入种衣剂。

2. 复合型

这类种衣剂是为防病、提高抗性和促进生长等多种目的而设计的复合配方类型。因此，种衣剂的化学成分包括农药、微肥、植物生长调节剂或抗性物质等。目前，许多种衣剂都属于这种类型。

3. 生物型

生物型种衣剂是新开发的种衣剂，根据生物菌类之间的拮抗原理，筛选有益的拮抗菌根菌，以抵抗有害病菌的繁殖、侵害而达到防病的目的。从环保角度看，开发天然、无毒、不污染土壤的生物型种衣剂是未来的发展方向。

4. 特异型

特异型种衣剂是根据不同作物和目的而专门设计的种衣剂类型，如高吸水树脂抗旱种衣剂、水稻浸种催芽型种衣剂等。

(三)种衣剂的理化特性

1. 合理的粒径

种衣剂外观为糊状或乳糊状，具流动性，有合理的粒径。产品粒径标准为：≤2 μm 的粒子在 92% 以上，≤4 μm 的粒子在 95% 以上。

2. 适当的黏度

黏度是种衣剂的重要物理特性，与包衣均匀度和牢固度有关。不同植物种子包衣所要求的黏度不同。如棉种包衣要求黏度较高，为 0.25～0.40 Pa·s；水稻、玉米要求黏度为 0.18～0.27 Pa·s。

3. 适宜的 pH

pH 影响包衣种子的贮藏性，更重要的是影响种子的发芽率和发芽势。一般要求种衣剂 pH 在 3.8～7.2，即呈微酸性至中性，使之贮存稳定、药效好。

4. 良好的成膜性

成膜是种衣剂的关键特性，与包衣质量和种衣光滑度有关。合格产品包衣的种子，在聚丙烯编织袋中成膜时间为 20 min 左右，种子间互不粘连，不结块。

5. 较强的附着力

种衣附着力是种衣成膜性的使用指标，在振荡器上模拟振荡 1 000 r/min，种衣脱落率应为包衣剂药剂干重的 0.4%～0.7%。

6. 稳定的贮存性

种衣剂在冬季不结冻，在夏季不分解，经过贮存后虽有分层和沉淀，但使用前振荡摇匀后成膜性不变，含量变化不大，一般可贮存 2 年。

7. 良好的缓释性

种衣能透气透水，有再湿性，但在土壤中遇水只能溶胀而几乎不溶于水，一般持效期接近 2 个月。

(四)种子包衣技术

1. 种子包衣作业

种子包衣作业是把种子放入包衣机内,通过机械的作用把种衣剂均匀地包裹在种子表面的过程。

种子包衣属于批量连续式生产,在包衣作业中,种子被一斗一斗定量地计量,同时药液也被一勺一勺定时地计量。计量后的种子和药液同时下落,下落的药液在雾化装置中被雾化后喷洒在下落的种子上,种子丸化或包膜,最后搅拌排出。

2. 人工包衣方法

在无包衣机械的情况下,还可采用以下人工方法进行种子包衣。

(1)圆底大锅包衣法。把圆底大锅固定好,称取种子放入锅内,按比例称取种衣剂倒入锅内种子上面,立即用预先准备好的大铲子快速翻动,拌匀并阴干成膜后留待播种。

(2)大瓶或小铁桶包衣法。准备好能装 5 kg 种子的有盖大瓶或小铁桶,称取 2.5 kg 种子装入瓶或桶内,按药种比例称取一定数量的种衣剂倒入盛有种子的瓶或桶内,封好盖子,再快速摇动,拌匀为准,倒出并阴干成膜后留待播种。

(3)塑料袋包衣法。采用塑料袋包衣种子时,首先准备好两个大小不同的塑料袋,然后将两个袋套装在一起,称一定比例的种子和种衣剂装到里层塑料袋内,扎好袋口,双手快速揉搓,拌匀后倒出,阴干成膜后留待播种。

(五)使用种衣剂注意事项

1. 安全贮存保管种衣剂

种衣剂应装在容器内,贴上标签,存放在单一的库内阴凉处,严禁与粮食、食品等存在一个地方;搬动时,严禁吸烟、吃东西、喝水;存放种衣剂的地方必须加锁,有专人严加保管;存放种衣剂的地方,要备有肥皂、碱性液体物质,以备发生意外时使用。

2. 安全处理种子

(1)种子销售部门严禁在无技术人员指导下,将种衣剂零售给农民使用。

(2)进行种子包衣的人员,严禁徒手接触种衣剂,或用手直接包衣,必须采用包衣机或其他器具进行种子包衣。

(3)负责种子包衣的人员在包衣种子时必须使用防护措施,如穿工作服、戴口罩及乳胶手套,严防种衣剂接触皮肤,操作结束时立即脱去防护用具。

(4)工作中不准吸烟、喝水、吃东西,工作结束后要用肥皂彻底清洗裸露的脸、手后再进食或喝水。

(5)包衣处理种子的地方严禁闲人、儿童进入。

(6)包衣后的种子要保管好,严防畜禽进入场地吃食包衣的种子。

(7)种子包衣后必须晾干成膜后再播,不能在地头边包衣边播种,以防药未固化成膜而脱落。

(8)使用种衣剂时,不能另外加水使用。

(9)播种时不需浸种,种衣剂溶于水后不但会失效,而且还会对种子的萌发产生抑制作用。

四、种子包装

种子经清选干燥和精选加工后,加以合理包装,可防止种子混杂、病虫害感染、吸湿回潮、种子劣变,并能提高种子的商品特性,保持种子旺盛的活力,保证种子安全贮藏、运输以及便于销售等。

(一)种子包装要求

(1)对种子的要求。种子必须达到包装所要求的含水量和净度等标准,确保种子在贮藏和运输过程中不变质,保持原有的质量和活力。

(2)对包装容器的要求。包装容器必须防湿、清洁、无毒、不易破裂且重量较小。种子是一种活的生物体,如不防湿包装,在高温条件下会吸湿回潮,产生的有毒气体会伤害种子,而导致种子丧失生活力。

(3)包装数量要求。应根据作物种类、播种量、生产面积等因素确定适合的包装数量,以利于使用或销售。

(4)其他要求。保存时间长的,要求包装种子水分含量更低,包装材料更好。在低温干燥地区,对贮藏条件要求较低;在潮湿温暖地区,则要求严格。《中华人民共和国种子法》要求在种子包装容器上或容器内必须附有种子标签。

(二)包装材料的种类和特性

目前,应用比较普遍的包装材料如下:

(1)麻袋。强度高,但容易透湿,防湿、防虫和防鼠性能差。

(2)金属罐。强度高,防湿、防光、防淹水、防有害烟气、防虫和防鼠性能好,并适于快速自动包装和封口,是最适合的种子包装材料之一。

(3)聚乙烯铝箔复合袋。强度适当,透湿率极低,是最适宜的防湿材料之一。复合袋由数层组成,其中铝箔有微小孔隙,最内及最外层为聚乙烯薄膜,有充分的防湿效果。一般认为,用这种袋装种子,一年内种子含水量几乎不会发生变化。

(4)聚乙烯和聚氯乙烯等多孔型塑料。不能完全防湿。用这种材料制成的袋和容器,密封在里面的干燥种子会慢慢地吸湿。因此,其厚度必须在 0.1 mm 以上。这种防湿包装只有 1 年左右的有效期。

(5)聚乙烯薄膜。这种材料是用途最广的热塑性薄膜,通常可分为低密度型(相对密度 0.914～0.925 g/cm³)、中密度型(相对密度 0.930～0.940 g/cm³)、高密度型(相对密度 0.950～0.960 g/cm³)。这 3 种聚乙烯薄膜均为微孔材料,对水汽和其他气体的通透性因密度的不同而有差异。

(6)铝箔。铝箔厚度小于 0.038 1 mm,虽有许多微孔,但水汽透过率仍很低。

(7)铝箔同聚乙烯薄膜复合制品。防湿和防破性能更好,是较理想的种子包装材料。

(8)纸袋。多用漂白亚硫酸盐纸或牛皮纸制作,其表面覆上一层洁白陶土以便印刷。许多纸质种子袋是多层结构,由几层光滑纸或皱纹纸制成。多层纸袋因用途不同而有不同结构。普通多层纸袋的抗破力差,防湿、防虫、防鼠性能差,在非常干燥时会干化,易破损,不能保护种子生活力。

(9)纸板盒和纸板罐筒。这种材料也广泛应用于种子包装。多层牛皮纸能保护种子的大多数物理品质,并适合于自动包装和封口设备。

(三)包装材料和容器的选择

包装容器要按种子种类、种子特性、种子含水量、保存期限、贮藏条件、种子用途、运输距离及地区等因素来选择。

多孔纸袋或针织袋一般用于要求通气性好的种子(如豆类),或数量大、贮存于干燥低温场所、保存期限短的批发种子的包装。

小纸袋、聚乙烯袋、铝箔复合袋和铁皮罐通常用于零售种子的包装。

钢皮罐、铝盒、塑料瓶、玻璃瓶和聚乙烯铝箔复合袋通常用于价格高或少量种子长期保存或种质资源保存的包装。

在高温、高湿的热带和亚热带地区,种子包装应尽量选择严密防湿的包装容器,并且将种子干燥到安全包装保存所要求的水分含量,封入防湿容器以防种子生活力丧失。

(四)包装方法

目前,种子包装主要有定量包装(按种子重量包装)和定数包装(按种子粒数包装)两种。

(1)定量包装。一般农作物和牧草种子采用定量包装。定量包装的每个包装重量可按生产规模、播种面积和用种量进行确定。如大田作物种子有每袋 5 kg、10 kg、20 kg、25 kg 等不同的包装,蔬菜作物种子有每袋 4 g、8 g、20 g、100 g、200 g 等不同的包装。

(2)定数包装。随着种子质量的提高,为了满足精量播种的需要,对比较昂贵的蔬菜和花卉种子有采用按粒数包装的,如每袋 100 粒、200 粒等不同的包装。

(五)种子包装工艺流程和机械

1.种子包装工艺流程

种子包装主要包括种子从散装仓库输送到加料箱、称量或计数、装袋(或装入容器)、封口(或缝口)、贴(或挂)标签等程序。

2.种子包装机械

为适应种子定量和定数包装,种子包装机械也有定量包装机和定数包装机两种类型。

(1)种子定量包装机。种子从散装仓库,通过重力或空气提升器、皮带输送机、升降机等机械运送到加料箱中,然后进入称量设备;当达到预定的重量或体积时,即自动切断种子流,接着种子进入包装机;打开包装容器口,种子流入包装容器;种子袋(或容器)经缝口或封口和粘贴标签(或预先印上),即完成包装操作。

(2)种子定数包装机。先进的种子定数包装机,只要将精选种子放入漏斗,经定数的光电计数器流入包装线,自动封口,自动移到出口道,由工人装入定制纸箱,即完成包装过程。

(六)包装种子的保存

包装好的种子需保存在防湿、防虫、防鼠和干燥低温的仓库或场所。不同作物种类、品种的种子袋应分开堆垛。为了便于适当通风,种子袋堆垛之间应留有适当的空间。此外,还需做好防火和常规检查等管理工作,以确保已包装种子的安全保存,真正发挥种子包装的优越性。

项目二　种子贮藏技术

种子贮藏是采用合理的贮藏设备和先进、科学的贮藏技术,人为地控制贮藏条件,将种子质量的变化降到最低限度,保持种子发芽力和活力,从而确保种子的播种价值。

一、种子的贮藏条件

种子脱离母株之后,进入仓库,即与贮藏环境构成统一整体并受环境条件影响。经过充分干燥而处于休眠状态的种子,其生命活动的强弱主要随贮藏条件而起变化。

种子贮藏两忌

种子如果处在干燥、低温、密闭的条件下,生命活动非常微弱,消耗贮藏物质极少,其潜在生命力较强;反之,生命活动旺盛,消耗贮藏物质也多,其潜在生命力就弱。所以,种子在贮藏期间的环境条件,对种子生命活动及播种品质起决定性的作用。

影响种子贮藏的环境条件,主要包括空气相对湿度、仓内温度及通气状况等。

(一)空气相对湿度

种子在贮藏期间水分的变化,主要决定于空气中相对湿度的大小。当仓库内空气相对湿度大于种子平衡水分的相对湿度时,种子就会从空气中吸收水分,使种子内部水分逐渐增加,其生命活动也随水分的增加由弱变强。在相反的情况下,种子向空气释放水分,则渐趋干燥,其生命活动将进一步受到抑制。因此,种子在贮藏期间保持空气干燥即低相对湿度是十分必要的。

保持空气的低相对湿度是根据实际需要和可能而定的。种质资源保存时间较长,种子非常干燥,要求相对湿度很低,一般控制在30%左右;大田生产用种贮藏时间相对较短,要求相对湿度不是很低,只要达到与种子安全水分相平衡的相对湿度即可,在60%~70%。从种子的安全水分标准和目前实际情况考虑,仓内空气相对湿度一般以控制在65%以下为宜。

(二)仓内温度

种子本身没有固定的温度,是受仓内温度影响而起变化,而仓内温度又受空气影响而变化,但是这3种温度常常存在一定差距。在气温上升季节里,气温高于仓温和种温;在气温下降季节里,气温低于仓温和种温。仓温不仅使种温发生变化,而且有时因为两者温差悬殊,会引起种子堆内水分转移,甚至发生结露现象。特别是在气温剧变的春秋季节,这类现象的发生更多。如种子在高温季节入库贮藏,到秋季由于气温逐渐下降影响到仓壁,使靠近仓壁的种温和仓温随之降低。这部分空气的密度增大发生自由对流,近墙壁的空气形成一股气流向下流动,经过底层,由种子堆的中央转而向上,通过种温较高的中心层,再到达顶层中心较冷部分,然后离开种子堆表面,与四周的下降气流形成回路。在此气流循环回路中,空气不断从种子堆中吸收水分随气流流动,遇冷空气凝结于上表面层以下35~70 cm处(图7-12)。若不及时采取措施,顶部种子层将会发生劣变。

另一种情况是发生在春季气温回升时,种子堆内气流状态刚好与图7-12相反。此时种子堆内温度较低,空气自中心层下降,并沿仓壁附近上升,因此,气流中的水分凝集在仓底(图7-13)。所以春季由于气温的影响,不仅种子堆表层发生结露现象,而且底层种子容易增加水分,时间长了也会引起种子劣变。为了避免种温与气温之间形成悬殊差距,一般可采取仓内隔热保温措施,使种温保持恒定不变。在气温低时可采取通风方法,使种温随气温变化。

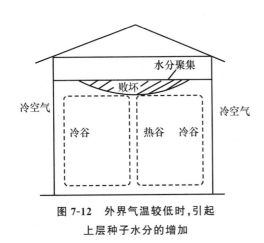

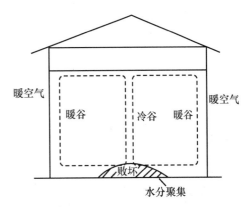

图 7-12　外界气温较低时,引起
上层种子水分的增加

图 7-13　外界气温较高时,引起
底层种子水分的增加

一般情况下,仓内温度升高会增强种子的呼吸作用,同时促使害虫和霉菌为害。所以,在夏季和春末秋初这段时间,最易造成种子败坏变质。低温则能降低种子生命活动和抑制霉菌为害。种质资源保存时间较长,常采用很低的温度,如 0 ℃、−10 ℃甚至−18 ℃。大田生产用种数量较多,从实际考虑,温度一般控制在 15 ℃左右即可。

(三)通气状况

空气中除含有氮气、氧气和二氧化碳等各种气体外,还含有水汽和热量。如果种子长期贮藏在通气条件下,由于吸湿增温使其生命活动由弱变强,很快会丧失生活力。干燥种子以贮藏在密闭条件下较为有利,密闭是为了隔绝氧气,抑制种子的生命活动,减少物质消耗,保持其生命的潜在能力。同时,密闭也是为了防止外界的水汽和热量进入仓内。但也不是绝对的,当仓内温、湿度大于仓外时,就应该打开门窗进行通气,必要时采用机械鼓风加速空气流通,使仓内温、湿度尽快下降。

除此之外,仓内应保持清洁干净。如果种子感染了仓虫和微生物,则由于虫、菌的繁殖和活动,放出大量的水和热,使贮藏条件恶化,从而直接和间接危害种子。仓虫、微生物的生命活动需要有一定的环境条件,如果仓内保持干燥、低温、密闭,则可对它们起抑制作用。

综上所述,在符合种子入库质量的基础上,积极创造干燥、低温、密闭的贮藏条件,则完全可能使种子在贮藏期间达到安全稳定,并保持旺盛生活力的目的。

二、种子贮藏要求

(一)种子入库标准与分批

1. 种子入库标准

种子贮藏期间的稳定性因作物的种类、成熟度及收获季节等而有显著差异。例如在相同的水分条件下,一般油料作物种子比含淀粉或蛋白质较多的种子不易保藏。对贮藏种子水分的要求也不相同,如籼稻种子的安全水分在南方必须在 13％以下,才能安全度过夏季;而含油分较多的种子,如油菜、花生、芝麻、棉花等种子的水分必须降低到 8％～10％或以下。入库前检测种子水分含量、发芽率、纯度、净度、成熟度等指标,检验达到入库标准才可以入库。检验标准按照国家粮食作物种子标准 GB 4404.2—2010～GB 4404.4—2010、国家瓜菜作物种子标准 GB 16715.1—2010～GB 16715.5—2010 规定进行。破损粒或成熟度差的种子,呼吸强度大,在含水量较高时,容易遭受微生物及仓虫为害,种子生活力也极易丧失,因此,这类种子必须严格加以清选剔除。种子入库标准遵循"五不准"原则:未检验的种子不准入库;净度达不到国家标准的种子不准入库;水分超过安全水分的种子不准入库;受热害的种子不准入库;受污染的种子不准入库。

2. 种子入库前的分批

农作物种子在进仓以前,不但要按不同品种严格分开,还应根据产地、收获季节、水分及纯净度等情况分别堆放和处理。每批(囤)种子不论数量多少,都应具有均匀性。要求从不同部位所取得的样品都能反映出每批(囤)种子所具有的特点。

通常不同批的种子都存在一些差异,如差异显著,就应分别堆放,或者进行重新整理,使其标准达到基本一致时,才能并堆,否则就会影响种子的品质。如纯净度低的种子混入纯净度高的种子堆,不仅会降低后者在生产上的使用价值,而且还会影响种子在贮藏期间的稳定性,因为纯净度低的种子容易吸湿回潮。同样,把水分悬殊太大的不同批的种子混放在一起,会造成种子堆内水分的转移,致使种子发霉变质。此外,种子感病状况、成熟度不一致时,均宜分批堆放。同批种子数量较多时,也以分开为宜。

种子入库前的分批,对保证种子播种品质和长期安全贮藏十分重要,不能草率从事。分批要做到"五分开":作物、品种不同的种子要分开;干、湿种子要分开;不同等级种子要分开;品质不同的种子要分开;新、陈种子要分开。

(二)清仓和消毒

做好清仓和消毒工作,是防止品种混杂和病虫滋生的基础,特别是对那些长期贮藏种子而又年久失修(包括改造仓)的仓库更为重要。

1. 清仓

清仓工作包括清理仓库和仓内外整洁两方面。清理仓库不仅是将仓内的异品种种子、杂质、垃圾等全部清除,而且还要清理仓具、剔刮虫窝、修补墙面、嵌缝粉刷。仓外应经常铲除杂草,排去污水,使仓外环境保持清洁。

2. 消毒

不论旧仓或已存放过种子的新建仓,都应该做好消毒工作。消毒方法有喷洒和熏蒸两种。消毒必须在补修墙面及嵌缝粉刷之前进行,特别要在全面粉刷之前完成。因为新粉刷的石灰,在没有干燥前碱性很强,容易使药物分解失效。

空仓消毒可用敌百虫或敌敌畏等药处理。用敌百虫消毒,可将敌百虫原液用水稀释至 0.5%～1%,充分搅拌后,用喷雾器均匀喷布,用药量为 3 kg 的 0.5%～1%水溶液可喷雾 100 m² 面积。也可用 1%的敌百虫水溶液浸渍锯木屑,晒干后制成烟剂进行烟熏杀虫。

用药后应关闭门窗,以达到杀虫目的。存放种子前一定要经过清扫。

(三)种子堆放

1. 袋装堆放

袋装堆放适用于大包装种子,其优点是仓内整齐、多放和便于管理。袋装堆放形式依仓房条件、贮藏目的、种子品质、入库季节和气温高低等情况灵活运用。为了管理和检查方便,堆垛时应距离墙壁 0.5 m,垛与垛之间相距 0.6 m 留操作道(实垛例外)。垛高和垛宽根据种子干燥程度和种子状况而增减。含水量较高的种子,垛宽越狭越好,便于通风散去种子内的潮气和热量;干燥种子可垛得宽些。堆垛的方向应与库房的门窗相平行,如门窗是南北对开,则垛向应从南到北,这样便于管理,打开门窗时,有利于空气流通。袋装堆垛法有如下几种。

(1)实垛法。袋与袋之间不留距离,有规则地依次堆放,宽度一般以四列为多,有时放满全仓(图 7-14)。此法仓容利用率最高,但对种子品质要求很严格,一般适宜于冬季低温入库的种子。

(2)非字形及半非字形堆垛法。按照非字或半非字排列堆成。如非字形堆法,第一层中间并列两排各直放两包,左右两侧各横放三包,形如非字;第二层则用中间两排与两边换位;第三层堆法与第一层相同(图 7-15)。半非字形是非字形的减半。

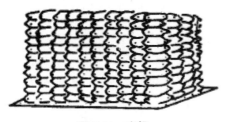
图 7-14 实垛

图 7-15 非字形堆垛

(3)通风垛。这种堆垛法空隙较大,便于通风散湿散热,多半用于保管高水分种子。夏季采用此法,便于逐包检查种子的安全情况。通风垛的形式有井字形、口字形、金钱形和工字形等多种。堆时难度较大,应注意安全,不宜堆得过高,宽度不宜超过两列。

2. 散装堆放

在种子数量多、仓容不足或包装工具缺乏时,可采用散装堆放。此法适宜存放充分干燥、净度高的种子。

(1)全仓散堆及单间散堆。此法堆放种子数量较多,仓容利用率较高。也可根据种子数量和管理方便的要求,将仓内隔成几个单间。种子一般可堆高 2～3 m,但必须在安全线以下。全仓散堆数量大,必须严格掌握种子入库标准,平时加强管理,尤其要注意表层种子的结露或"出汗"等不正常现象。

(2)围包散堆。对仓壁不十分坚固或没有防潮层的仓库,或堆放散落性较大的种子(如大豆、豌豆)时,可采用此法。堆放前按仓房大小,以一批同品种种子做成麻袋包装,将包沿壁四周离墙 0.5 m 堆成围墙,在围包以内就可散放种子。堆放高度不宜过高,并应注意防止塌包(图 7-16)。

(3)围囤散堆。在品种多而数量又不大的情况下采用此法。当品种级别不同或种子水分还不符合入库标准而又来不及处理时,也可将此法作为临时堆放措施。堆放时边堆边围囤,囤高一般在 2 m 左右。

图 7-16 围包散堆

三、种子贮藏期间管理

种子进入贮藏期后,环境条件由自然状态转为干燥、低温、密闭。尽管如此,种子的生命活动并没有停止,只不过随着条件的改变而进行得更为缓慢。由于种子本身的代谢作用和环境的影响,仓内的环境状况逐渐发生变化,可能出现种子吸湿回潮、发热和虫霉等异常情况。因此,种子贮藏期间的管理工作十分重要,应该根据具体情况建立各项制度,提出措施,勤加检查,以便及时发现和解决问题,避免损失。

(一)种子温度和水分变化

种子处在干燥、低温、密闭条件下,其生命活动极为微弱。但隔湿防热条件较差的仓库,会对种子带来不良影响。根据观察,种子的温度和水分是随着空气的温湿度而变化的,但其变化比较缓慢。一天中的变幅较小,一年中的变幅较大。种子堆的上层变化较快,变幅较大,中层次之,下层较慢。

(二)种子发热预防

在正常情况下,种温随着气温、仓温的升降而变化。如果种温不符合这种变化规律,发生异常高温,这种现象称为发热。

1. 种子发热的原因

(1)种子新陈代谢发热。贮藏期间种子新陈代谢旺盛,释发出大量的热能,积聚在种子堆内。这些热量又进一步促进种子的生理活动,放出更多的热量和水分,如此循环往返,导致种子发热。这种情况多发生于新收获或受潮的种子。

(2)微生物的迅速生长和繁殖引起发热。在相同条件下,微生物释放的热量远比种子要多。实践证明,种子发热往往伴随着种子发霉。因此,种子本身呼吸热和微生物活动的共同作用,是导致种子发热的主要原因。

(3)种子堆放不合理,种子堆各层之间和局部与整体之间温差较大,造成水分转移、结露等情况,也能引起种子发热。

(4)仓房条件差或管理不当。

总之,发热是种子本身的生理生化特点、环境条件和管理措施等综合因素造成的结果。但是,种温究竟达到多高才算发热,不可能规定一个统一的标准,如夏季种温达 35 ℃不一定是发热,而在气温下降季节则可能就是发热,这必须通过实践加以仔细鉴别。

2. 种子发热的种类

种子发热的种类根据种子堆发热部位、发热面积的大小可分为以下 5 种。

(1)上层发热。一般发生在近表层 15～30 cm 厚的种子层。发生时间一般在初春或秋季。初春气温逐渐上升,而经过冬季的种子层温度较低,两者相遇,上表层种子容易结露而引起发热。

(2)下层发热。发生状况和上层相似,不同的是发生部位是在接近地面一层的种子。多是由晒热的种子未经冷却就入库,遇到冷地面发生结露引起发热,或由地面渗水使种子吸湿返潮而引起发热。

(3)垂直发热。在靠近仓壁、柱子等部位,当冷种子接触到热仓壁或柱子,或者热种子接触到冷仓壁或柱子形成结露,并产生发热现象,称为垂直发热。前者多发生在春季朝南的近仓壁部位,后者多发生在秋季朝北的近仓壁部位。

(4)局部发热。这种发热通常呈窝状,发热的部位不固定,多半由分批入库的种子品质不一致,如水分相差过大、整齐度差或净度不同等造成。某些仓虫大量聚集繁殖也可以引起发热。

(5)整仓(全囤)发热。上述四种发热现象中,无论哪种发热现象发生后,如不迅速处理或及时制止,都有可能导致整仓(全囤)发热。尤其是下层发热,由于管理上造成的疏忽,最容易发展为整仓发热。

3. 种子发热的预防

根据种子发热原因,可采取以下措施加以预防。

(1)严格掌握种子入库的质量。种子入库前必须严格进行清选、干燥和分级,不达到标准,不能入库,对长期贮藏的种子,要求更加严格。入库时,种子必须经过冷却(热进仓处理的除外)。这些都是防止种子发热、确保安全贮藏的基础。

(2)做好清仓消毒,改善仓储条件。贮藏条件的好坏直接影响种子的安全状况。仓房必须具备通风、密闭、隔湿、防热等条件,以便在气候剧变阶段和梅雨季节做好密闭工作;而当仓内温湿度高于仓外时,又能及时通风,使种子长期处在干燥、低温、密闭的条件下,确保安全贮藏。

(3)加强管理,勤于检查。应根据气候变化规律和种子生理状况,制定出具体的管理措施,及时检查,及早发现问题,采取对策,加以制止。种子发热后,应根据种子结露发热的严重情况,采用翻耙、开沟、扒塘等措施排除热量,必要时采取掏仓、摊晾和过风等办法降温散湿。发过热的种子必须经过发芽试验,凡已丧失生活力的种子,即应改作他用。

(三)合理通风

通风是种子在贮藏期间的一项重要管理措施,其目的是:维持种子堆温度均一,防止水分转移;降低种子内部温度,以抑制霉菌繁殖及仓虫的活动;促使种子堆内的气温对流,排除种子本身代谢作用产生的有害物质和熏蒸杀虫剂的有毒气体等。

通风方式有自然通风和机械通风两种。自然通风是指开启仓库门窗,使空气能自然对流,达到仓内降温散湿的目的;机械通风速度快、效率高,但需要一套完整的机械设备。

无论采用哪种通风方式,通风之前均须测定仓库内外的温度和相对湿度的大小,以决定能否通风,主要有如下几种情况。

(1)遇雨天、刮台风、浓雾等天气,不宜通风。

(2)当外界温湿度均低于仓内时,可以通风。但要注意寒流的侵袭,防止种子堆内温差过大而引起表层种子结露。

(3)仓外温度与仓内温度相同而仓外湿度低于仓内,或者仓内外湿度基本上相同而仓外温度低于仓内时,可以通风。前者以散湿为主,后者以降温为主。

(4)仓外温度高于仓内而相对湿度低于仓内,或者仓外温度低于仓内而相对湿度高于仓内时,能不能通风,就要看当时的绝对湿度。如果仓外绝对湿度高于仓内,不能通风;反之就能通风。

(5)一天内,傍晚可以通风,后半夜不能通风。

(四)管理制度

种子入库后,建立和健全管理制度十分必要。管理制度包括:

（1）生产岗位责任制。要挑选责任心、事业心强的人担任这一工作。保管人员要不断钻研业务，努力提高科学管理水平。有关部门要对他们定期考核。

（2）安全保卫制度。仓库要建立值班制度，组织人员巡查，及时消除不安全因素，做好防火、防盗工作，保证不出事故。

（3）清洁卫生制度。做好清洁卫生工作是消除仓库病虫害的先决条件。仓库内外须经常打扫、消毒，保持清洁。要求做到仓内"六面光"，仓外"三不留"（不留杂草、垃圾、污水）。种子出仓时，应做到出一仓清一仓，出一囤清一囤，防止混杂和感染病虫害。

（五）检查制度

1. 温度检查

检查种温可将整堆种子分成上、中、下三层，每层设 5 个点，共 15 处。也可根据种子堆的大小适当增减，如种堆面积超过 100 m²，需相应增加点数。对于平时有怀疑的区域，如靠壁、屋角，近窗处或漏雨等部位增设辅助点，以便全面掌握种子堆安危状况。种子入库完毕后的半个月内，每 3 d 检查一次（北方可减少检查次数，南方对油菜籽、棉籽要增加检查次数），以后每隔 7～10 d 检查一次。二、三季度，每月检查一次。

2. 水分检查

检查水分同样采用三层 5 点 15 处的方法，把每处所取的样品混匀后，再取试样进行测定。取样一定要有代表性，对于怀疑部位所取得的样品，可以单独测定。检查水分的周期取决于种温：一、四季度，每季检查一次；二、三季度，每月检查一次；在每次整理种子以后，也应检查一次。

3. 发芽率检查

种子发芽率一般每 4 个月检查一次，但应根据气温变化，在高温或低温之后，以及在药剂熏蒸后，都应相应增加一次。最后一次不得迟于种子出仓前 10 d 做完。

4. 虫、霉、鼠、雀检查

检查害虫一般采用筛检法，即经过一定时间的振动筛理，把筛下来的活虫按每千克头数计算。检查周期决定于种温：种温在 15 ℃以下，每季检查一次；15～20 ℃，每半月一次；20 ℃以上，每 5～7 d 检查一次。检查霉烂的方法一般采用目测和鼻闻，检查部位一般是种子易受潮的壁角、底层和上层或沿门窗、漏雨等部位。查鼠、雀是观察仓内有无鼠、雀粪便和足迹，平时应将种子堆表面整平以便发现足迹。一经发现，予以捕捉消灭，还需堵塞漏洞。

5. 仓库设施检查

检查仓库地坪的渗水、房顶的漏雨、灰壁的脱落等情况，特别是遇到强热带风暴、台风、暴雨等天气，更应加强检查。同时对门窗启闭的灵活性和防雀网、防鼠板的坚牢程度进行检查。

（六）建立档案制度

每批种子入库，都应将其来源、数量、品质状况等逐项登记入册（表 7-1），每次检查后的详细结果必须记录，便于对比分析和查考，发现变化原因，及时采取措施，改进工作。

（七）财务会计制度

每批种子进出仓库，必须严格实行审批手续和过磅记账，账目要清楚，对种子的余缺做到心中有数，不误农时，对不合理的额外损耗要追查责任。

表 7-1　种子情况记录表

品种名称	入库年月	种子数量	检查日			气温/℃	仓温/℃	种温/℃																种子水分/%	种子纯度/%	发芽率/%	害虫情况/(头/kg)		处理意见	检查员
			月	日	时			东			南			西			北			中							米象	锯谷盗		
								上层	中层	下层	上层	中层	下层	上层	中层	下层	上层	中层	下层	上层	中层	下层							

四、主要农作物种子贮藏技术

(一)水稻种子贮藏技术

水稻是我国分布范围较广的一种农作物,类型和品种繁多,种植面积很大。为了预防缺种,水稻留种数量往往超过实际需用量数倍,这给贮藏工作带来十分艰巨的任务。

1. 水稻种子的贮藏特性

(1)耐藏性较好。水稻种子称为颖果,籽实由内外稃包裹着,稃壳外表面被有茸毛。由于种子形态的这些特征,形成的种子堆较疏松,孔隙度较禾谷类的其他作物种子为大,在50%～65%。因此,贮藏期间种子堆的通气性较其他种子好;同时由于种子表面粗糙,其散落性较一般禾谷类种子差,对仓壁产生的侧压力较小,一般适宜高堆,以提高仓库利用率。水稻种子因内外稃的保护而吸湿缓慢,水分相对比较稳定,但是当稃壳遭受机械损伤、虫蚀,或气温高于种温且外界相对湿度又较高的情况下,水稻种子的吸湿性显著增加。

(2)贮藏初期不稳定。新收获的稻种生理代谢强度较大,在贮藏初期往往不稳定,容易导致发热,甚至发芽、发霉。早、中稻种子在高温季节收获进仓,在最初半个月内,上层种温往往因呼吸积累而明显上升,有时超过仓温10～15 ℃,即使水分正常的稻谷也会发生这种现象。如不及时处理,就会使种子堆的上层湿度越来越高,水汽积聚在籽粒的表面形成微小液滴,即所谓"出汗"现象。水稻种子发芽需水量少,通常只需含水量为23%～25%便会发芽。因此,在收获时如遇阴雨天气,不能及时收获、脱粒、摊晒,在田间或场院即可生芽;入库后,如受潮、淋雨也会发芽。

(3)耐高温性较差。水稻种子的耐高温性较麦种差,如在人工干燥或日光曝晒时,对温度控制失当,均能增加爆腰率,引起变色,损害发芽率。种子高温入库,如处理不及时,种子堆的不同部位会产生显著温差,造成水分分层和表面结露现象,甚至导致发热霉变。在持续高温的影响下,水稻种子所含的脂肪酸会急剧增高。

2. 水稻种子贮藏技术要点

(1)掌握曝晒种温。早晨收获的种子,由于朝露影响,种子水分可达28%～30%,午后收割的在25%左右。一般情况下,曝晒2～3 d即可使水分下降到符合入库标准。曝晒时如阳光强烈,要多加翻动,以防受热不匀,发生爆腰现象,水泥晒场尤应注意这一问题。早晨出晒不宜过早,事先还应预热场地,否则由于场地与受热种子温差过大发生水分转移,影响干燥效果。这种情况对于摊晒过厚的种子更为明显。

(2)严格控制入库水分。水稻种子的安全水分标准,应随种子类型、保管季节与当地气候特点分别考虑。一般,气温高,水分要低;气温低,水分可高些。试验证明,种子水分降低到6%左右,温度在0℃左右,可以长期贮藏而不影响发芽率。常规贮藏的生产用种因地区而异,南方度夏的种子,水分应降至12%～13%,北方地区可放宽至14%。

(3)密闭贮藏水稻种子。水稻种子堆孔隙度较大,通气性好,易受外界温度的影响。为了保持种子低温、干燥的贮藏状态,宜采用密闭贮藏。我国东北地区为防止高水分种子受冻,常采用窖藏和围堆密闭的贮藏形式。

(4)防治仓虫和霉变。危害水稻种子的主要仓虫是米象、麦蛾、大谷盗、锯谷盗、谷蠹、粉斑螟等,除采用药剂熏蒸和卫生防治之外,还可采用干燥与低温密闭压盖的贮藏措施,兼得防虫的效果。

仓虫大量繁殖,除引起贮藏稻谷的发热外,还能剥蚀稻谷的皮层和胚部,使稻谷完全失去种用价值,同时降低酶的活性和维生素含量,并使蛋白质及其他有机营养物质遭受严重损耗。

目前,药剂熏杀常用的杀虫药剂为磷化铝,用药量按种子体积计算,为6～9片/m³(粉剂4～6 g/m³)。投药后密闭120～168 h,然后通风72 h散毒。磷化铝为剧毒药剂,使用时应注意人体安全。另外,还可用防虫磷防护。防虫磷即优质马拉硫磷,纯度为97%以上。有效药用量为20 mg/kg,使用方法为防虫磷原液用超低量喷雾器均匀喷雾。种子厚度不超过30 cm,每10 t种子用药量0.2 kg。

防止霉变的主要措施是种子干燥和密闭贮藏。种子水分控制在13.5%以下,就能抑制霉菌的生命活动。因此,充分干燥的水稻种子,只要注意防止吸湿返潮,保持其干燥状态,就可避免微生物危害。

(二)小麦种子贮藏技术

小麦收获时正逢高温多湿气候,即使经过充分干燥,入库后如果管理不当,仍易吸湿回潮、生虫、发热、霉变,贮藏较为困难,必须引起重视。

1. 小麦种子的贮藏特性

(1)耐热性较强。小麦种子的蛋白质和呼吸酶具有较高的抗热性,淀粉糊化温度也较高,所以在一定高温范围内不会丧失生活力。据试验,新收小麦种子在水分<17%、种温≤54 ℃,或水分>17%、种温≤46 ℃的条件下进行干燥,不会降低发芽率。

(2)吸湿性较强,易生虫、霉变。小麦种皮薄,白皮小麦比红皮小麦的种皮更薄,吸湿性较强。小麦吸湿后,种子体积膨大,容重减小,千粒重加大,散落性降低,淀粉、蛋白质水解加强,容易感染仓虫。同时,赤霉病菌、黑穗病菌等微生物易侵染,引起种子发热霉变。

(3)小麦的后熟与休眠。小麦的后熟作用明显,特别是多雨地区的小麦品种具有较长的后熟期,红皮小麦的个别品种后熟期长达3个月。我国北方小麦品种后熟期短,一般为7 d左右。小麦在后熟期间呼吸强度大,酶的活性强,容易导致种堆"出汗"。因而,只有通过后熟期的小麦,贮藏稳定性才相应增强。红皮小麦的休眠期比白皮小麦长,这是由于红皮小麦的种皮透性比白皮小麦差。所以在相同条件下,红皮小麦的耐贮性优于白皮小麦。

(4)仓虫和微生物危害。小麦的仓虫主要有米象、印度谷螟和麦蛾,其中以米象和麦蛾危害最严重,被害的麦粒往往形成空洞或被蛀蚀一空,失去种用价值。侵害小麦种子的微生物主要有赤霉菌、麦角菌、黑穗菌等。

2. 小麦种子贮藏技术要点

(1)严格控制种子的入库水分。小麦种子贮藏期限的长短,取决于种子的水分、温度及贮藏设备的防湿性能。试验证明,小麦种子水分不超过 12%,温度在 20 ℃以下,贮藏 9 年,发芽率仍在 95%以上,且不生虫、不发霉;如果水分为 13%,种温为 30 ℃,则发芽率会有所下降;水分在 14%～14.5%,种温升高到 21～23 ℃,如果管理不善,发霉可能性很大;若水分为 16%,即使种温在 20 ℃,仍然会造成发霉。因此,小麦种子贮藏的关键是控制种子水分含量,一般种子水分应控制在 12%以下,种温不超过 25 ℃。

(2)采用密闭防湿贮藏。根据小麦种子吸湿性强的特性,种子在贮藏期间应严格密闭,削弱外界水汽对库内湿度的影响。对于贮存量较大的仓库,除密闭门窗外,种子堆上面还可以压盖篾垫或麻袋等物。压盖要平整、严密、压实。

(3)热进仓杀虫。小麦种子耐热性较强,可以利用这一特点,将种子晒热后趁热进仓,不仅可以达到杀虫的目的,还可以促进麦种加快通过休眠。具体做法:选择晴朗天气,将麦种曝晒,使种温达 46 ℃以上而不超过 52 ℃,然后迅速入库堆放,面层加覆盖物,并将门窗密封保温。这样,持续高温密闭 7～10 d 后,进行通风冷却,使种温下降到与仓温相近,然后进入常规贮藏。运用此法应掌握保温期间种温不宜太高,种子水分必须低于 12%;还需设法防止地面与种子温差过大而引起底层结露。对于通过休眠的种子来说,由于耐热性有所减弱,一般不宜采用此法。

(三)玉米种子贮藏技术

玉米是一种高产作物,适应性强,在我国各地几乎都有种植。玉米又是异花授粉作物,自然杂交率很高,保纯较难。因此,做好玉米种子的贮藏工作具有很重要的意义。

1. 玉米种子的贮藏特性

(1)呼吸旺盛,容易发热。玉米种子在禾谷类作物种子中属于大粒大胚种子,胚部体积占种子体积的 1/3,重量占全粒的 10%～12%。玉米胚组织疏松,含有较多的亲水基团,较胚乳部分容易吸水。因此,玉米种子呼吸强度较其他禾谷类作物种子大,并随贮藏条件的变化而变化,其中尤以温度和湿度的影响更大。

(2)易酸败。玉米种子脂肪含量为 4%～5%,其中胚部脂肪占全粒脂肪的 77%～89%。由于种胚脂肪含量高,玉米种子易酸败。

(3)易霉变。玉米胚部的营养丰富,可溶性物质多,在种子水分含量较高时,胚部的水分含量高于胚乳,容易滋生霉菌。因此,完整的玉米粒霉变常常是先从胚部开始。其霉变过程一般是:在种温逐渐升高时,种子表面首先发生湿润现象,颜色较之前鲜艳,气味发甜;随着霉菌的发育,有的玉米胚变成淡褐色,胚部断面出现白色菌丝,并有轻微的霉味;之后菌丝体很快产生霉菌孢子,最常见的为灰绿色孢子,通常称"点翠",产生浓厚的辛辣味、霉味和酒味;随着温度的升高,出现黄色和黑色菌落,完全失去利用价值和食用价值。

(4)易受冻。在我国北方,玉米收获季节天气已转冷,加之果穗外有苞叶,籽粒在植株上得不到充分干燥,所以玉米种子的含水量一般较高。新收获的玉米种子水分含量在 20%～40%。即使在秋收前日照好、雨水少的情况下,玉米种子水分含量也在 17%以上。由于玉米种子水分含量高,入冬前来不及充分干燥,在我国北方地区易发生冻害,低温年份常造成很大损失。

2. 玉米种子贮藏技术要点

(1)果穗贮藏。果穗贮藏的主要优点是:果穗堆中空隙度大,便于通风干燥,可以利用秋冬季节继续降低种子水分;穗轴对种胚有一定的保护作用,可以减轻霉菌和仓虫的侵染,削弱种子的吸湿作用。这种贮藏方式占仓容量大,不便运输,通常用于干燥或短暂贮存。采用时均须先将水分降低,使果穗含水量低于17%,若含水量高于这一水平,容易遭受冻害。

(2)籽粒贮藏。采用籽粒贮藏可以提高仓容量,便于管理。玉米脱粒后胚部外露,是造成贮藏稳定性差的主要原因。因此籽粒贮藏必须控制入库水分,并减少损伤粒和降低贮藏温度。玉米种子水分必须控制在13%以下才能安全过夏,而且种子在贮藏中不耐高温,在高温下会加速脂肪酸败。据各地经验,夏季南方玉米水分宜在13%以下,种温不高于30 ℃;北方玉米水分则可在14%以下,种温不高于25 ℃。

(3)北方玉米种子安全越冬贮藏技术要点。在北方寒冷的天气到来之前,种子只有充分晒干,才能防止冻害。种子入仓及贮藏期间,含水量要始终保持在14%以下,才能安全越冬。在贮藏期间要定期检查种子含水量,如发现种子水分超过安全贮藏水分,应及时通风透气,调节温湿度,以免种子受冻或霉变。

(4)包衣玉米种子安全贮藏技术要点。包衣种子的包衣剂具有防霉、防虫的作用,但易吸湿回潮,当其含水量超过安全水分时,包衣剂中的化学药剂会渗入种胚,伤害种子,因此保持包衣种子的干燥状态十分重要。欲越夏保存的玉米种子,要选择发芽率和活力水平高的种子批,同时降低含水量到达安全水分标准,贮藏期间要注意防潮工作,可采用防湿包装和干燥低温仓库贮藏。

(四)大豆种子贮藏技术

大豆除含有较高的油分外,还含有非常丰富的蛋白质。因此,其贮藏特性不仅与禾谷类作物种子大有差别,而且与其他一般豆类比较也有所不同。

1. 大豆种子的贮藏特性

(1)易吸湿返潮。大豆种皮薄、粒大,含有35%~40%的蛋白质,吸湿性很强。在贮藏过程中,容易吸湿返潮,水分较高的大豆种子易发热霉变。过分干燥时,容易损伤破碎和种皮脱落。

(2)易氧化酸败。大豆种子含油量17%~22%,其中不饱和脂肪酸占80%以上,在含水量较高的情况下,易发生氧化酸败现象。

(3)耐热性较差,蛋白质易变性。在25 ℃以上的贮藏条件下,种子的蛋白质易凝固变性,破坏了脂肪与蛋白质共存的乳胶状态,使油分渗出,发生浸油现象。同时,由脂肪中色素逐渐沉淀而引起子叶变红,有时沿种脐出现一圈红色,俗称"红眼"。子叶变红和种皮浸油,使大豆种子呈暗红色,俗称"赤变"。因此,大豆种子贮藏要注意控制温度,防止蛋白质缓慢变性。

(4)影响大豆安全贮藏的主要因素是种子水分和贮藏温度。水分18%的种子,在20 ℃条件下几个月就完全丧失发芽率;水分8%~14%的种子,在−10 ℃和2 ℃条件下贮藏10年后,能保持90%以上的发芽率。在普通贮藏条件下,控制种子水分是大豆种子安全贮藏的关键。

2. 大豆种子贮藏技术要点

(1)带荚曝晒,充分干燥。大豆种子干燥以脱粒前带荚干燥为宜。大豆种子粒大、皮薄、耐热性较差,脱粒后的种子要避免烈日曝晒,火力干燥时要严格控制温度和干燥度,以免干燥不均匀而导致破裂和脱皮。

大豆安全贮藏的水分应在12％以下,水分超过13％就有霉变的危险。大豆种子的吸水性较强,在入仓贮藏后要严格防止受潮,保持种子的干燥状态。

(2)低温密闭。因为大豆脂肪含量高,而脂肪的热导率小,所以大豆导热不良,在高温情况下不易降温,又易引起赤变,故应采取低温密闭的贮藏方法。一般可趁寒冬季将大豆转仓或出仓冷冻,使种温充分下降后再低温密闭。具体做法是:在冬季入仓的表层上面压盖一层旧麻袋,以防大豆直接从大气吸湿,旧麻袋预先经过清理和消毒。在多雨季节,靠种子堆表层10～20 cm深处,仍有可能发生回潮现象,此时应趁晴朗天气将覆盖的旧麻袋取出仓外晾干,再重新盖上。覆盖的旧麻袋不仅可以防湿,并且有一定的隔热性能。

(3)合理堆放。水分低于12％的种子可以堆高至1.5～2 m,采用密闭贮藏。水分在12％以上,特别是新收获的种子,应根据含水量的不同适当降低堆放高度,采用通风贮藏。一般水分在12％～14％,堆高应在1 m以下;水分在14％以上,堆高应在0.5 m以下。

【模块小结】

本模块共设置2个项目:在种子加工方面,介绍种子的清选与精选、干燥、包衣、包装等一系列工序;在种子贮藏方面,介绍种子的贮藏条件、贮藏要求、贮藏管理以及主要作物种子的贮藏技术。通过学习,使学生熟悉常见的种子清(精)选、干燥、包衣及包装等机械设备的使用方法,掌握种子加工机械性能;能够根据不同种子的特征特性,选择不同的加工方式和贮藏方法,并能及时发现和解决种子贮藏期间出现的问题。

【模块技能】

技能一 种子清选和精选机械原理和方法

一、技能目的

了解种子筛选、空气筛清选、窝眼滚筒精选分离、色泽选别机分离的原理。了解上述各种清选和精选机械的操作步骤和正确操作的注意事项。

二、实验场地

种子加工实验室或去种子加工厂现场参观。

三、主要清选和精选机械原理

1. 种子筛选原理

种子清选筛可分为圆孔筛、长孔筛、三角形筛及金属网筛。圆孔筛是按种子宽度进行分离,长孔筛是按种子厚度进行分离,三角形筛和金属网筛可用于不同形状和杂质的分离。筛选可用于种子预清选,从上层筛可筛去大于种子的秸秆、叶片等物质,从下层筛可除去小于种子的其他混杂种子、杂草种子和沙、泥等物质。

2. 空气筛清选原理

这种筛利用筛孔清选原理和空气动力学原理。空气动力学清选原理是按分离物的大小、重量、形状进行分离。气流能将重量比正常种子轻、乘风面大的颖壳、茎叶碎片、空瘪种子及其他杂质吹走,而留下充实饱满的种子,达到清选的目的。空气筛清选机是最基本的清选机,几乎适用于各种种子的清选。

3. 窝眼滚筒精选分离原理

窝眼滚筒是用金属板冲窝眼制成的、内壁上冲有圆形窝眼的圆筒,可水平或稍倾斜放置。工作时,筒旋转,在窝眼筒里安装有"V"形分离槽,用来收集从窝眼筒下落的种子。其分离分级原理是按种子长度不同进行。当种子喂入圆筒,其长度小于窝眼口径时,就落入窝眼内,并随圆筒旋转上升到一定高度后落入分离槽中,随即被搅龙运出。而其长度大于窝眼口径的种子,则不能进入窝眼,沿窝眼的轴向从另一端流出,达到分级精选目的。

4. 色泽选别机分离原理

这是按种子颜色和强度不同进行分离的。其原理是利用光电管。颜色浅的种子,由于光的反射作用,光电管产生的电流能把种子通过的活门打开或关上,达到分离不同颜色种子的目的。

如利用种子筛清选,应首先了解种子大小、形态以及混杂物的特性,选用适用筛孔的一层或几层筛,合理装置,力争实现最佳清选效果;如利用空气筛清选,同样应了解欲清选种子和混杂物特性,选择适用筛子和调好恰当气流风力,以求达到最佳清选效果。

同样的,窝眼滚筒和色泽选别机也应注意正确的操作。

四、技能要求

(1)通过现场教学实习,你认为当地主要作物种子应选哪种清选机型最适合?

(2)根据种子清选原理,请设计一份种子样品的清选条件,包括筛孔形状和大小等。

▶ 技能二 种子干燥原理和机械 ◀

一、技能目的

了解热空气种子干燥的原理和所用能源;了解热空气干燥机主要构造部分和干燥流程;了解种子安全干燥的注意事项。

二、实习场地

去就近种子加工厂干燥车间参观。

三、实习和参观内容

(1)参观和了解当地常用热空气干燥机的干燥原理和所用热能的燃料,干燥机类型。

(2)参观和了解当地常用干燥机的构造和干燥流程。

(3)了解种子干燥的操作技术。

①干燥前准备,检查干燥机测温、控温系统和种子水分;

②确定种子安全干燥条件、干燥温度、气流量、相对湿度、种子厚度、时间、降水速率;

③确定干燥过程种子水分测定时间和方法;

④检查种子发芽力和活力的变化;

(4)了解种子干燥的成本以及降低成本的措施。

四、技能要求

每个学生将参观和听取的有关情况介绍整理成报告,写出种子干燥机械使用方法。

【模块巩固】

1. 什么是种子干燥?

2. 种子清选原理有哪些?

3. 种子加工的程序有哪些?

4. 种子干燥方法有哪些?

5. 简述种子发热的原因、部位和预防措施。

6. 仓内温度是如何影响种子贮藏的?

7. 水稻种子贮藏的具体方法有哪些?

8. 玉米种子贮藏的具体方法有哪些?

模块八
种子法规与种子营销

【知识目标】

通过本模块学习,学生熟悉种子生产、经营许可证申请条件和程序;了解我国种子质量管理的基本框架;掌握种子营销的特点和种子营销策略。

【能力目标】

树立依法治种意识,学会对种子违法案例进行分析;掌握种子市场调查的方法,制定相应的营销策略。

项目一　种子管理法规

一、我国种子管理法律制度组成

我国种子管理的法律制度由法律、行政法规、地方性法规、部门规章等组成。

(一)法律

《种子法》是我国种子管理的基本法律。《种子法》于 2000 年 7 月 8 日经第九届全国人民代表大会常务委员会第十六次会议通过,并于同年 12 月 1 日起施行。在此之后,《种子法》分别于 2004 年 8 月 28 日、2013 年 6 月 29 日、2015 年 11 月 4 日、2021 年 12 月 24 日进行了修正和修订,最近一次修订自 2022 年 3 月 1 日起施行。《种子法》系统地规定了我国种子管理的基本制度。《种子法》的效力高于我国其他所有关于种子的行政法规、地方性法规、部门规章等,这些法规、规章都不得与《种子法》的规定相抵触。

(二)行政法规

为贯彻落实好《种子法》,国务院对《种子法》中的一些原则问题做出具体规定。例如,2017年修订的《农业转基因生物安全管理条例》对《种子法》第一章第七条关于转基因品种和种子的管理做出具体规定。在《种子法》颁布之前,国务院颁布的《中华人民共和国植物新品种保护条例》《植物检疫条例》等行政法规,被《种子法》确立为我国种子管理的重要制度。根据《种子法》的规定,国务院还将制定一系列的行政法规,以进一步完善种子管理制度。

(三)地方性法规

《种子法》颁布以来,全国多数省份均按照法律程序,结合本地实际,制定了地方性法规。地方性法规在其行政区域内具有约束性,但其效力低于《种子法》和相关的行政法规。

(四)部门规章

《种子法》颁布后,农业农村部及时制定和颁布了一系列部门规章,对于《种子法》中的一些专业性、技术性很强的原则性规定做出明确具体要求,形成具体规范。目前施行的部门规章有《主要农作物品种审定办法》《农作物种子生产经营许可管理办法》《农作物种子标签和使用说明管理办法》《主要农作物范围规定》《农作物种质资源管理办法》《农作物种子质量纠纷田间现场鉴定办法》《农作物种子质量监督抽查管理办法》《农业行政处罚程序规定》《中华人民共和国植物新品种保护条例实施细则》和《中华人民共和国农业植物新品种保护名录》等。这些规章的发布实施,对于保证《种子法》的贯彻落实,完善我国社会主义市场经济条件下的种子管理制度,指导各省、自治区、直辖市制定地方性法规,促进全国统一开放、竞争有序的种子市场的建立发挥了重要作用。

二、《种子法》确定的主要法律制度

《种子法》分为总则,种质资源保护,品种选育、审定与登记,新品种保护,种子生产经营,种子监督管理,种子进出口和对外合作,扶持措施,法律责任和附则10章,共92条。《种子法》确定了以下主要法律制度。

(一)种质资源保护制度

(1)《种子法》第九条规定:国家有计划地普查、收集、整理、鉴定、登记、保存、交流和利用种质资源,重点收集珍稀、濒危、特有资源和特色地方品种,定期公布可供利用的种质资源目录。具体办法由国务院农业农村、林业草原主管部门规定。

种子认证概述

(2)《种子法》第十一条规定:国家对种质资源享有主权。任何单位和个人向境外提供种质资源,或者与境外机构、个人开展合作研究利用种质资源的,应当报国务院农业农村、林业草原主管部门批准,并同时提交国家共享惠益的方案。国务院农业农村、林业草原主管部门可以委托省、自治区、直辖市人民政府农业农村、林业草原主管部门接收申请材料。国务院农业农村、林业草原主管部门应当将批准情况通报国务院生态环境主管部门。

(二)品种选育、审定与登记制度

农业部2013年底根据《种子法》制定了《主要农作物品种审定办法》,最近的一次修订为2022年1月21日。品种审定的内容可参见《主要农作物品种审定办法》中的具体规定。

(1)《种子法》第十五条第一款规定：国家对主要农作物和主要林木实行品种审定制度。主要农作物品种和主要林木品种在推广前应当通过国家级或者省级审定。由省、自治区、直辖市人民政府林业草原主管部门确定的主要林木品种实行省级审定。

(2)《种子法》第二十二条第一款和第三款规定：国家对部分非主要农作物实行品种登记制度。列入非主要农作物登记目录的品种在推广前应当登记。申请者申请品种登记应当向省、自治区、直辖市人民政府农业农村主管部门提交申请文件和种子样品，并对其真实性负责，保证可追溯，接受监督检查。申请文件包括品种的种类、名称、来源、特性、育种过程以及特异性、一致性、稳定性测试报告等。

(三)转基因植物品种的选育、试验、审定和推广制度

《种子法》第七条规定：转基因植物品种的选育、试验、审定和推广应当进行安全性评价，并采取严格的安全控制措施。国务院农业农村、林业草原主管部门应当加强跟踪监管并及时公告有关转基因植物品种审定和推广的信息。具体办法由国务院规定。

(四)新品种保护制度

(1)《种子法》第二十五条规定：国家实行植物新品种保护制度。对国家植物品种保护名录内经过人工选育或者发现的野生植物加以改良，具备新颖性、特异性、一致性、稳定性和适当命名的植物品种，由国务院农业农村、林业草原主管部门授予植物新品种权，保护植物新品种权所有人的合法权益。植物新品种权的内容和归属、授予条件、申请和受理、审查与批准，以及期限、终止和无效等依照本法、有关法律和行政法规规定执行。

国家鼓励和支持种业科技创新、植物新品种培育及成果转化。取得植物新品种权的品种得到推广应用的，育种者依法获得相应的经济利益。

(2)《种子法》第二十八条规定：植物新品种权所有人对其授权品种享有排他的独占权。植物新品种权所有人可以将植物新品种权许可他人实施，并按照合同约定收取许可使用费；许可使用费可以采取固定价款、从推广收益中提成等方式收取。

任何单位或者个人未经植物新品种权所有人许可，不得生产、繁殖和为繁殖而进行处理、许诺销售、销售、进口、出口以及为实施上述行为储存该授权品种的繁殖材料，不得为商业目的将该授权品种的繁殖材料重复使用于生产另一品种的繁殖材料。本法、有关法律、行政法规另有规定的除外。

实施前款规定的行为，涉及由未经许可使用授权品种的繁殖材料而获得的收获材料的，应当得到植物新品种权所有人的许可；但是，植物新品种权所有人对繁殖材料已有合理机会行使其权利的除外。

对实质性派生品种实施第二款、第三款规定行为的，应当征得原始品种的植物新品种权所有人的同意。

实质性派生品种制度的实施步骤和办法由国务院规定。

(五)种子生产经营许可制度

种子生产经营许可制度是为了加强种子生产、经营许可管理，规范种子生产、经营秩序而制定的。

(1)《种子法》第四十条第一款规定：销售的种子应当符合国家或者行业标准，附有标签和使用说明。标签和使用说明标注的内容应当与销售的种子相符。种子生产经营者对标注内容

的真实性和种子质量负责。

（2）《种子法》第四十五条规定：种子使用者因种子质量问题或者因种子的标签和使用说明标注的内容不真实，遭受损失的，种子使用者可以向出售种子的经营者要求赔偿，也可以向种子生产者或者其他经营者要求赔偿。赔偿额包括购种价款、可得利益损失和其他损失。属于种子生产者或者其他经营者责任的，出售种子的经营者赔偿后，有权向种子生产者或者其他经营者追偿；属于出售种子的经营者责任的，种子生产者或者其他经营者赔偿后，有权向出售种子的经营者追偿。

（六）种子监督管理制度

（1）《种子法》第四十六条第一款规定：农业农村、林业草原主管部门应当加强对种子质量的监督检查。种子质量管理办法、行业标准和检验方法，由国务院农业农村、林业草原主管部门制定。

（2）《种子法》第四十八条规定：禁止生产经营假、劣种子。农业农村、林业草原主管部门和有关部门依法打击生产经营假、劣种子的违法行为，保护农民合法权益，维护公平竞争的市场秩序。

下列种子为假种子：

①以非种子冒充种子或者以此种品种种子冒充其他品种种子的。

②种子种类、品种与标签标注的内容不符或者没有标签的。

下列种子为劣种子：

①质量低于国家规定标准的。

②质量低于标签标注指标的。

③带有国家规定的检疫性有害生物的。

（七）种子进出口和对外合作制度

（1）《种子法》第五十六条规定：进口种子和出口种子必须实施检疫，防止植物危险性病、虫、杂草及其他有害生物传入境内和传出境外，具体检疫工作按照有关植物进出境检疫法律、行政法规的规定执行。

（2）《种子法》第五十七条第一款规定：从事种子进出口业务的，应当具备种子生产经营许可证；其中，从事农作物种子进出口业务的，还应当依照国家有关规定取得种子进出口许可。

（3）《种子法》第五十九条第一款规定：为境外制种进口种子的，可以不受本法第五十七条第一款的限制，但应当具有对外制种合同，进口的种子只能用于制种，其产品不得在境内销售。

（4）《种子法》第六十一条规定：国家建立种业国家安全审查机制。境外机构、个人投资、并购境内种子企业，或者与境内科研院所、种子企业开展技术合作，从事品种研发、种子生产经营的审批管理依照有关法律、行政法规的规定执行。

（八）种子检疫制度

《种子法》对种子检疫有明确规定：种子生产应当执行种子检疫规程，进口种子和出口种子必须实施检疫，运输或者邮寄种子应当依照有关法律、行政法规的规定进行检疫，经营中的标签应当标注检疫证明编号，禁止任何单位和个人在种子生产基地从事检疫性有害生物接种试验，在种子生产基地进行检疫性有害生物接种试验的，由县级以上人民政府农业农村、林业草原主管部门责令停止试验，处5000元以上5万元以下罚款。

三、农作物种子生产经营许可证管理

《农作物种子生产经营许可管理办法》于 2016 年 7 月 8 日（农业部令 2016 年第 5 号）公布，并于 2017 年 11 月 30 日、2019 年 4 月 25 日、2020 年 7 月 8 日、2022 年 1 月 7 日、2022 年 1 月 21 日修订，最近一次修订自 2022 年 1 月 21 日起施行。

（一）农作物种子生产经营许可证

（1）《农作物种子生产经营许可管理办法》第十七条规定：种子生产经营许可证设主证、副证。主证注明许可证编号、企业名称、统一社会信用代码、住所、法定代表人、生产经营范围、生产经营方式、有效区域、有效期至、发证机关、发证日期；副证注明生产种子的作物种类、种子类别、品种名称及审定（登记）编号、种子生产地点等内容。

①许可证编号为"＿＿（××××）农种许字（××××）第××××号"。"＿＿"上标注生产经营类型，A 为实行选育生产经营相结合，B 为主要农作物杂交种子及其亲本种子，C 为其他主要农作物种子，D 为非主要农作物种子，E 为种子进出口，F 为外商投资企业，G 为转基因农作物种子；第一个括号内为发证机关所在地简称，格式为"省地县"；第二个括号内为首次发证时的年号；"第××××号"为四位顺序号。

②生产经营范围按生产经营种子的作物名称填写，蔬菜、花卉、麻类按作物类别填写。

③生产经营方式按生产、加工、包装、批发、零售或进出口填写。

④有效区域。实行选育生产经营相结合的种子生产经营许可证的有效区域为全国。其他种子生产经营许可证的有效区域由发证机关在其管辖范围内确定。

⑤生产地点为种子生产所在地，主要农作物杂交种子标注至县级行政区域，其他作物标注至省级行政区域。

种子生产经营许可证加注许可信息代码。许可信息代码应当包括种子生产经营许可相关内容，由发证机关打印许可证书时自动生成。

（2）《农作物种子生产经营许可管理办法》第十八条规定：种子生产经营许可证载明的有效区域是指企业设立分支机构的区域。

种子生产地点不受种子生产经营许可证载明的有效区域限制，由发证机关根据申请人提交的种子生产合同复印件及无检疫性有害生物证明确定。

种子销售活动不受种子生产经营许可证载明的有效区域限制，但种子的终端销售地应当在品种审定、品种登记或标签标注的适宜区域内。

（3）《农作物种子生产经营许可管理办法》第十九条规定：种子生产经营许可证有效期为 5 年。转基因农作物种子生产经营许可证有效期不得超出农业转基因生物安全证书规定的有效期限。

在有效期内变更主证载明事项的，应当向原发证机关申请变更并提交相应材料，原发证机关应当依法进行审查，办理变更手续。

在有效期内变更副证载明的生产种子的品种、地点等事项的，应当在播种 30 日前向原发证机关申请变更并提交相应材料，申请材料齐全且符合法定形式的，原发证机关应当当场予以变更登记。

种子生产经营许可证期满后继续从事种子生产经营的，企业应当在期满 6 个月前重新提出申请。

(4)《农作物种子生产经营许可管理办法》第二十条规定:在种子生产经营许可证有效期内,有下列情形之一的,发证机关应当注销许可证,并予以公告:

①企业停止生产经营活动1年以上的;

②企业不再具备本办法规定的许可条件,经限期整改仍达不到要求的。

(二)农作物种子生产经营许可证的申领

(1)《农作物种子生产经营许可管理办法》第七条规定:申请领取主要农作物常规种子或非主要农作物种子生产经营许可证的企业,应当具备以下条件。

①基本设施。生产经营主要农作物常规种子的,具有办公场所150 m² 以上、检验室100 m² 以上、加工厂房500 m² 以上、仓库500 m² 以上;生产经营非主要农作物种子的,具有办公场所100 m² 以上、检验室50 m² 以上、加工厂房100 m² 以上、仓库100 m² 以上。

②检验仪器。具有净度分析台、电子秤、样品粉碎机、烘箱、生物显微镜、电子天平、扦样器、分样器、发芽箱等检验仪器,满足种子质量常规检测需要。

③加工设备。具有与其规模相适应的种子加工、包装等设备。其中,生产经营主要农作物常规种子的,应当具有种子加工成套设备。生产经营常规小麦种子的,成套设备总加工能力10 t/h以上;生产经营常规稻种子的,成套设备总加工能力5 t/h以上;生产经营常规大豆种子的,成套设备总加工能力3 t/h以上;生产经营常规棉花种子的,成套设备总加工能力1 t/h以上。

④人员。具有种子生产、加工贮藏和检验专业技术人员各2名以上。

⑤品种。生产经营主要农作物常规种子的,生产经营的品种应当通过审定,并具有1个以上与申请作物类别相应的审定品种;生产经营登记作物种子的,应当具有1个以上的登记品种。生产经营授权品种种子的,应当征得品种权人的书面同意。

⑥生产环境。生产地点无检疫性有害生物,并具有种子生产的隔离和培育条件。

⑦农业农村部规定的其他条件。

(2)《农作物种子生产经营许可管理办法》第八条规定:申请领取主要农作物杂交种子及其亲本种子生产经营许可证的企业,应当具备以下条件。

①基本设施。具有办公场所200 m² 以上、检验室150 m² 以上、加工厂房500 m² 以上、仓库500 m² 以上。

②检验仪器。除具备本办法第七条第二项规定的条件外,还应当具有PCR扩增仪及产物检测配套设备、酸度计、高压灭菌锅、磁力搅拌器、恒温水浴锅、高速冷冻离心机、成套移液器等仪器设备,能够开展种子水分、净度、纯度、发芽率4项指标检测及品种分子鉴定。

③加工设备。具有种子加工成套设备。生产经营杂交玉米种子的,成套设备总加工能力10 t/h以上;生产经营杂交稻种子的,成套设备总加工能力5 t/h以上;生产经营其他主要农作物杂交种子的,成套设备总加工能力1 t/h以上。

④人员。具有种子生产、加工贮藏和检验专业技术人员各5名以上。

⑤品种。生产经营的品种应当通过审定,并具有自育品种或作为第一选育人的审定品种1个以上,或者合作选育的审定品种2个以上,或者受让品种权的品种3个以上。生产经营授权品种种子的,应当征得品种权人的书面同意。

⑥具有本办法第七条第六项规定的条件。

⑦农业农村部规定的其他条件。

196

（3）《农作物种子生产经营许可管理办法》第九条规定：申请领取实行选育生产经营相结合、有效区域为全国的种子生产经营许可证的企业，应当具备以下条件。

①基本设施。具有办公场所 500 m² 以上，冷藏库 200 m² 以上。生产经营主要农作物种子或马铃薯种薯的，具有检验室 300 m² 以上；生产经营其他农作物种子的，具有检验室 200 m² 以上。生产经营杂交玉米、杂交稻、小麦种子或马铃薯种薯的，具有加工厂房 1 000 m² 以上、仓库 2 000 m² 以上；生产经营棉花、大豆种子的，具有加工厂房 500 m² 以上、仓库 500 m² 以上；生产经营其他农作物种子的，具有加工厂房 200 m² 以上、仓库 500 m² 以上。

②育种机构及测试网络。具有专门的育种机构和相应的育种材料，建有完整的科研育种档案。生产经营杂交玉米、杂交稻种子的，在全国不同生态区有测试点 30 个以上和相应的播种、收获、考种设施设备；生产经营其他农作物种子的，在全国不同生态区有测试点 10 个以上和相应的播种、收获、考种设施设备。

③育种基地。具有自有或租用（租期不少于 5 年）的科研育种基地。生产经营杂交玉米、杂交稻种子的，具有分布在不同生态区的育种基地 5 处以上、总面积 200 亩以上；生产经营其他农作物种子的，具有分布在不同生态区的育种基地 3 处以上、总面积 100 亩以上。

④品种。生产经营主要农作物种子的，生产经营的品种应当通过审定，并具有相应作物的作为第一育种者的国家级审定品种 3 个以上，或者省级审定品种 6 个以上（至少包含 3 个省份审定通过），或者国家级审定品种 2 个和省级审定品种 3 个以上，或者国家级审定品种 1 个和省级审定品种 5 个以上。生产经营杂交稻种子同时生产经营常规稻种子的，除具有杂交稻要求的品种条件外，还应当具有常规稻的作为第一育种者的国家级审定品种 1 个以上或者省级审定品种 3 个以上。生产经营非主要农作物种子的，应当具有相应作物的以本企业名义单独申请获得植物新品种权的品种 5 个以上。生产经营授权品种种子的，应当征得品种权人的书面同意。

⑤生产规模。生产经营杂交玉米种子的，近 3 年年均种子生产面积 2 万亩以上；生产经营杂交稻种子的，近 3 年年均种子生产面积 1 万亩以上；生产经营其他农作物种子的，近 3 年年均种子生产的数量不低于该类作物 100 万亩的大田用种量。

⑥种子经营。具有健全的销售网络和售后服务体系。生产经营杂交玉米种子的，在申请之日前 3 年内至少有 1 年，杂交玉米种子销售额 2 亿元以上或占该类种子全国市场份额的 1％ 以上；生产经营杂交稻种子的，在申请之日前 3 年内至少有 1 年，杂交稻种子销售额 1.2 亿元以上或占该类种子全国市场份额的 1％ 以上；生产经营蔬菜种子的，在申请之日前 3 年内至少有 1 年，蔬菜种子销售额 8 000 万元以上或占该类种子全国市场份额的 1％ 以上；生产经营其他农作物种子的，在申请之日前 3 年内至少有 1 年，其种子销售额占该类种子全国市场份额的 1％ 以上。

⑦种子加工。具有种子加工成套设备，生产经营杂交玉米、小麦种子的，总加工能力 20 t/h 以上；生产经营杂交稻种子的，总加工能力 10 t/h 以上（含窝眼清选设备）；生产经营大豆种子的，总加工能力 5 t/h 以上；生产经营其他农作物种子的，总加工能力 1 t/h 以上。生产经营杂交玉米、杂交稻、小麦种子的，还应当具有相应的干燥设备。

⑧人员。生产经营杂交玉米、杂交稻种子的，具有本科以上学历或中级以上职称的专业育种人员 10 人以上；生产经营其他农作物种子的，具有本科以上学历或中级以上职称的专业育种人员 6 人以上。生产经营主要农作物种子的，具有专职的种子生产、加工贮藏和检验专业技

术人员各 5 名以上;生产经营非主要农作物种子的,具有专职的种子生产、加工贮藏和检验专业技术人员各 3 名以上。

⑨具有本办法第七条第六项、第八条第二项规定的条件。

⑩农业农村部规定的其他条件。

(4)《农作物种子生产经营许可管理办法》第十条规定:

申请领取转基因农作物种子生产经营许可证的企业,应当具备下列条件:

①农业转基因生物安全管理人员 2 名以上。

②种子生产地点、经营区域在农业转基因生物安全证书批准的区域内。

③有符合要求的隔离和生产条件。

④有相应的农业转基因生物安全管理、防范措施。

⑤农业农村部规定的其他条件。

从事种子进出口业务的企业和外商投资企业申请领取种子生产经营许可证,除具备本办法规定的相应农作物种子生产经营许可证核发的条件外,还应当符合有关法律、行政法规规定的其他条件。

(5)《农作物种子生产经营许可管理办法》第十一条规定:申请领取种子生产经营许可证,应当提交以下材料。

①种子生产经营许可证申请表。

②单位性质、股权结构等基本情况,公司章程、营业执照复印件,设立分支机构、委托生产种子、委托代销种子以及以购销方式销售种子等情况说明。

③种子生产、加工贮藏、检验专业技术人员的基本情况及其企业缴纳的社保证明复印件,企业法定代表人和高级管理人员名单及其种业从业简历。

④种子检验室、加工厂房、仓库和其他设施的自有产权或自有资产的证明材料;办公场所自有产权证明复印件或租赁合同;种子检验、加工等设备清单和购置发票复印件;相关设施设备的情况说明及实景照片。

⑤品种审定证书复印件;生产经营授权品种种子的,提交植物新品种权证书复印件及品种权人的书面同意证明。

⑥委托种子生产合同复印件或自行组织种子生产的情况说明和证明材料。

⑦种子生产地点检疫证明。

⑧农业转基因生物安全管理、防范措施和隔离、生产条件的说明。

⑨农业农村部规定的其他材料。

(6)《农作物种子生产经营许可管理办法》第十二条规定:申请领取选育生产经营相结合、有效区域为全国的种子生产经营许可证,除提交本办法第十一条所规定的材料外,还应当提交以下材料。

①自有科研育种基地证明或租用科研育种基地的合同复印件。

②品种试验测试网络和测试点情况说明,以及相应的播种、收获、烘干等设备设施的自有产权证明复印件及实景照片。

③育种机构、科研投入及育种材料、科研活动等情况说明和证明材料,育种人员基本情况及其企业缴纳的社保证明复印件。

④近 3 年种子生产地点、面积和基地联系人等情况说明和证明材料。

⑤种子经营量、经营额及其市场份额的情况说明和证明材料。

⑥销售网络和售后服务体系的建设情况。

(三)农作物种子生产经营许可证受理、审核与核发

(1)《农作物种子生产经营许可管理办法》第十三条规定:种子生产经营许可证实行分级审核、核发。

①从事主要农作物常规种子生产经营及非主要农作物种子经营的,其种子生产经营许可证由企业所在地县级以上地方农业农村主管部门核发。

②从事主要农作物杂交种子及其亲本种子生产经营以及实行选育生产经营相结合、有效区域为全国的种子企业,其种子生产经营许可证由企业所在地县级农业农村主管部门审核,省、自治区、直辖市农业农村主管部门核发。

③从事农作物种子进出口业务以及转基因农作物种子生产经营的,其种子生产经营许可证由农业农村部核发。

(2)《农作物种子生产经营许可管理办法》第十四条规定:农业农村主管部门对申请人提出的种子生产经营许可申请,应当根据下列情况分别做出处理。

①不需要取得种子生产经营许可的,应当即时告知申请人不受理。

②不属于本部门职权范围的,应当即时做出不予受理的决定,并告知申请人向有关部门申请。

③申请材料存在可以当场更正的错误的,应当允许申请人当场更正。

④申请材料不齐全或者不符合法定形式的,应当当场或者在 5 个工作日内一次告知申请人需要补正的全部内容,逾期不告知的,自收到申请材料之日起即为受理。

⑤申请材料齐全、符合法定形式,或者申请人按照要求提交全部补正申请材料的,应当予以受理。

(3)《农作物种子生产经营许可管理办法》第十五条规定:审核机关应当对申请人提交的材料进行审查,并对申请人的办公场所和种子加工、检验、仓储等设施设备进行实地考察,查验相关申请材料原件。

审核机关应当自受理申请之日起 20 个工作日内完成审核工作。具备本办法规定条件的,签署审核意见,上报核发机关;审核不予通过的,书面通知申请人并说明理由。

(4)《农作物种子生产经营许可管理办法》第十六条规定:核发机关应当自受理申请或收到审核意见之日起 20 个工作日内完成核发工作。核发机关认为有必要的,可以进行实地考察并查验原件。符合条件的,发给种子生产经营许可证并予公告;不符合条件的,书面通知申请人并说明理由。

选育生产经营相结合、有效区域为全国的种子生产经营许可证,核发机关应当在核发前在中国种业信息网公示 5 个工作日。

项目二　种子依法经营

一、种子行政管理

(一)种子行政管理的手段

种子行政管理是指国家行政机关依法对种子工作进行管理的活动。从事该类活动的主导方是国家行政机关,即政府及其农业主管部门。其依据是国家法律、法规、规章、政策和法令。实现管理的手段是多种多样的,包括思想政治工作手段、行政指令手段、经济手段、纪律手段及法律手段。其中,种子行政执法(法律手段)是种子行政管理中的硬性管理活动,它要求执法的种子行政管理机关必须严格依照法律、法规、规章的规定,要求管理的相对方必须服从,违背者将受到相应的制裁。因此,种子行政执法是带有国家强制性的活动,是其他管理活动的保障性活动。

(二)种子行政管理单位

1.种子主管部门

根据《种子法》授权,国务院农业农村、林业草原主管部门分别主管全国农作物种子和林木种子工作;县级以上地方人民政府农业农村、林业草原主管部门分别主管本行政区域内农作物种子和林木种子工作。各级农业农村、林业草原行政主管部门可以根据自己的实际情况,委托种子管理部门执法,或者委托实行综合执法,可以全部委托,也可以部分委托,但不管采取何种形式,执法主体都是农业农村、林业草原行政主管部门,承担责任的也是农业农村、林业草原行政主管部门。

2.其他种子管理机关

在对有关种子活动的管理中,各级人民政府、工商行政管理机关以及税务、物价、财政、审计、粮食和物资储备、技术监督、交通、邮电等部门,都有其一定的职权范围,应注意协调配合。各级各类行政管理机关都应在各自的法定职权范围内,进行种子管理方面的行政执法,不得超越职权、滥用职权,也不得失职、渎职。

(三)农业农村、林业草原主管部门的职权

农业农村、林业草原主管部门是种子行政执法机关。农业农村、林业草原主管部门依法履行种子监督检查职责时,有权采取下列措施。

(1)进入生产经营场所进行现场检查。

(2)对种子进行取样测试、试验或者检验。

(3)查阅、复制有关合同、票据、账簿、生产经营档案及其他有关资料。

(4)查封、扣押有证据证明违法生产经营的种子,以及用于违法生产经营的工具、设备及运输工具等。

(5)查封违法从事种子生产经营活动的场所。

农业农村、林业草原主管部门依照本法规定行使职权,当事人应当协助、配合,不得拒绝、

阻挠。

二、种子依法经营

(一)种子生产经营许可证的有效区域

种子生产经营许可证的有效区域由发证机关在其管辖范围内确定。种子生产经营者在种子生产经营许可证载明的有效区域设立分支机构的,专门经营不再分装的包装种子的,或者受具有种子生产经营许可证的种子生产经营者以书面委托生产、代销其种子的,不需要办理种子生产经营许可证,但应当向当地农业农村、林业草原主管部门备案。实行选育生产经营相结合,符合国务院农业农村、林业草原主管部门规定条件的种子企业的生产经营许可证的有效区域为全国。

(二)《种子法》对种子经营行为做出的要求

(1)种子生产经营者应当建立和保存包括种子来源、产地、数量、质量、销售去向、销售日期和有关责任人员等内容的生产经营档案,保证可追溯。种子生产经营档案的具体载明事项,种子生产经营档案及种子样品的保存期限由国务院农业农村、林业草原主管部门规定。

(2)销售的种子应当加工、分级、包装,不能加工、包装的除外。大包装或者进口种子可以分装;实行分装的,应当标注分装单位,并对种子质量负责。

(3)销售的种子应当符合国家或者行业标准,附有标签和使用说明。标签和使用说明标注的内容应当与销售的种子相符。种子生产经营者对标注内容的真实性和种子质量负责。

标签应当标注种子类别、品种名称、品种审定或者登记编号、品种适宜种植区域及季节、生产经营者及注册地、质量指标、检疫证明编号、种子生产经营许可证编号和信息代码,以及国务院农业农村、林业草原主管部门规定的其他事项。

销售授权品种种子的,应当标注品种权号。销售进口种子的,应当附有进口审批文号和中文标签。销售转基因植物品种种子的,必须用明显的文字标注,并应当提示使用时的安全控制措施。

种子生产经营者应当遵守有关法律、法规的规定,诚实守信,向种子使用者提供种子生产者信息、种子的主要性状、主要栽培措施、适应性等使用条件的说明、风险提示与有关咨询服务,不得做虚假或者引人误解的宣传。

任何单位和个人不得非法干预种子生产经营者的生产经营自主权。

(4)种子广告的内容应当符合《种子法》和有关广告的法律、法规的规定,主要性状描述等应当与审定、登记公告一致。

(5)种子使用者因种子质量问题或者因种子的标签和使用说明标注的内容不真实,遭受损失的,种子使用者可以向出售种子的经营者要求赔偿,也可以向种子生产者或者其他经营者要求赔偿。赔偿额包括购种价款、可得利益损失和其他损失。属于种子生产者或者其他经营者责任的,出售种子的经营者赔偿后,有权向种子生产者或者其他经营者追偿;属于出售种子的经营者责任的,种子生产者或者其他经营者赔偿后,有权向出售种子的经营者追偿。

三、《种子法》界定的违法行为及其法律责任

(一)对农业农村、林业草原主管部门和人员的违法行为界定

(1)农业农村、林业草原主管部门不依法做出行政许可决定,发现违法行为或者接到对违

法行为的举报不予查处,或者有其他未依照本法规定履行职责的行为的,由本级人民政府或者上级人民政府有关部门责令改正,对负有责任的主管人员和其他直接责任人员依法给予处分。

(2)农业农村、林业草原主管部门工作人员从事种子生产经营活动的,依法给予处分。

(3)品种审定委员会委员和工作人员不依法履行职责,弄虚作假、徇私舞弊的,依法给予处分;自处分决定做出之日起5年内不得从事品种审定工作。

(4)品种测试、试验和种子质量检验机构伪造测试、试验、检验数据或者出具虚假证明的,由县级以上人民政府农业农村、林业草原主管部门责令改正,对单位处5万元以上10万元以下罚款,对直接负责的主管人员和其他直接责任人员处1万元以上5万元以下罚款;有违法所得的,并处没收违法所得;给种子使用者和其他种子生产经营者造成损失的,与种子生产经营者承担连带责任;情节严重的,由省级以上人民政府有关主管部门取消种子质量检验资格。

(二)对侵犯植物新品种权的违法行为界定

(1)有侵犯植物新品种权行为的,由当事人协商解决,不愿协商或者协商不成的,植物新品种权所有人或者利害关系人可以请求县级以上人民政府农业农村、林业草原主管部门进行处理,也可以直接向人民法院提起诉讼。

(2)侵犯植物新品种权的赔偿数额按照权利人因被侵权所受到的实际损失确定;实际损失难以确定的,可以按照侵权人因侵权所获得的利益确定。权利人的损失或者侵权人获得的利益难以确定的,可以参照该植物新品种权许可使用费的倍数合理确定。故意侵犯植物新品种权,情节严重的,可以在按照上述方法确定数额的1倍以上5倍以下确定赔偿数额。

权利人的损失、侵权人获得的利益和植物新品种权许可使用费均难以确定的,人民法院可以根据植物新品种权的类型、侵权行为的性质和情节等因素,确定给予300万元以下的赔偿。

赔偿数额应当包括权利人为制止侵权行为所支付的合理开支。

县级以上人民政府农业农村、林业草原主管部门处理侵犯植物新品种权案件时,为了维护社会公共利益,责令侵权人停止侵权行为,没收违法所得和种子;货值金额不足5万元的,并处1万元以上25万元以下罚款;货值金额5万元以上的,并处货值金额5倍以上10倍以下罚款。

(3)假冒授权品种的,由县级以上人民政府农业农村、林业草原主管部门责令停止假冒行为,没收违法所得和种子;货值金额不足5万元的,并处1万元以上25万元以下罚款;货值金额5万元以上的,并处货值金额5倍以上10倍以下罚款。

(4)赔偿数额应当包括权利人为制止侵权行为所支付的合理开支。

(三)对生产经营假种子、劣种子的违法行为界定

(1)生产经营假种子的,由县级以上人民政府农业农村、林业草原主管部门责令停止生产经营,没收违法所得和种子,吊销种子生产经营许可证;违法生产经营的货值金额不足2万元的,并处2万元以上20万元以下罚款;货值金额2万元以上的,并处货值金额10倍以上20倍以下罚款。

因生产经营假种子犯罪被判处有期徒刑以上刑罚的,种子企业或者其他单位的法定代表人、直接负责的主管人员自刑罚执行完毕之日起5年内不得担任种子企业的法定代表人、高级管理人员。

(2)生产经营劣种子的,由县级以上人民政府农业农村、林业草原主管部门责令停止生产经营,没收违法所得和种子;违法生产经营的货值金额不足 2 万元的,并处 1 万元以上 10 万元以下罚款;货值金额 2 万元以上的,并处货值金额 5 倍以上 10 倍以下罚款;情节严重的,吊销种子生产经营许可证。

因生产经营劣种子犯罪被判处有期徒刑以上刑罚的,种子企业或者其他单位的法定代表人、直接负责的主管人员自刑罚执行完毕之日起 5 年内不得担任种子企业的法定代表人、高级管理人员。

(四)对侵占、破坏种质资源的违法行为界定

(1)侵占、破坏种质资源,私自采集或者采伐国家重点保护的天然种质资源的,由县级以上人民政府农业农村、林业草原主管部门责令停止违法行为,没收种质资源和违法所得,并处 5 000 元以上 5 万元以下罚款;造成损失的,依法承担赔偿责任。

(2)向境外提供或者从境外引进种质资源,或者与境外机构、个人开展合作研究利用种质资源的,由国务院或者省、自治区、直辖市人民政府的农业农村、林业草原主管部门没收种质资源和违法所得,并处 2 万元以上 20 万元以下罚款。

未取得农业农村、林业草原主管部门的批准文件携带、运输种质资源出境的,海关应当将该种质资源扣留,并移送省、自治区、直辖市人民政府农业农村、林业草原主管部门处理。

(五)对林木种子采集和收购的违法行为界定

抢采掠青、损坏母树或者在劣质林内、劣质母树上采种的,由县级以上人民政府林业主管部门责令停止采种行为,没收所采种子,并处所采种子货值金额 2 倍以上 5 倍以下罚款。

(六)对其他违法行为的界定

(1)有下列行为之一的,由县级以上人民政府农业农村、林业草原主管部门责令改正,没收违法所得和种子;违法生产经营的货值金额不足 1 万元的,并处 3 000 元以上 3 万元以下罚款;货值金额 1 万元以上的,并处货值金额 3 倍以上 5 倍以下罚款;可以吊销种子生产经营许可证。

①未取得种子生产经营许可证生产经营种子的。

②以欺骗、贿赂等不正当手段取得种子生产经营许可证的。

③未按照种子生产经营许可证的规定生产经营种子的。

④伪造、变造、买卖、租借种子生产经营许可证的。

⑤不再具有繁殖种子的隔离和培育条件,或者不再具有无检疫性有害生物的种子生产地点或者县级以上人民政府林业草原主管部门确定的采种林,继续从事种子生产的。

⑥未执行种子检验、检疫规程生产种子的。

被吊销种子生产经营许可证的单位,其法定代表人、直接负责的主管人员自处罚决定做出之日起 5 年内不得担任种子企业的法定代表人、高级管理人员。

(2)有下列行为之一的,由县级以上人民政府农业农村、林业草原主管部门责令停止违法行为,没收违法所得和种子,并处 2 万元以上 20 万元以下罚款。

①对应当审定未经审定的农作物品种进行推广、销售的。

②作为良种推广、销售应当审定未经审定的林木品种的。

③推广、销售应当停止推广、销售的农作物品种或者林木良种的。

④对应当登记未经登记的农作物品种进行推广,或者以登记品种的名义进行销售的。

⑤对已撤销登记的农作物品种进行推广,或者以登记品种的名义进行销售的。

对应当审定未经审定或者应当登记未经登记的农作物品种发布广告,或者广告中有关品种的主要性状描述的内容与审定、登记公告不一致的,依照《中华人民共和国广告法》的有关规定追究法律责任。

(3)有下列行为之一的,由县级以上人民政府农业农村、林业草原主管部门责令改正,没收违法所得和种子;违法生产经营的货值金额不足1万元的,并处3 000元以上3万元以下罚款;货值金额1万元以上的,并处货值金额3倍以上5倍以下罚款;情节严重的,吊销种子生产经营许可证。

①未经许可进出口种子的。

②为境外制种的种子在境内销售的。

③从境外引进农作物或者林木种子进行引种试验的收获物作为种子在境内销售的。

④进出口假、劣种子或者属于国家规定不得进出口的种子的。

(4)有下列行为之一的,由县级以上人民政府农业农村、林业草原主管部门责令改正,处2 000元以上2万元以下罚款。

①销售的种子应当包装而没有包装的。

②销售的种子没有使用说明或者标签内容不符合规定的。

③涂改标签的。

④未按规定建立、保存种子生产经营档案的。

⑤种子生产经营者在异地设立分支机构、专门经营不再分装的包装种子或者受委托生产、代销种子,未按规定备案的。

(5)种子企业有造假行为的,由省级以上人民政府农业农村、林业草原主管部门处100万元以上500万元以下罚款;不得再依照《种子法》第十七条的规定申请品种审定;给种子使用者和其他种子生产经营者造成损失的,依法承担赔偿责任。

(6)未根据林业草原主管部门制定的计划使用林木良种的,由同级人民政府林业草原主管部门责令限期改正;逾期未改正的,处3 000元以上3万元以下罚款。

(7)在种子生产基地进行检疫性有害生物接种试验的,由县级以上人民政府农业农村、林业草原主管部门责令停止试验,处5 000元以上5万元以下罚款。

(8)拒绝、阻挠农业农村、林业草原主管部门依法实施监督检查的,处2 000元以上5万元以下罚款,可以责令停产停业整顿;构成违反治安管理行为的,由公安机关依法给予治安管理处罚。

(9)私自交易育种成果,给本单位造成经济损失的,依法承担赔偿责任。

项目三　种子营销

种子营销是种子企业为使种子从生产基地到用种者,以实现其经营目标所进行的经济活动。它包括种子市场调查、品种开发、种子定价、分销、促销和售后服务等方面。

种子营销的基本目标是最大限度地满足种植业生产用种的需求,促进农业生产发展,并在

我国种业
发展概述

此基础上获得最大的经济效益。

一、种子营销的特点

1. 种子营销的技术性

种子既是有生命的特殊产品,又是现代科学技术的载体。种子作为重要的农业生产要素,其潜在价值的发挥,既需要适宜的自然条件,也需要科学的栽培技术。品种是否对路,种子质量是否符合标准,直接影响用种者的产值和收益。因此,生产营销者必须重视种子质量和相关的技术规程,熟悉品种的生态适应性和生育要求,开展售中、售后的技术指导和服务,尽最大可能满足用种者的需求。

2. 种子营销的区域性

不同作物、不同品种都有其区域适应性,种子生产也具有相应的地域性,所以种子营销也带有明显的区域性,不同的种子应在不同的适应地区生产和销售。

3. 种子营销的季节性

农业生产具有季节性,种子生产也有季节性。种子营销时效性强,季节性特别明显,往往几个月,甚至几天时间,都会改变种子营销的格局。种子企业要适应这种明显的季节变化,种子营销要做到有备而战,适时而战。

4. 种子营销的风险性

种子生产和营销受自然、气候条件以及市场供求状况的影响,风险性很大。这就要求经营者搞好市场调查,采取切实可行的营销策略。

5. 种子营销对象的确定性

种子产品的最终消费者是以土地为劳动对象的农业经营者,多为农民。因此,种子市场的调研目标也就十分明确,主要是走访农户或与农户关系最为直接的经销商,即可了解种子需求动向。

二、种子市场调查

种子市场调查就是采用一定的方法,有目的、有计划、系统地收集有关种子市场需求信息及与种子市场相关的资料,为种子营销单位进行种子市场预测、制定营销策略、编制营销计划等提供科学依据。种子市场调查是种子营销单位营销活动的起点,又贯穿于种子营销活动的全过程。种子市场调查的内容有以下几个方面。

1. 市场环境调查

市场环境调查主要包括政府已颁布的或即将颁布的农业生产发展方针、政策和法规;国家和地方农业发展规划;与种子营销有关的价格、税收、财政补贴、银行信贷政策;农民收入现状、农业生产情况及发展趋势等。

2. 市场需求调查

市场需求调查主要包括一定地区范围内的各种作物种植面积和品种应用情况,所需各作物品种的数量及其变化趋势,同时还应考虑局部地区应用农户自留种子的情况;市场对种子的质量、包装、运输、服务方式等方面的要求;本单位销售种子的现有市场和潜在市场等。

3. 购种者及其购买行为的调查

购种者及其购买行为的调查主要包括购种者类型及比例;购种者欲望和购种动机,购种者对本单位其他品种的态度;购种者的购种习惯,包括对商标的选择、对购种地点和时间的选择以及对种子价格的敏感性等。

4. 所销售品种的使用和评价调查

所销售品种的使用和评价调查主要包括本单位销售品种的特征特性、适应范围和主要栽培技术要求;农户对品种的评价、意见和要求及对品种的栽培技术措施是否掌握;种子的包装和商标是否美观、是否便于记忆和分辨;所销售品种在生产上的前景等。

5. 种子价格调查

种子价格调查主要包括农民对本企业销售品种的价格的反应;品种在不同的生命周期中所采取的定价原则,即新老品种如何定价;价格策略对种子销售量的影响等。

6. 种子销售渠道调查

种子销售渠道调查主要包括经销商的销售情况,如销售量、经营能力、利润;农户对经销商的评价;种子的贮存、运输方式及成本;进一步拓展营销网络的可能性等。

7. 竞争情况调查

竞争情况调查主要包括同类营销单位数目、种子营销规模、种子质量及市场占有率;竞争者的经营管理水平、销售方法、促销措施和供种能力;竞争者种子的成本、售价、利润;竞争者的经济实力和市场竞争能力等。

8. 售后服务调查

售后服务调查主要包括本单位售出新品种在种植后的综合表现;提供给用户的技术指导是否具有很强的针对性和适应性;用户对所购买品种的售后服务是否满意等。

三、种子营销策略

(一)品种策略

作物种子是种子企业经营的载体,也是企业的核心竞争力。种子企业应根据市场需求和自身条件来确定生产什么品种以及如何安排品种组合,同时还要不断地开发新品种,才能使企业在激烈的市场竞争中立于不败之地。

1. 品种的生命周期

任何一个品种都不是万能的,再好的品种也有其一定的生命周期,总要被其他品种所替代。品种的生命周期是指品种从投放市场到最后被市场淘汰的整个销售持续时期,是指其市场销售寿命,而不是指其使用寿命。典型的品种生命周期一般分为四个阶段。

(1)投入期,即品种审定后的小面积生产试验示范阶段。此期新品种的优良性状还未被消费者所接受,销售量小,投入费用高,一般处于亏损状态。在这一时期种子企业应申请新品种保护,加大新品种的推广力度。

(2)成长期,即品种销量稳步上升阶段。此期品种开始为使用者所接受,种子销量上升,甚至供不应求;生产成本下降,盈利不断增长。在这一时期种子企业应尽力重视品种保护,加强质量管理,提高品种竞争能力。

(3)成熟期,即品种销量基本稳定阶段。此期品种在生产上推广面积相对稳定,销售量大,占有一定的市场份额,但销量增幅减少;因销量大,生产技术相对成熟,生产成本逐渐降至较低水平,利润稳定。在这一时期种子企业应提高种子质量,加强售后服务,延长品种生命周期,同时要开发后备新品种。

(4)衰退期,即随着技术进步和市场需求的变化,品种已失去竞争力,不能适应市场发展的需求,销量和利润均呈锐减趋势,甚至出现亏损,最后被市场所淘汰而退出的阶段。在这一时期种子企业应果断地收缩促销活动,调整目标市场,生产、推广新品种。

2. 新品种开发策略

农作物新品种的培育时间长、投资大、见效慢,一个品种需要几年甚至十几年才能培育出来,开发利用慢。而在科学技术快速发展、市场不断变化的今天,种子企业要生存、要发展,就必须加大科技投入,加大新品种开发力度,尽快形成自己有特色的系列拳头产品,以提高企业的核心竞争力。

种子企业在新品种开发利用上,要针对现时体制的特点和企业自身的情况,采取灵活的策略:一是走自主创新的道路,开发具有自主知识产权的品种;二是与科研院所签订选育、生产、销售合同,联合开发新品种;三是从科研单位购买品种经营权。种子企业应重视新品种的开发,并且努力做到应用一批、示范一批、储备一批。

(二)种子的品牌策略

品牌是指一种产品区别于其他产品的一套识别系统,包括称谓、文字、图形、色彩及其组合。种子品牌可以认为是一个种子产品在消费者(对种子来说就是经销商和农民)中的知名度和美誉度。种子名牌是指种子产品质量优异,社会化服务好,在广大农户中享有很高的信誉。名牌是一种无形的资产,不仅包含科学技术,而且还包含市场营销力、市场信誉度、知名度及企业形象等。

1. 树立种子品牌意识和名牌意识

种子行业已经进入品牌竞争的阶段。因此,种子企业必须把建立品牌,开展品牌经营,进而创立名牌作为企业的营销战略目标。种子企业要从种子质量、价格、包装外观、企业信誉、售后服务、广告及其他综合实力等方面全面提升企业品牌的市场知名度、美誉度和客户忠诚度。

2. 推行全面质量管理,提高服务质量

全面质量管理是品牌建设的基础,质量是名牌产品的生命,严格的质量管理是开发名牌、保护名牌、发展名牌的先决条件,是提高名牌效应的有效途径。种子企业应建立一整套科学的种子质量保证体系,从品种开发、生产经营到售后服务全过程实行全方位的、全体员工共同参与的质量管理。

3. 加大科技投入,提高种子科技含量

通过加大科技投入,运用高新技术来加速优质、高产、抗性强、适应性广的新品种的选育和开发;研究和采用先进的种子生产技术,引进和使用先进的种子加工、包衣、包装、检验设备和技术,提高种子科技含量;提高种子生产和经营管理的信息化水平,提高工作效率。

4. 树立以人为本的管理理念

市场竞争最终是人才的竞争,人是决定因素,名牌产品离不开"名牌员工",要造就"名牌员工",就必须尊重科技人员的劳动成果。要广纳贤才,筑巢引凤,使一批既懂种子科研、生产、加工技术,又懂经营管理的优秀人才从事种子工作,提高种子产业人员的整体素质。

5. 建设优秀的企业文化,树立良好的企业形象

企业文化是企业信奉并根植于员工心中的行为准则和思维模式。优秀的企业文化,对内可以增强企业凝聚力,对外可以增强企业竞争力,使企业持续健康发展。种子企业要平衡经济效益和社会效益,有了社会的公认,企业的产品才能有更广阔的市场空间。

6. 运用法律武器,保护企业品牌

品牌保护与品牌建设同样重要。不法商户生产经营假冒种子,对品牌的负面影响极大。因此,企业要重视打假维权工作,并在种子加工、包装和促销等环节上不断创新,不给制假售假者机会。

(三)种子的定价策略

品种价格关系到企业的利润目标能否完成,种子企业要根据各种市场信息和种子产品的具体情况,采用合理的价格策略,以保证在竞争中处于有利地位。

1. 新品种定价策略

新品种定价决定新品种的推广速度。新品种的定价还决定该品种以后的价格,一旦该价格为买卖双方所接受,再改变价格就要慎重。

(1)高价格策略。新品种初上市时,把种子价格定得较高,以赚取高额利润。此法一般适用于刚刚推出的新品种,少数种子企业垄断的品种,或有自主知识产权的品种。

(2)低价格策略。新品种种子定价低于预期价格,以利于新品种为市场所接受,迅速打开销路,同时给竞争者造成强有力的冲击,从而较长时期地占领种子市场。

(3)满足定价策略。这种策略介于高价与低价之间,价格水平适中。一般是处于优势地位的种子企业为了树立良好的企业形象,主动放弃一部分利润,这样既能保证企业获得一定的利润,又能为广大农民所接受。

2. 折让定价策略

种子企业为了刺激买方大量购买、及早付清货款、淡季购买以及配合促销,对品种的基本价格给予不同比例的折扣。例如,可根据付款时间的早晚给予不同比例的价格折让;可根据购买数量的多少,对大量购种的顾客给予折让。

3. 地区定价策略

地区定价策略就是经营者在综合考虑种子装运费的补偿、价格对用户的影响等因素的基础上来制定种子价格。地区定价主要有产地价格和目的地交货价格两种。

4. 心理定价策略

运用心理学原理,根据不同类型的客户的心理动机来调整价格,使其能满足客户的心理需要。心理定价有尾数定价、整数定价、声望定价、习惯定价等方式。

(四)种子的分销策略

种子的销售(流通)渠道可以从不同的角度进行划分,根据有无中间商介入可分为直接销售渠道和间接销售渠道两种。直接销售(直销)渠道是指种子直接从生产者到用户,无中间商介入,产销直接见面。间接销售(分销)渠道是指种子从种子生产企业转移到种子使用者所经过的各中间商连接起来的通道,即种子专营渠道。

1. 分销渠道的类型

种子分销渠道按中间商的数量多少可分为:宽销售渠道,有 2 个以上中间商;窄销售渠道,只有 1 个中间商。中间商可以是种子企业或个体经营者。经营方式上可以先批发再零售或直接零售,也可联营或代销。

2. 分销渠道的选择

种子分销渠道通常采用"短、宽、直接、垂直"的系统。"短"是指种子从生产经营者到农户的过程中,中间层次越少,越利于种子营销和服务到位;"宽"是指中间商数量多,有利于种子销售区域扩大;"直接"是指种子直接从生产经营者手中传递给农户,中间环节少,这样有利于种子技术指导服务;"垂直"是指分销渠道成员采取不同形式的一体化经营或联合经营,有利于控制和占领种子市场,增强市场竞争力。

例如,区域代理已成为种子市场营销的重要分销渠道,在代理策略上采取组织结构扁平化、企业利润最大化原则,缩短分销渠道,有条件的以县市代理为主。

对于分销渠道,中间商是种子流通过程中的重要成员之一。中间商选择是否合适,直接关系到种子生产经营者的市场营销效果。企业要制定与之相适应的中间商标准,然后进行比较选择,充分发挥中间商的桥梁纽带作用。选择中间商的依据有市场范围、产品政策、地理区位优势、产品知识、合作态度、综合服务能力、财务状况和管理水平等。

3. 分销渠道的管理

种子企业要和中间商相互依存、共同发展,结成长期的合作伙伴。

例如在区域代理模式中,种子企业与代理商依据《中华人民共和国种子法》和《中华人民共和国民法典》中的"第三编 合同"签订区域代理协议书,明确双方的责、权、利,在销售区域、经营目标、执行价格及运营方式上达成一致,共同维护市场。

为使中间商更好地为生产者和用种者服务,生产者应采取各种措施,提供各种协助、服务,注重对中间商的日常管理;应注意对中间商进行经常性的调查,对中间商的表现以及市场变化情况加以分析,来判断中间商是否适应市场变化;根据中间商的具体表现、市场变化情况,对中间商进行调整,包括中间商数量、经营产品结构等。

(五)种子的促销策略

促销又称销售促进或销售推广,促销能起到传递信息、扩大销售、提高声誉、巩固市场的作用。种子企业主要的促销策略有人员推销、广告推销、公共关系和营业推广。

1. 人员推销

人员推销就是种子生产、经营单位选派自己的销售人员携带种子样品或栽培技术资料、图片等,直接向种子用户推销种子。

(1)人员推销的优势。

①灵活性强。种子推销人员能直接与种子用户联系,可以根据种子用户的不同需求,有针对性地采取必要的协调行动,如进行现场技术指导和服务等;在推销过程中,推销人员往往能抓住时机促成用户及时购种,或签订购种合同。

②信息反馈,联络感情。推销人员在完成推销种子的同时,可以收集资料情报,进行调查研究;还可以与种子用户交换意见,联络感情,提升企业形象。

(2)推销人员的业务素质要求。

①具备一定的作物栽培、遗传育种、种子生产、病虫防治、市场营销等方面的基本知识和技能,才能在种子销售时不出差错。

②熟悉自己所推销品种的主要特征特性和栽培技术,才能有针对性地宣传,对品种的性能宣传要恰到好处。

③了解农民的心理特点,亲近他们,和他们建立起长期的感情联系。

④了解竞争对手的实力和竞争策略,以便制定自己的对策和向本单位提出必要的改进措施。

⑤掌握良好的推销技巧,善于解答用户的疑问,做用户的参谋,把握好成交机会。

2.广告推销

现代广告是以付费原则通过一定的媒体把商品和服务信息告知客户的促销方式。

(1)种子广告的作用。种子广告可以传递种子信息,沟通产需见面;激发需求,扩大销售;促进种子质量的提高。

(2)种子广告媒体。种子营销同工商业、服务业产品营销一样,在向服务对象进行广告宣传时,必须借助载体,这种载体称为广告媒体。现代广告媒体主要有报纸、杂志、广播、电视、传单、广告牌、各种邮寄广告函件、橱窗陈列、产品目录、录像等,特点各不相同。

(3)种子广告策略。种子广告具有其自身的特点,它主要面向农村、面向农民,因此在广告制作时,要注意以下策略。

①农民受多种条件的约束,信息来源不广,获得信息速度慢。因此,应加大种子广告力度。

②以农民容易接受的语言和图式介绍种子的特点,浅显易懂,重点突出,科技服务是主题。

③广告采取的方式能使广大农民印象深刻,如采用新旧品种对比,或新品种与市场上一般品种对比等。

④广告一定要守信,这是广告必须具备的性质。

⑤种子营销部门要根据自己的品种和特点,选用适当的广告媒体。种子广告宣传,在农村普及型报纸和电视媒体上或是大型种子(农产品)交易会上进行效果较好。

3.公共关系

公共关系是指并非直接进行种子产品的促销,而是通过一系列活动树立企业及产品的良好形象,在公众及使用者心目中树立起良好的品牌信誉,从而间接地促进种子销售。

(1)公共关系的对象。包括种子使用者,社会团体(消费者协会、工会、行业协会),新闻传媒,政府机构,相关企业(银行、供应商、中间商、竞争商)等。

(2)公共关系的主要形式。包括公共宣传,编辑宣传物,主题活动(相关场合的开幕式、庆典、观摩会、论证会、研讨会),赞助活动(参加社会公益活动、资助社会公益事业)等。

4.营业推广

营业推广是为了在一个比较大的目标市场中刺激需求、扩大销售,而采取的鼓励购买的各种措施。种子营业推广的主要方式有业务会议、贸易展览、交易推广、种植展示推广等。种植展示推广是农作物种子所特有的一种营业推广方式,即对农作物新品种进行多点示范种植,展示其优良特征特性,请农业专家、农技推广人员、经销商、农民考察评价,以扩大推广。这是一种比较有效的种子推广方式,特别是对新品种的推广。

四、种子销售服务

种子销售服务是种子企业增强市场竞争力、扩大产品销路的重要手段,必须树立"用户至上、一切为用户服务"的指导思想。

1.售前服务

(1)编好种子使用说明书,包括品种特征特性、产量水平、栽培要点、注意事项等。

(2)做好种子包衣和包装。

(3)进行新品种技术培训。

(4)根据用户需要,代为培育特殊品种。

2. 售中服务

(1)代办各种销售业务,如托运、邮寄、合同、特殊包装等。

(2)提供技术咨询。

(3)为用户提供方便,如提供包装、绳子、茶饭等。

3. 售后服务

(1)实行多包制度,如包退换、保定额产量、技术培训、赔偿损失等。

(2)接待、访问用户,及时处理用户的来信和申诉。

(3)设立技术服务站或定期上门服务。

(4)组织用户现场交流。

【模块小结】

本模块共设置 3 个项目:种子管理法规介绍了我国种子管理法律制度组成、《种子法》确定的主要法律制度,农作物种子生产经营许可证管理;种子依法经营介绍了种子行政管理、种子依法经营和《种子法》界定的违法行为及其法律责任;种子营销介绍了种子营销的特点、种子市场调查、种子营销策略、种子销售服务。本模块需要重点掌握的是种子生产经营许可证申请条件和程序、种子违法案例分析、种子市场调查的方法和种子营销策略几个方面的内容。

【模块巩固】

1.《种子法》确定的主要法律制度有哪些?

2.《种子法》对农业农村、林业草原主管部门和人员的违法行为界定有哪些?

参 考 文 献

[1]曹祖波,王孝华,2005.辽宁丹玉种业市场营销策略[J].种子世界(12):10-12.

[2]陈茂春,2016.使用包衣种子注意事项[J].科学种养(4):8.

[3]陈世儒,1993.蔬菜种子生产原理与实践[M].北京:农业出版社.

[4]陈希琴,2019.几种农作物种子的贮藏方法[J].农民致富之友(8):145.

[5]付宗华,钱晓刚,彭义,2003.农作物种子学[M].贵阳:贵州科技出版社.

[6]盖钧镒,2006.作物育种学各论[M].2版.北京:中国农业出版社.

[7]谷茂,杜红,2010.作物种子生产与管理[M].2版.北京:中国农业出版社.

[8]郭才,霍志军,2006.植物遗传育种及种苗繁育[M].北京:中国农业大学出版社.

[9]国家技术监督局,1995.农作物种子检验规程[M].北京:中国标准出版社.

[10]郝建平,时侠清,2004.种子生产与经营管理[M].北京:中国农业出版社.

[11]贺浩华,高书国,1996.种子生产技术[M].北京:中国农业科学技术出版社.

[12]胡晋,2001.种子贮藏原理与技术[M].北京:中国农业大学出版社.

[13]胡晋,王世恒,谷铁城,2004.现代种子经营和管理[M].北京:中国农业出版社.

[14]胡伟民,童海军,马华升,2003.杂交水稻种子工程学[M].北京:中国农业出版社.

[15]霍志军,尹春,2022.种子生产与管理[M].3版.北京:中国农业大学出版社.

[16]季孔庶,2005.园艺植物遗传育种[M].北京:高等教育出版社.

[17]江苏省南通农业学校,1995.作物遗传与育种学 下册:作物育种和良种繁育[M].北京:中国农业出版社.

[18]姜兴睿,2016.种子加工及贮藏方法研究探析[J].种子科技,34(6):124,126.

[19]康玉凡,金文林,2007.种子经营管理学[M].北京:高等教育出版社.

[20]刘纪麟,2001.玉米育种学[M].北京:中国农业出版社.

[21]刘松涛,闫凌云,2013.种子加工贮藏技术[M].北京:中国农业大学出版社.

[22]刘宜柏,丁为群,1999.作物遗传育种原理[M].北京:中国农业科学技术出版社.

[23]马广原,2018.论推广种子包衣技术与降低环境污染的关系[J].种子科技,36(5):28,31.

[24]农业部全国农作物种子质量监督检验测试中心,2006.农作物种子检验员考核学习读本[M].北京:中国工商出版社.

[25]潘家驹,1994.作物育种学总论[M].北京:农业出版社.

[26]齐贵,王东峰,曹继春,等,2018.种子超干贮藏研究进展[J].农业科技通讯(3):8-10.

[27]申书兴,2001.蔬菜制种可学可做[M].北京:中国农业出版社.

[28]孙桂琴,2022.作物种子生产与管理[M].3版.北京:中国农业出版社.

[29]孙新政,2014. 园艺植物种子生产[M].2 版. 北京:中国农业出版社.

[30]唐浩,李军民,肖应辉,2007. 加强品种保护　推进育种创新　提升我国种业核心竞争力[J]. 中国种业(11):5-7.

[31]王春平,张万松,陈翠云,等.2005. 中国种子生产程序的革新及种子质量标准新体系的构建[J]. 中国农业科学,38(1):163-170.

[32]王聪颖,2015. 探讨种子加工贮藏方法[J]. 农民致富之友(11):66.

[33]王建华,张春庆,2006. 种子生产学[M]. 北京:高等教育出版社.

[34]王立军,杨振华,2021. 种子检验技术[M]. 北京:中国农业出版社.

[35]王孟宇,刘弘,2009. 作物遗传育种[M]. 北京:中国农业大学出版社.

[36]吴峰,张会娟,谢焕雄,等,2017. 我国种子包衣机概况与发展思考[J]. 中国农机化学报,38(10):116-120.

[37]吴萍,宋顺华,李丽,等,2018. 提高蔬菜种子质量的包衣技术[J]. 黑龙江农业科学(3):104-107.

[38]吴淑芸,曹辰兴,1995. 蔬菜良种繁育原理和技术[M]. 北京:中国农业出版社.

[39]吴贤生,1999. 作物遗传与种子生产学[M]. 长沙:湖南科学技术出版社.

[40]徐开轩,刘广彬,王天佐,等,2019. 闭式热泵种子干燥系统热力性能研究[J]. 制冷与空调,19(7):72-76.

[41]颜启传,2001. 种子学[M]. 北京:中国农业出版社.

[42]杨念福,2016. 种子检验技术[M]. 北京:中国农业大学出版社.

[43]袁隆平,1992. 两系法杂交水稻研究论文集[M]. 北京:农业出版社.

[44]张光昱,杨志辉,2020. 种子生产实用技术[M]. 北京:中国农业出版社.

[45]张红生,胡晋,2015. 种子学[M].2 版. 北京:科学出版社.

[46]张佳丽,房俊龙,马文军,等,2018. 我国种子包衣机的概况研究及未来展望[J]. 农机使用与维修(11):22-23.

[47]张天真,2003. 作物育种学总论[M]. 北京:中国农业出版社.

[48]张万松,陈翠云,袁祝三,等,1995. 四级种子生产程序及其应用[J]. 种子,14(4):16-20.

[49]张选芳,2017. 种子的加工与贮藏[J]. 现代农业科技(24):47-48,53.

[50]赵志宏,马杰,2018. 农作物种子的加工技术与贮藏技术浅析[J]. 农业与技术,38(20):49.